모든 교재 정보와 다양한 이벤트가 가득!
EBS 교재사이트 book.ebs.co.kr

본 교재는 EBS 교재사이트에서
eBook으로도 구입하실 수 있습니다.

50일 수학

기출 워크북 하

KB276163

기획 및 개발

최윤화

박진주

최다인

본 교재의 강의는 TV와 모바일 APP, EBS*i* 사이트(www.ebsi.co.kr)에서 무료로 제공됩니다.

발행일 2024. 9. 19. 2쇄 인쇄일 2025. 10. 30. 신고번호 제2017-000193호 펴낸곳 한국교육방송공사 경기도 고양시 일산동구 한류월드로 281
표지디자인 ㈜무닉 편집 ㈜동국문화 인쇄 벽호
인쇄 과정 중 잘못된 교재는 구입하신 곳에서 교환하여 드립니다. 신규 사업 및 교재 광고 문의 pub@ebs.co.kr

정답과 풀이 PDF 파일은 EBS*i* 사이트(www.ebsi.co.kr)에서 내려받으실 수 있습니다.

교 재 내 용 문 의	교재 및 강의 내용 문의는 EBS*i* 사이트 (www.ebsi.co.kr)의 학습 Q&A 서비스를 활용하시기 바랍니다.	교 재 정오표 공 지	발행 이후 발견된 정오 사항을 EBS*i* 사이트 정오표 코너에서 알려 드립니다. 교재 → 교재 자료실 → 교재 정오표	교 재 정 정 신 청	공지된 정오 내용 외에 발견된 정오 사항이 있다면 EBS*i* 사이트를 통해 알려 주세요. 교재 → 교재 정정 신청

50일 수학

기출 워크북 하

EBS 50일 수학 기출 워크북 하

CONTENTS

THEME 10 도형의 방정식

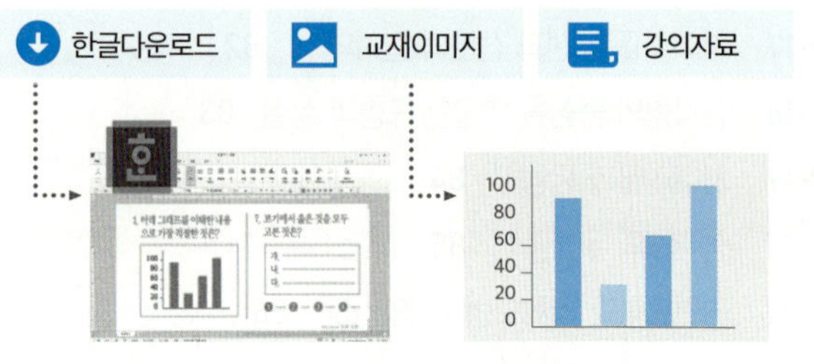

STRUCTURE

기출 유형 예제

- 50일 수학에서 배웠던 유형을 바탕으로 이루어진 기출 유형들을 통하여 실전 문제들을 풀어볼 수 있습니다.
- Step별 풀이와 함께 기출 유형 예제를 풀어보며 기출문제를 풀기 위한 기반을 다져봅니다.

문제에서 개념 알기

- 50일 수학 유형과 연결하여 개념을 복습할 수 있습니다.
- 문제에서 사용된 개념을 확인하며 놓치고 있는 내용은 없는지 점검할 수 있습니다.

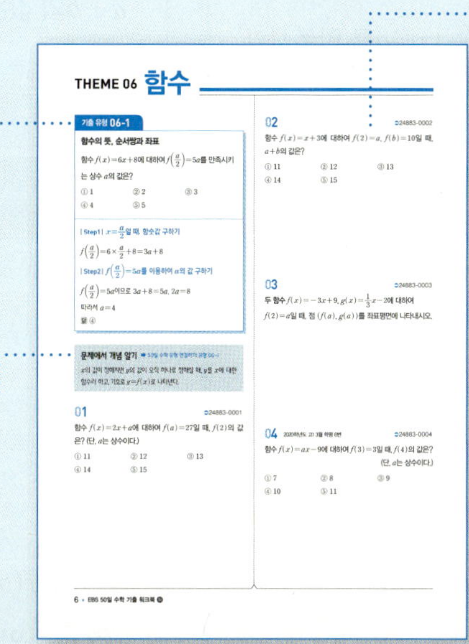

기출 유형 유제

- 기출 유형 유제를 통하여 중학교와 고등학교 내신에서 자주 나오는 기출 유형을 풀어볼 수 있습니다.
- 고등학교 전국연합학력평가에서 나온 기출문제를 풀어보며 실력을 쌓을 수 있습니다.

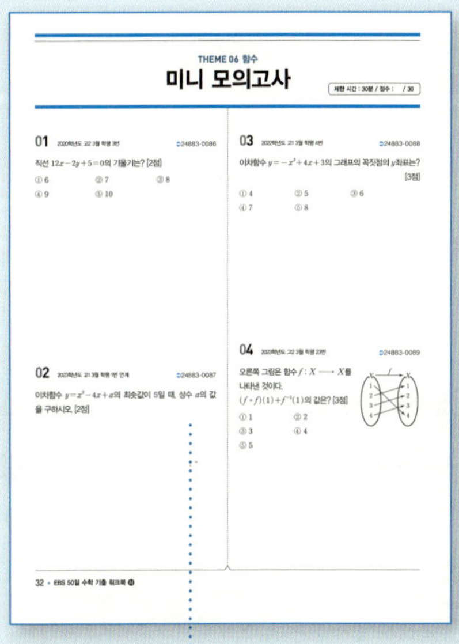

정답과 풀이

- 기출 유형 유제 전 문항에 대하여 Step별 풀이를 제공하고 있어 누구나 풀이를 쉽고 편하게 이해할 수 있습니다.

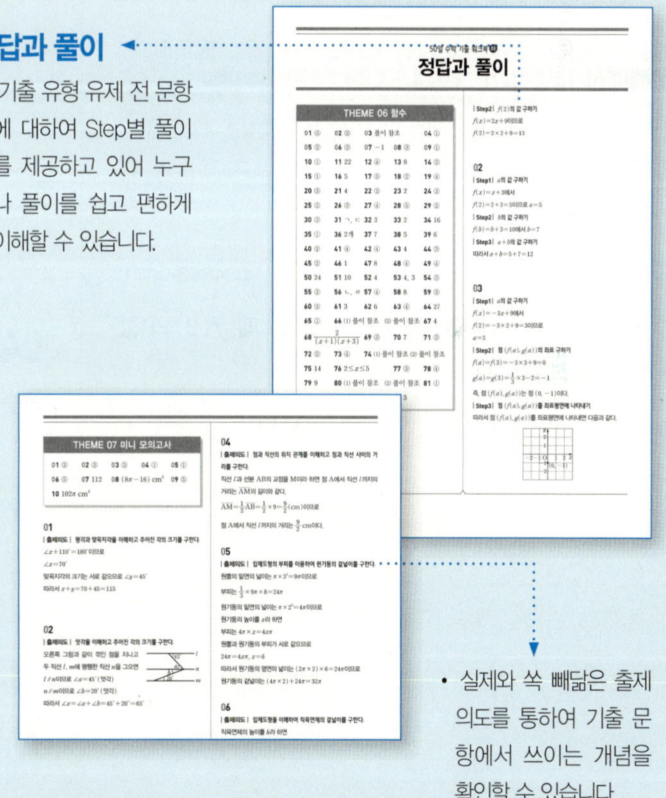

THEME별 미니 모의고사

- 총 10문항(2점 2문항, 3점 6문항, 4점 2문항)으로 이루어진 미니 모의고사를 통하여 실전 연습을 해 볼 수 있습니다.
- 30분의 제한 시간 동안 풀어보며 실력을 점검해 보세요.

- 실제와 쏙 빼닮은 출제 의도를 통하여 기출 문항에서 쓰이는 개념을 확인할 수 있습니다.

THEME 06 함수

함수의 뜻, 순서쌍과 좌표

함수 $f(x)=6x+8$에 대하여 $f\left(\dfrac{a}{2}\right)=5a$를 만족시키는 상수 a의 값은?

① 1 ② 2 ③ 3
④ 4 ⑤ 5

| Step1 | $x=\dfrac{a}{2}$일 때, 함숫값 구하기

$$f\left(\dfrac{a}{2}\right)=6\times\dfrac{a}{2}+8=3a+8$$

| Step2 | $f\left(\dfrac{a}{2}\right)=5a$를 이용하여 a의 값 구하기

$f\left(\dfrac{a}{2}\right)=5a$이므로 $3a+8=5a$, $2a=8$

따라서 $a=4$

답 ④

문제에서 개념 알기 ➡ 50일 수학 유형 연결하기: 유형 06-1

x의 값이 정해지면 y의 값이 오직 하나로 정해질 때, y를 x에 대한 함수라 하고, 기호로 $y=f(x)$로 나타낸다.

01
24883-0001

함수 $f(x)=2x+a$에 대하여 $f(a)=27$일 때, $f(2)$의 값은? (단, a는 상수이다.)

① 11 ② 12 ③ 13
④ 14 ⑤ 15

02
24883-0002

함수 $f(x)=x+3$에 대하여 $f(2)=a$, $f(b)=10$일 때, $a+b$의 값은?

① 11 ② 12 ③ 13
④ 14 ⑤ 15

03
24883-0003

두 함수 $f(x)=-3x+9$, $g(x)=\dfrac{1}{3}x-2$에 대하여 $f(2)=a$일 때, 점 $(f(a), g(a))$를 좌표평면에 나타내시오.

04
2020학년도 고1 3월 학평 6번
24883-0004

함수 $f(x)=ax-9$에 대하여 $f(3)=3$일 때, $f(4)$의 값은?
(단, a는 상수이다.)

① 7 ② 8 ③ 9
④ 10 ⑤ 11

기출 유형 06-2

일차함수와 그 그래프, 기울기와 절편

일차함수 $y=-\dfrac{2}{5}x+k$의 그래프의 x절편이 10일 때, y절편은? (단, k는 상수이다.)

① 2   ② $\dfrac{5}{2}$ ③ 3

④ $\dfrac{7}{2}$ ⑤ 4

| Step1 | x절편을 이용하여 k의 값 구하기

x절편이 10이므로 $x=10$, $y=0$을 대입하면

$0=-\dfrac{2}{5}\times 10+k$, $k=4$

| Step2 | y절편 구하기

$y=-\dfrac{2}{5}x+4$에 $x=0$을 대입하면

$y=4$

따라서 구하는 y절편은 4이다.

답 ⑤

문제에서 개념 알기 ➡ 50일 수학 유형 연결하기: 유형 06-4

일차함수의 그래프가 x축과 만나는 점의 x좌표를 x절편이라 하고, y축과 만나는 점의 y좌표를 y절편이라 한다.

05
➲24883-0005

상수 a에 대하여 일차함수 $y=-4x+a$의 그래프의 x절편과 y절편의 합이 15일 때, y절편은?

① 11   ② 12   ③ 13

④ 14   ⑤ 15

06
➲24883-0006

$ay-3x+bx^3=5$가 일차함수가 되도록 하는 상수 a, b의 조건은?

① $a=0$, $b=0$ ② $a=0$, $b\neq0$

③ $a\neq0$, $b=0$ ④ $a=0$, $b\neq1$

⑤ $a\neq0$, $b\neq1$

07
➲24883-0007

일차함수 $y=-\dfrac{4}{3}x+4$의 그래프가 오른쪽 그림과 같을 때, $a-b$의 값을 구하시오.

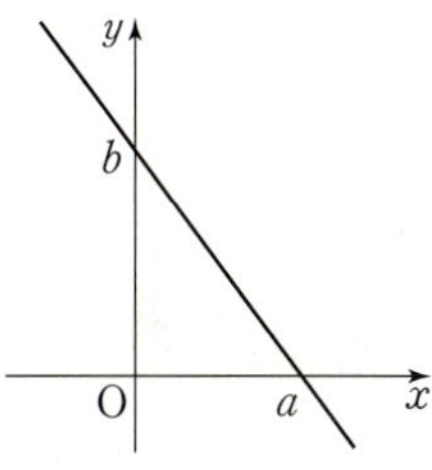

08
2019학년도 고1 3월 학평 4번   ➲24883-0008

일차함수 $y=2x+6$의 그래프의 x절편과 y절편의 합은?

① 1   ② 2   ③ 3

④ 4   ⑤ 5

기출 유형 06-3

일차함수의 식

두 점 $(3, k)$, $(5, 8)$을 지나는 일차함수 $y=f(x)$의 그래프의 기울기가 1일 때, $f(k)$의 값은?

① 7　　　　② 8　　　　③ 9

④ 10　　　　⑤ 11

| Step1 | 기울기를 이용하여 k의 값 구하기

기울기가 1이므로 $\dfrac{8-k}{5-3}=1$

$8-k=2$에서 $k=6$

| Step2 | 일차함수의 식 구하기

기울기가 1이므로 일차함수의 식을 $y=x+b$라 하자.

점 $(5, 8)$을 지나므로 $x=5$, $y=8$을 대입하면

$8=5+b$, $b=3$

따라서 구하는 일차함수의 식은 $f(x)=x+3$이다.

| Step3 | $f(k)$의 값 구하기

따라서 $f(k)=f(6)=6+3=9$

답 ③

문제에서 개념 알기 ➡ 50일 수학 유형 연결하기: 유형 06-6

서로 다른 두 점 (x_1, y_1), (x_2, y_2)를 지나는 직선을 그래프로 하는 일차함수의 식은 다음 순서로 구할 수 있다.

① 기울기 $\dfrac{y_2-y_1}{x_2-x_1}$을 구한다.

② ①에서 구한 기울기를 가지며 점 (x_1, y_1)을 지나는 직선을 그래프로 하는 일차함수의 식을 구한다.

예 두 점 $(2, -3)$, $(5, 3)$을 지나는 직선을 그래프로 하는 일차함수의 식은 (기울기)$=\dfrac{3-(-3)}{5-2}=2$이므로 구하는 일차함수의 식을 $y=2x+b$라 하자.

$x=2$, $y=-3$을 대입하면 $-3=2\times2+b$, $b=-7$

따라서 구하는 일차함수의 식은 $y=2x-7$

09　　　　　　　　⊃24883-0009

두 점 $(6, 0)$, $(0, -3)$을 지나는 일차함수의 그래프가 점 $(-4a, a)$를 지날 때, a의 값은?

① -1　　　　② -2　　　　③ -3

④ -4　　　　⑤ -5

10　　　　　　　　⊃24883-0010

일차함수 $y=mx+n$의 그래프의 x절편이 -2이고, 그 그래프가 점 $(2, -4)$를 지날 때, 상수 m, n에 대하여 $m+n$의 값은?

① -3　　　　② $-\dfrac{5}{2}$　　　　③ -2

④ $-\dfrac{3}{2}$　　　　⑤ -1

11　2018학년도 고1 3월 학평 23번　　⊃24883-0011

기울기가 4이고 점 $(2, 30)$을 지나는 일차함수의 그래프의 y절편을 구하시오.

기출 유형 06-4

일차함수의 그래프의 성질

일차함수 $y=ax+b$의 그래프에 대한 다음 설명 중 항상 옳은 것은?

① 점 $(b, 0)$을 지난다.

② 기울기는 a, x절편은 b이다.

③ $a>0$, $b>0$이면 제1, 2, 4사분면을 지난다.

④ $a<0$일 때, x의 값이 감소하면 y의 값도 감소한다.

⑤ $y=ax$의 그래프를 y축의 방향으로 b만큼 평행이동한 것이다.

| Step1 | 일차함수의 그래프 파악하기

① 점 $(0, b)$를 지난다.

② x절편은 $-\dfrac{b}{a}$이다.

③ $a>0$, $b>0$이면 제1, 2, 3사분면을 지난다.

④ $a<0$일 때, x의 값이 감소하면 y의 값은 증가한다.

답 ⑤

문제에서 개념 알기 ➡ 50일 수학 유형 연결하기: 유형 06-7

일차함수 $y=ax+b\,(a\neq0)$의 그래프는

① $a>0$일 때, x의 값이 증가하면 y의 값도 증가한다.

② $a<0$일 때, x의 값이 증가하면 y의 값은 감소한다.

③ $b>0$일 때, y축의 양의 부분과 만난다.

④ $b<0$일 때, y축의 음의 부분과 만난다.

12
24883-0012

다음 중 다른 네 직선과 기울기가 다른 것은?

① 일차함수 $y=\dfrac{1}{3}x-1$의 그래프

② x절편이 -9, y절편이 3인 직선

③ 기울기가 $\dfrac{1}{3}$이고 x절편이 -5인 직선

④ 두 점 $(-3, 1)$, $(3, -1)$을 지나는 직선

⑤ 일차함수 $y=\dfrac{1}{3}x$의 그래프를 x축의 방향으로 6만큼 평행이동한 직선

13
24883-0013

다음 조건을 만족시키는 상수 a, b에 대하여 $a+b$의 값을 구하시오.

> (가) 두 일차함수 $y=5x-3$과 $y=ax+7$의 그래프는 서로 평행하다.
> (나) 두 일차함수 $y=-3x+a-b$와 $y=-3x+2b-4$의 그래프는 일치한다.

14
2021학년도 고1 3월 학평 6번 · 24883-0014

일차함수 $y=ax+b$의 그래프는 일차함수 $y=-\dfrac{2}{3}x$의 그래프와 평행하다. 일차함수 $y=ax+b$의 그래프의 x절편이 3일 때, $a+b$의 값은? (단, a, b는 상수이다.)

① $\dfrac{7}{6}$
② $\dfrac{4}{3}$
③ $\dfrac{3}{2}$
④ $\dfrac{5}{3}$
⑤ $\dfrac{11}{6}$

기출 유형 06-5

일차함수와 일차방정식 (1)

다음 중 일차방정식 $2x-y-1=0$의 그래프에 대한 설명으로 옳은 것을 모두 고르면? (정답 2개)

① y절편은 1이다.

② x절편은 $\dfrac{1}{2}$이다.

③ 제2사분면을 지나지 않는다.

④ 일차함수 $y=-2x$의 그래프와 평행하다.

⑤ 점 $(1, -1)$을 지난다.

| Step1 | 일차함수의 식으로 변형하기

일차방정식 $2x-y-1=0$의 그래프는 일차함수 $y=2x-1$의 그래프와 일치한다.

| Step2 | 일차함수의 그래프 파악하기

① y절편은 -1이다.

④ 기울기가 2인 일차함수의 그래프와 평행하다.

⑤ $2\times1-(-1)-1\neq0$이므로 점 $(1, -1)$을 지나지 않는다.

답 ②, ③

문제에서 개념 알기 ➡ 50일 수학 유형 연결하기: 유형 06-9

미지수가 2개인 일차방정식 $ax+by+c=0$ $(a\neq0, b\neq0, a, b, c$는 상수$)$의 그래프는 일차함수 $y=-\dfrac{a}{b}x-\dfrac{c}{b}$의 그래프와 같다.

예 일차방정식 $5x+2y-8=0$의 그래프는 일차함수 $y=-\dfrac{5}{2}x+4$의 그래프와 같다.

15
⟳24883-0015

일차방정식 $2x-3y+5k=0$의 그래프의 x절편이 $-\dfrac{5}{2}$일 때, 상수 k의 값은?

① 1 　　② 2 　　③ 3

④ 4 　　⑤ 5

16
⟳24883-0016

두 점 $\left(a, \dfrac{2}{3}\right)$, $(-4, b)$가 일차방정식 $2x+3y=4$의 그래프 위에 있을 때, $a+b$의 값을 구하시오.

17
2024학년도 고1 3월 학평 7번　⟳24883-0017

두 일차방정식 $x-2y=7$, $2x+y=-1$의 그래프의 교점의 좌표를 (a, b)라 할 때, $a+b$의 값은?

① -6 　　② -5 　　③ -4

④ -3 　　⑤ -2

기출 유형 06-6

일차함수와 일차방정식 (2)

두 점 $(-a, 3)$, $(-3a+8, -3)$을 지나는 직선이 y축에 평행할 때, a의 값은?

① 1   ② 2   ③ 3

④ 4   ⑤ 5

| Step1 | y축에 평행한 직선의 의미 파악하기

구하는 직선이 y축에 평행하므로 $x=p$ 꼴의 그래프이다. 즉, 두 점의 x좌표가 같아야 한다.

| Step2 | a의 값 구하기

$-a=-3a+8$, $2a=8$

따라서 $a=4$

답 ④

문제에서 개념 알기 ➡ 50일 수학 유형 연결하기: 유형 06-10

(1) $x=p$ ($p\neq0$, p는 상수)의 그래프는 점 $(p, 0)$을 지나고, y축에 평행한 직선이다.

(2) $y=q$ ($q\neq0$, q는 상수)의 그래프는 점 $(0, q)$를 지나고, x축에 평행한 직선이다.

18

24883-0018

두 점 $(-2, a+1)$, $(4, -a+5)$를 지나는 직선이 x축에 평행할 때, a의 값은?

① 1   ② 2   ③ 3

④ 4   ⑤ 5

19

24883-0019

직선 $y=-\dfrac{2}{3}x+1$ 위의 점 $(3, k)$를 지나고 x축에 평행한 직선의 방정식은?

① $x=-1$ ② $x=1$ ③ $x=3$

④ $y=-1$ ⑤ $y=1$

20

24883-0020

일차방정식 $-3x-3=0$의 그래프에 수직이고 점 $(1, -2)$를 지나는 직선의 방정식은?

① $x=-3$ ② $x=-2$ ③ $y=-2$

④ $y=-1$ ⑤ $y=1$

21

24883-0021

일차방정식 $(a-1)x-y+b=0$의 그래프가 y축에 수직이고 점 $(2, 3)$을 지날 때, 상수 a, b에 대하여 $a+b$의 값을 구하시오.

기출 유형 06-7

두 직선의 교점과 연립방정식

두 일차방정식 $2x-y-5=0$, $x+y-4=0$의 그래프의 교점의 좌표를 (a, b)라 할 때, $a-b$의 값은?

① 1　　　　② 2　　　　③ 3

④ 4　　　　⑤ 5

| Step1 | 연립방정식 세우기

두 일차방정식 $2x-y-5=0$, $x+y-4=0$의 그래프의 교점의 좌표는

연립방정식 $\begin{cases} 2x-y-5=0 & \cdots\cdots\ \text{㉠} \\ x+y-4=0 & \cdots\cdots\ \text{㉡} \end{cases}$ 의 해와 같다.

| Step2 | 연립방정식 해 구하기

㉠과 ㉡을 변끼리 더하면 $3x-9=0$, $x=3$

㉡에 $x=3$을 대입하면 $y=1$

즉, 교점의 좌표는 $(3, 1)$이므로 $a=3$, $b=1$

| Step3 | $a-b$의 값 구하기

따라서 $a-b=3-1=2$

답 ②

문제에서 개념 알기　➡ 50일 수학 유형 연결하기: 유형 06-11

두 직선의 교점의 좌표는 연립방정식의 해와 같다.

22　　⊃24883-0022

두 일차방정식 $2x+ay+4=0$, $bx+3y+8=0$의 그래프의 교점의 좌표가 $(-1, 1)$일 때, $a+b$의 값은?

(단, a, b는 상수이다.)

① 8　　　　② 9　　　　③ 10

④ 11　　　⑤ 12

23　　⊃24883-0023

일차방정식 $x-y=1$의 그래프가 두 일차방정식 $x+ay-10=0$, $x-3y+5=0$의 그래프의 교점을 지날 때, 상수 a의 값을 구하시오.

24　　⊃24883-0024

두 일차방정식

$$x-2y+4=0,\ -x+y-1=0$$

의 그래프의 교점을 지나고 x절편이 5인 직선의 기울기는?

① -2　　　② -1　　　③ 0

④ 1　　　　⑤ 2

25　2022학년도 고1 3월 학평 9번　⊃24883-0025

두 일차방정식

$$ax+4y=12,\ 2x+ay=a+5$$

의 그래프의 교점이 y축 위에 있을 때, 상수 a의 값은?

① 2　　　　② $\dfrac{5}{2}$　　　③ 3

④ $\dfrac{7}{2}$　　　⑤ 4

기출 유형 06-8

이차함수와 $y=x^2$의 그래프

$y=-20x^2+3x-2+k(k-1)x^2$이 x에 대한 이차함수일 때, 다음 중 실수 k의 값이 될 수 없는 것을 모두 고르면? (정답 2개)

① -5　　　② -4　　　③ 0

④ 4　　　⑤ 5

| Step1 | 식 정리하기

$y=-20x^2+3x-2+k(k-1)x^2$을 정리하면

$y=(k^2-k-20)x^2+3x-2$이다.

| Step2 | 이차함수의 뜻 이해하기

$y=(k^2-k-20)x^2+3x-2$가 이차함수이므로

$k^2-k-20\neq0$, $(k+4)(k-5)\neq0$

따라서 $k\neq-4$이고 $k\neq5$

답 ②, ⑤

문제에서 개념 알기 ➡ 50일 수학 유형 연결하기: 유형 06-12

다항식 $f(x)$가 x에 대한 이차식이면 함수 $y=f(x)$를 이차함수라 한다.

26
○24883-0026

이차함수 $y=x^2$의 그래프가 두 점 $(a, 49)$, $(-3, b)$를 지날 때, $a+b$의 값은? (단, $a>0$)

① 12　　　② 14　　　③ 16

④ 18　　　⑤ 20

27
○24883-0027

다음 중 y가 x에 대한 이차함수가 아닌 것은?

① $y=-\dfrac{2}{3}x^2+3x$

② $y+x^2=0$

③ $y=x(3x+2)-x^2$

④ $y=9x^2-(3x+1)^2$

⑤ $y=(3x-1)(x+4)$

28
○24883-0028

다음 중 이차함수 $y=-x^2$의 그래프에 대한 설명으로 옳지 않은 것은?

① 축의 방정식은 $x=0$이다.

② 점 $(-3, -9)$를 지난다.

③ 꼭짓점의 좌표는 $(0, 0)$이다.

④ y축에 대하여 대칭이다.

⑤ $x>0$일 때, x의 값이 증가하면 y의 값도 증가한다.

29
○24883-0029

이차함수 $f(x)=-2x^2+ax+7$에서 $f(a)=3$일 때, 양수 a의 값은?

① 1　　　② 2　　　③ 3

④ 4　　　⑤ 5

기출 유형 06-9

이차함수 $y=ax^2$의 그래프의 성질

이차함수 $y=ax^2+bx+c$의 그래프가 원점을 꼭짓점으로 하고 점 $(2, 8)$을 지날 때, 세 상수 a, b, c에 대하여 $a+b+c$의 값을 구하시오.

| Step1 | 이차함수의 식을 $y=ax^2$으로 두기

이차함수의 그래프의 꼭짓점이 원점이므로 이 이차함수의 식은 $y=ax^2$ 꼴이다.

즉, $b=c=0$

| Step2 | 그래프가 지나는 점의 좌표를 이용하여 a의 값 구하기

$y=ax^2$의 그래프가 점 $(2, 8)$을 지나므로 $x=2, y=8$을 대입하면

$8=a\times 2^2, a=2$

| Step3 | $a+b+c$의 값 구하기

따라서 $a+b+c=2+0+0=2$

답 2

문제에서 개념 알기 ➡ 50일 수학 유형 연결하기: 유형 06-13

이차함수 $y=ax^2(a\neq 0)$의 그래프는 원점을 꼭짓점으로 하고 y축을 축으로 하는 포물선이다.

30　　🔾24883-0030

다음 이차함수 중 그 그래프가 위로 볼록하면서 폭이 가장 넓은 것은?

① $y=-5x^2$　　② $y=\dfrac{6}{5}x^2$　　③ $y=-\dfrac{6}{7}x^2$

④ $y=5x^2$　　⑤ $y=-\dfrac{6}{5}x^2$

31　　🔾24883-0031

두 이차함수 $y=\dfrac{1}{5}x^2, y=-3x^2$의 그래프의 공통점으로 **보기**에서 옳은 것만을 있는 대로 고르시오.

┤ 보기 ├

ㄱ. y축에 대하여 대칭이다.

ㄴ. 아래로 볼록하다.

ㄷ. 꼭짓점의 좌표는 $(0, 0)$이다.

ㄹ. $x>0$일 때, x의 값이 증가하면 y의 값은 감소한다.

32　　🔾24883-0032

오른쪽 그림과 같이 이차함수 $y=ax^2$의 그래프 위의 두 점 $A(p, 3)$, $B(q, 3)$이 있다. 두 점 $C(-1, 0)$, $D(1, 0)$에 대하여 사각형 ACDB의 넓이가 6일 때, 양수 a의 값을 구하시오. (단, $p<q$)

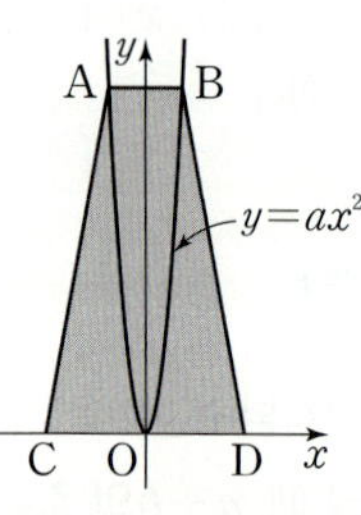

기출 유형 06-10

이차함수 $y=a(x-p)^2+q$의 그래프

이차함수 $y=3(x-2)^2+3$의 그래프를 x축의 방향으로 p만큼, y축의 방향으로 q만큼 평행이동하였더니 이차함수 $y=3x^2$의 그래프와 일치하였다. pq의 값은?

① 6　　　　② 7　　　　③ 8

④ 9　　　　⑤ 10

| **Step1** | 평행이동한 그래프의 식 구하기

이차함수 $y=3(x-2)^2+3$의 그래프를 x축의 방향으로 p만큼, y축의 방향으로 q만큼 평행이동하면

$y=3(x-p-2)^2+3+q$이다.

| **Step2** | p, q의 값 구하기

두 이차함수 $y=3(x-p-2)^2+3+q$와 $y=3x^2$의 그래프가 일치하므로

$-p-2=0, 3+q=0$

$p=-2, q=-3$

| **Step3** | pq의 값 구하기

따라서 $pq=-2\times(-3)=6$

답 ①

문제에서 개념 알기 ➡ 50일 수학 유형 연결하기: 유형 06-14

이차함수 $y=ax^2\,(a\neq0)$의 그래프를 x축의 방향으로 p만큼, y축의 방향으로 q만큼 평행이동하면 $y=a(x-p)^2+q$이다.

예 이차함수 $y=3x^2$의 그래프를 x축의 방향으로 -3만큼 평행이동하면 $y=3(x+3)^2$이고, 이를 y축의 방향으로 5만큼 평행이동하면 $y=3(x+3)^2+5$이다.

33　　　　➲24883-0033

이차함수 $y=-3(x+1)^2$의 그래프를 y축의 방향으로 5만큼 평행이동하면 점 $(0, k)$를 지난다. k의 값을 구하시오.

34　2018학년도 고1 3월 학평 26번　　➲24883-0034

다음 그림과 같이 세 이차함수

$$y=-x^2,\ y=-(x+2)^2+4,\ y=-(x+4)^2$$

의 그래프로 둘러싸인 부분의 넓이를 구하시오.

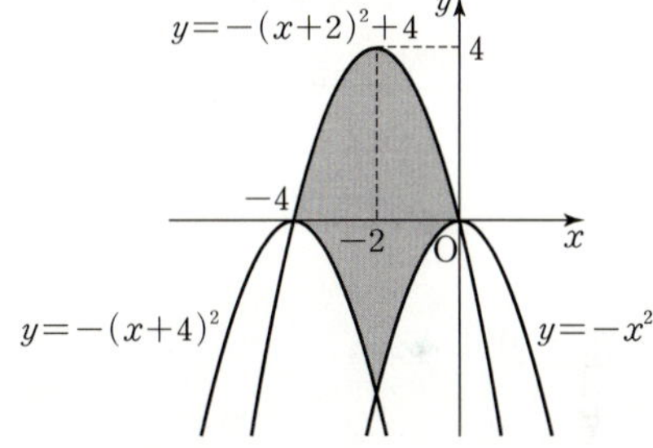

기출 유형 06-11

이차함수의 최대, 최소 (1)

다음 **보기**의 이차함수 중 최댓값을 갖는 것만을 있는 대로 모두 고르시오.

보기

ㄱ. $y=5x^2-3$

ㄴ. $y=-2(x-6)^2$

ㄷ. $y=-3(x+2)^2-6$

ㄹ. $y=\dfrac{3}{5}x^2-5x-2$

|Step1| 최댓값을 갖는 이차함수의 특성 파악하기

이차함수가 최댓값을 가지려면 이차항의 계수가 음수이어야 한다.

|Step2| $y=ax^2+bx+c$ 꼴로 정리하기

보기의 이차함수를 정리하면

ㄴ. $y=-2x^2+24x-72$

ㄷ. $y=-3x^2-12x-18$

|Step3| 최댓값을 갖는 이차함수 찾기

따라서 최댓값을 갖는 이차함수는 ㄴ, ㄷ이다.

답 ㄴ, ㄷ

문제에서 개념 알기 ➡ 50일 수학 유형 연결하기: 유형 06-15

이차함수의 최고차항의 계수가 양수이면 최솟값을, 음수이면 최댓값을 가진다.

예 이차함수 $y=-2x^2-4x$는 $y=-2(x+1)^2+2$이므로 $x=-1$일 때 최댓값 2를 갖고, 최솟값은 없다.

35
24883-0035

이차함수 $y=-4x^2+8x+1$은 $x=a$일 때 최댓값 b를 가진다. $a+b$의 값은?

① 6 ② 7 ③ 8
④ 9 ⑤ 10

36
24883-0036

다음 **보기**에서 최솟값이 2인 이차함수는 모두 몇 개인지 구하시오.

보기

ㄱ. $y=-5x^2+2$ ㄴ. $y=\dfrac{2}{3}x^2+2$

ㄷ. $y=7(x-5)^2+2$ ㄹ. $y=4(x-2)^2$

ㅁ. $y=-x^2+2x-1$ ㅂ. $y=3x^2-6x-6$

37
2020학년도 고1 3월 학평 23번
24883-0037

이차함수 $y=x^2+2x+3+4k$의 최솟값이 30일 때, 상수 k의 값을 구하시오.

기출 유형 06-12

이차함수의 그래프와 이차방정식의 관계

이차함수 $y=x^2+ax+b$의 그래프가 x축과 두 점 $(1,\ 0)$, $(4,\ 0)$에서 만날 때, 두 상수 a, b에 대하여 $a+b$의 값은?

① -2 ② -1 ③ 0
④ 1 ⑤ 2

| Step1 | 이차방정식의 실근 파악하기

이차함수 $y=x^2+ax+b$의 그래프가 x축과 만나는 두 점의 x좌표가 1, 4이므로 1, 4는 이차방정식 $x^2+ax+b=0$의 두 실근이다.

| Step2 | a, b의 값 구하기

이차방정식의 근과 계수의 관계에 의하여

$$-a=1+4,\ b=1\times4$$
$$a=-5,\ b=4$$

| Step3 | $a+b$의 값 구하기

따라서 $a+b=-5+4=-1$

답 ②

문제에서 개념 알기 ➡ 50일 수학 유형 연결하기: 유형 06-16

이차함수 $y=ax^2+bx+c$의 그래프와 x축의 교점의 개수는 이차방정식 $ax^2+bx+c=0$의 서로 다른 실근의 개수와 같다.

판별식 D의 부호	방정식 $ax^2+bx+c=0$의 근	이차함수 $y=ax^2+bx+c$의 그래프와 x축과의 위치 관계
$D>0$	서로 다른 두 실근	서로 다른 두 점에서 만난다.
$D=0$	중근	한 점에서 만난다.(접한다.)
$D<0$	서로 다른 두 허근	만나지 않는다.

38
⮕24883-0038

x에 대한 이차방정식 $ax^2+bx+c=0$의 두 실근이 -3, 2일 때, 이차함수 $y=ax^2+bx+c$의 그래프가 x축과 만나는 두 점 사이의 거리를 구하시오. (단, a, b, c는 상수이다.)

39
⮕24883-0039

이차함수 $y=-3x^2+ax+2$의 그래프가 x축과 만나는 두 점의 x좌표의 합이 2일 때, 상수 a의 값을 구하시오.

40
2022학년도 고1 6월 학평 5번
⮕24883-0040

이차함수 $y=x^2-6x+a$의 그래프가 x축과 만나지 않도록 하는 정수 a의 최솟값은?

① 8 ② 10 ③ 12
④ 14 ⑤ 16

기출 유형 06-13

이차함수의 그래프와 직선의 위치 관계

직선 $y=x+a$와 이차함수 $y=x^2-x+2$의 그래프가 한 점에서 만나도록 하는 상수 a의 값을 구하시오.

| **Step1** | 이차방정식과 이차함수의 관계 파악하기

직선 $y=x+a$가 이차함수 $y=x^2-x+2$의 그래프에 접하므로 이차방정식 $x+a=x^2-x+2$,

즉 $x^2-2x-a+2=0$이 중근을 갖는다.

| **Step2** | 판별식을 이용하여 a의 값 구하기

이차방정식의 판별식을 D라 하면

$$\frac{D}{4}=(-1)^2-(-a+2)=0,\ 1+a-2=0$$

따라서 $a=1$

답 1

문제에서 개념 알기 ➡ 50일 수학 유형 연결하기: 유형 06-17

이차함수 $y=ax^2+bx+c$의 그래프가 직선 $y=mx+n$과 만나는 교점의 개수는 이차방정식 $ax^2+(b-m)x+(c-n)=0$의 판별식을 D라 할 때,

① $D>0 \to$ 2개

② $D=0 \to$ 1개

③ $D<0 \to$ 0개

41
⤵24883-0041

직선 $y=-2x+3$과 이차함수 $y=4x^2+2x+a$의 그래프가 접하도록 하는 상수 a의 값은?

① 1 　　　 ② 2 　　　 ③ 3

④ 4 　　　 ⑤ 5

42
⤵24883-0042

곡선 $y=x^2+ax+5$와 직선 $y=x+9$가 서로 다른 두 점에서 만나고 두 점의 x좌표의 합이 -5일 때, 상수 a의 값은?

① 3 　　　 ② 4 　　　 ③ 5

④ 6 　　　 ⑤ 7

43
⤵24883-0043

이차함수 $y=x^2+4x+k$의 그래프가 직선 $y=x+1$과 만나지 않도록 하는 정수 k의 최솟값을 구하시오.

44
2020학년도 고1 6월 학평 12번　⤵24883-0044

직선 $y=-x+a$가 이차함수 $y=x^2+bx+3$의 그래프에 접하도록 하는 a의 최댓값은? (단, a, b는 실수이다.)

① 1 　　　 ② 2 　　　 ③ 3

④ 4 　　　 ⑤ 5

기출 유형 06-14

이차함수의 최대, 최소 (2)

$0 \leq x \leq 4$에서 이차함수 $y = x^2 - 6x + 10$의 최댓값과 최솟값의 합을 구하시오.

| Step1 | 이차함수의 식 변형하기

$y = x^2 - 6x + 10 = (x-3)^2 + 1$이므로 꼭짓점의 좌표는 $(3, 1)$이다.

| Step2 | 그래프를 이용하여 최댓값과 최솟값 구하기

$0 \leq x \leq 4$에서 함수 $y = (x-3)^2 + 1$은

$x = 3$일 때 최솟값 1을 가지고

$x = 0$일 때 최댓값 10을 가진다.

| Step3 | 최댓값과 최솟값의 합 구하기

따라서 구하는 최댓값과 최솟값의 합은 $10 + 1 = 11$

답 11

문제에서 개념 알기 ➡ 50일 수학 유형 연결하기: 유형 06-18

이차함수 $y = f(x)$의 정의역이 $\{x \mid \alpha \leq x \leq \beta\}$일 때, 최댓값과 최솟값은 $f(\alpha), f(\beta)$, 꼭짓점의 y좌표에서 찾을 수 있다.

45

⭕24883-0045

$-1 \leq x \leq 1$일 때, 이차함수 $f(x) = -2x^2 - 4x + 5$의 최솟값은?

① -2 ② -1 ③ 0

④ 1 ⑤ 2

46

⭕24883-0046

양수 k에 대하여 이차함수 $y = -x^2 + 2kx - 8$의 그래프가 점 $(k, 1)$을 지날 때, 이 이차함수의 최댓값을 구하시오.

47

⭕24883-0047

$-2 \leq x \leq 4$일 때, 이차함수 $y = 2x^2 + 4x - k$는 최댓값 40을 가진다. 이때 상수 k의 값을 구하시오.

48

⭕24883-0048

$0 \leq x \leq 4$에서 이차함수 $f(x) = x^2 - 6x + 17$의 최댓값은?

① 14 ② 15 ③ 16

④ 17 ⑤ 18

기출 유형 06-15

함수의 정의역, 공역, 치역

정의역이 $\{x \mid -4 \leq x \leq 8\}$인 함수 $y = \dfrac{3}{4}x$의 치역이 $\{y \mid a \leq y \leq b\}$일 때, $a+b$의 값은?

(단, a, b는 실수이다.)

① 3 ② 4 ③ 5
④ 6 ⑤ 7

| Step1 | 함수의 그래프 파악하기

함수 $y = \dfrac{3}{4}x$의 그래프는 직선이므로 치역을 구하기 위해 다음의 함숫값을 구하면 된다.

$x = -4$일 때, $y = \dfrac{3}{4} \times (-4) = -3$

$x = 8$일 때, $y = \dfrac{3}{4} \times 8 = 6$

| Step2 | 치역 구하기

즉, 치역이 $\{y \mid -3 \leq y \leq 6\}$이므로 $a = -3$, $b = 6$이다.

| Step3 | $a+b$의 값 구하기

따라서 $a+b = -3+6 = 3$

답 ①

문제에서 개념 알기 ➡ 50일 수학 유형 연결하기: 유형 06-19

함수 $f : X \longrightarrow Y$에서 집합 X를 함수 f의 정의역, 집합 Y를 함수 f의 공역이라 한다. 또한 함수 f의 함숫값 전체의 집합을 함수 f의 치역이라 한다.

49

24883-0049

정의역이 $\{1, 2, 3\}$인 함수 $f(x) = ax+1$의 치역의 모든 원소의 합이 27일 때, 상수 a의 값은? (단, $a \neq 0$)

① 1 ② 2 ③ 3
④ 4 ⑤ 5

50

24883-0050

집합 $X = \{1, 2\}$를 정의역으로 하는 두 함수 f, g가 $f(x) = x^2 + ax - 2$, $g(x) = -3x + b$이다. $f = g$가 성립하도록 하는 두 상수 a, b에 대하여 ab의 값을 구하시오.

51

24883-0051

정의역이 집합 $X = \{-1, 0, 1, 2\}$인 함수 $f(x) = x^2 - 4x + 3$의 치역의 모든 원소의 합을 구하시오.

기출 유형 06-16

일대일함수와 일대일대응

두 집합 $X=\{a, b\}$, $Y=\{5, 6, 7\}$에 대하여 함수 $f : X \longrightarrow Y$가 일대일함수일 때, $f(a)+f(b)$의 최댓값을 구하시오. (단, $a \neq b$)

| Step1 | 일대일함수의 정의 이해하기

함수 f가 일대일함수이므로 $f(a) \neq f(b)$이다.

| Step2 | $f(a)+f(b)$의 최댓값 구하기

$f(a)=6$, $f(b)=7$ 또는 $f(a)=7$, $f(b)=6$이면 $f(a)+f(b)$의 값이 최대이다.

따라서 $f(a)+f(b)$의 최댓값은 13

답 13

문제에서 개념 알기 ➡ 50일 수학 유형 연결하기: 유형 06-20

정의역의 임의의 두 원소 x_1, x_2에 대하여 $x_1 \neq x_2$이면 $f(x_1) \neq f(x_2)$일 때, 함수 f를 일대일함수라 한다.

52

24883-0052

집합 $X=\{1, 2, 3\}$에 대하여 함수 $f : X \longrightarrow X$가 일대일대응이다. $f(1)=2$일 때, $f(2)+f(3)$의 값을 구하시오.

53

24883-0053

다음 보기의 함수 중 일대일함수와 일대일대응의 개수를 각각 구하시오.

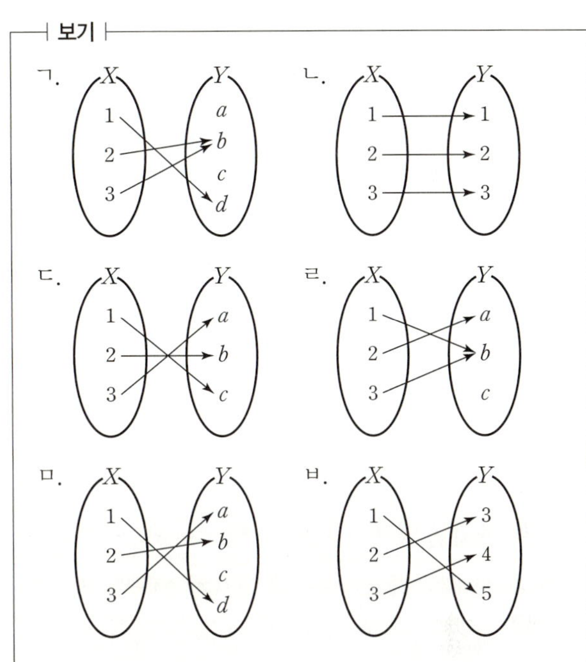

54

24883-0054

집합 $X=\{x \,|\, 0 \leq x \leq 4\}$에 대하여 X에서 X로의 함수 $f(x)=ax+b\,(a<0)$이 일대일대응일 때, $f(1)$의 값은?

① 1　　　　② 2　　　　③ 3

④ 4　　　　⑤ 5

기출 유형 06-17

항등함수와 상수함수

집합 $X=\{1, 2, 3, 4\}$에 대하여 X에서 X로의 두 함수 f, g가 있다. 함수 f가 항등함수, 함수 g가 상수함수이고 $g(3)=4$일 때, $f(2)+g(1)$의 값을 구하시오.

| Step1 | 항등함수와 상수함수의 정의 이해하기

f는 항등함수이므로 $f(x)=x$이고

g는 상수함수이므로 $g(x)=g(3)=4$이다.

| Step2 | $f(2)+g(1)$의 값 구하기

따라서 $f(2)+g(1)=2+4=6$

[답] 6

문제에서 개념 알기 ➡ 50일 수학 유형 연결하기: 유형 06-21

함수 f가 정의역의 모든 원소 x에 대하여 $f(x)=x$이면 항등함수라 하고, $f(x)=c$ (c는 상수)이면 상수함수라 한다.

55

24883-0055

집합 $X=\{-2, 0, 2\}$를 정의역으로 하는 함수

$$f(x)=\begin{cases} a & (x<0) \\ 3x+b & (0\le x<1) \\ x^2-3x+c & (x\ge 1) \end{cases}$$

이 항등함수일 때, $a+b+c$의 값은?

(단, a, b, c는 상수이다.)

① 1   ② 2   ③ 3

④ 4   ⑤ 5

56

24883-0056

다음 보기의 그림 중에서 상수함수의 그래프와 항등함수의 그래프를 순서대로 각각 말하시오.

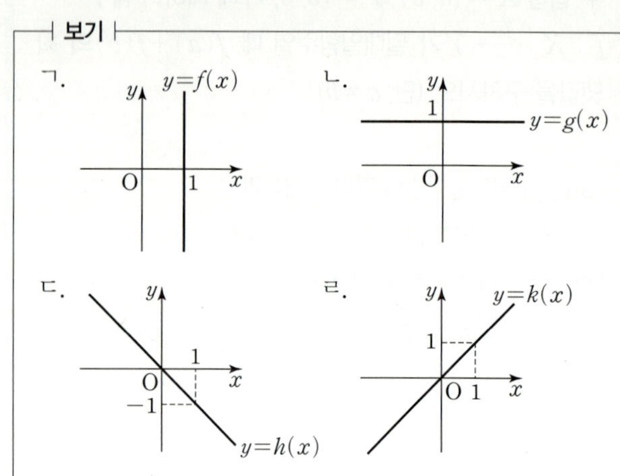

57

24883-0057

집합 $X=\{1, 2, 3\}$에 대하여 X에서 X로의 두 함수 f, g가 다음 조건을 만족시킨다.

> ㈎ f는 항등함수이고 g는 상수함수이다.
> ㈏ $f(1)+g(3)=3$

$f(3)+g(1)$의 값은?

① 2   ② 3   ③ 4

④ 5   ⑤ 6

기출 유형 06-18

합성함수와 그 성질

함수 $f(x)=\begin{cases} -x^2+1 & (x<1) \\ -3x+3 & (x\geq1) \end{cases}$ 에 대하여

$(f\circ f)(3)$의 값을 구하시오.

| Step1 | $f(3)$의 값 구하기

$3\geq1$이므로 $f(3)=-3\times3+3=-6$

| Step2 | $(f\circ f)(3)$의 값 구하기

$-6<1$이므로 $f(-6)=-(-6)^2+1=-35$

따라서 $(f\circ f)(3)=f(f(3))=f(-6)=-35$

답 -35

문제에서 개념 알기 ➡ 50일 수학 유형 연결하기: 유형 06-22

두 함수 $f:X\longrightarrow Y, g:Y\longrightarrow Z$의 합성함수 $g\circ f$는
$g\circ f:X\longrightarrow Z$이고 $(g\circ f)(x)=g(f(x))$이다.

58

24883-0058

다음 그림은 함수 $f:X\longrightarrow X$를 나타낸 것이다.

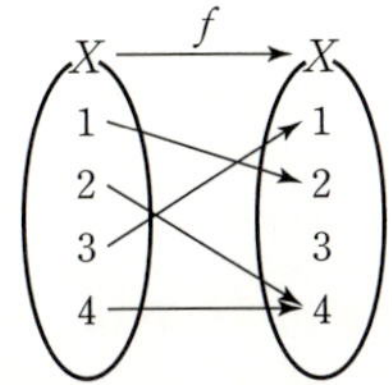

$f(2)+(f\circ f)(1)$의 값을 구하시오.

59

24883-0059

다음 그림은 두 함수 $f:X\longrightarrow Y, g:Y\longrightarrow X$를 나타낸 것이다.

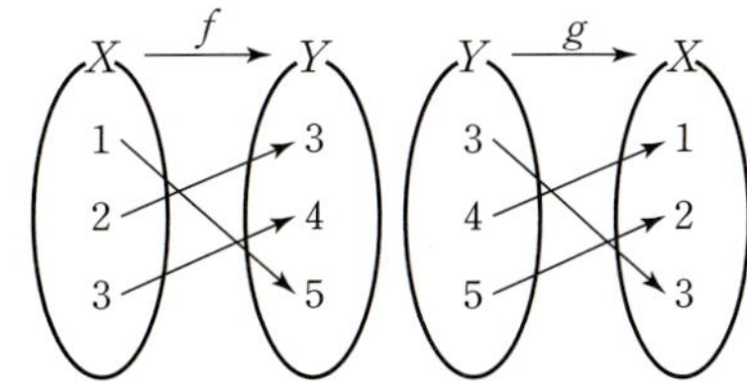

$(g\circ f)(1)+(f\circ g)(4)$의 값은?

① 5   ② 6   ③ 7

④ 8   ⑤ 9

60   2020학년도 고2 3월 학평 5번

24883-0060

다음 그림은 함수 $f:X\longrightarrow Y$를 나타낸 것이다.

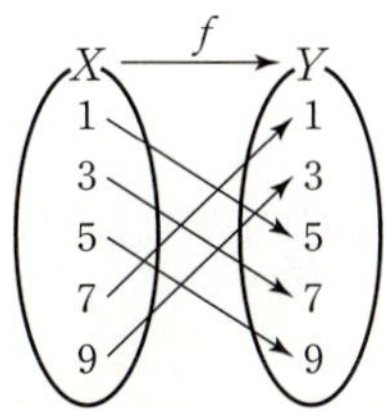

$f(5)+(f\circ f)(9)$의 값은?

① 18   ② 16   ③ 14

④ 12   ⑤ 10

역함수와 그 성질

함수 $f(x)=5x+a$의 역함수가 $f^{-1}(x)=\dfrac{1}{5}x-2$일 때, 상수 a의 값을 구하시오.

| Step1 | x를 y에 대한 식으로 정리하기

$y=5x+a$에서 x를 y에 대한 식으로 정리하면

$5x=y-a$

$x=\dfrac{y-a}{5}$

| Step2 | 역함수를 이용하여 a의 값 구하기

x와 y를 서로 바꾸면 $y=\dfrac{x-a}{5}$이므로

$f^{-1}(x)=\dfrac{1}{5}x-\dfrac{a}{5}$

따라서 $-\dfrac{a}{5}=-2$이므로

$a=10$

답 10

문제에서 개념 알기 ➡ 50일 수학 유형 연결하기: 유형 06-23

함수 $y=f(x)$의 역함수 $y=f^{-1}(x)$는 다음의 과정으로 구한다.

① x에 대하여 정리한다.

② x와 y를 서로 바꾸어 y에 대하여 정리한다.

61
➲24883-0061

실수 전체의 집합에서 정의된 함수 $f(x)=ax+3$에 대하여 $f^{-1}(9)=2$일 때, a의 값을 구하시오. (단, a는 상수이다.)

62
➲24883-0062

함수 $f(x)=ax+b$에 대하여 $f(1)=5$, $f^{-1}(3)=0$일 때, ab의 값을 구하시오. (단, a, b는 상수이다.)

63
➲24883-0063

오른쪽 그림과 같은 함수 f에 대하여 $(f^{-1}\circ f^{-1})(2)$의 값은?

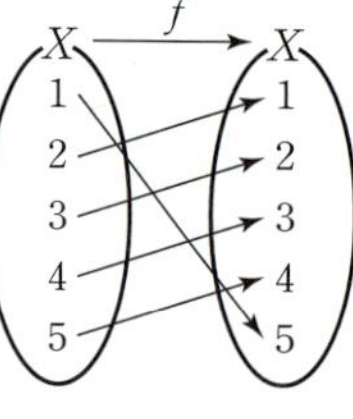

① 1   ② 2

③ 3   ④ 4

⑤ 5

64
2021학년도 고2 3월 학평 23번   ➲24883-0064

함수 $f(x)=\sqrt{x-2}+2$에 대하여 $f^{-1}(7)$의 값을 구하시오.

06
함수

기출 유형 06-20

역함수의 그래프

함수 $f(x)=8x-14$에 대하여 두 함수 $y=f(x)$, $y=f^{-1}(x)$의 그래프의 교점의 좌표가 (a, b)일 때, ab의 값을 구하시오.

| Step1 | 두 함수 $y=f(x)$, $y=f^{-1}(x)$의 그래프의 교점 이해하기

함수 $f(x)=8x-14$는 x의 값이 증가할 때, y의 값도 증가하므로 두 함수 $y=f(x)$, $y=f^{-1}(x)$의 그래프의 교점의 좌표는 함수 $y=f(x)$와 직선 $y=x$의 교점의 좌표와 같다.

| Step2 | a, b의 값 구하기

$8x-14=x$, $7x=14$, $x=2$

즉, $a=b=2$

| Step3 | ab의 값 구하기

따라서 $ab=2\times2=4$

답 4

문제에서 개념 알기 ➡ 50일 수학 유형 연결하기: 유형 06-25

함수 $y=f(x)$의 그래프는 함수 $y=f^{-1}(x)$의 그래프와 직선 $y=x$에 대하여 대칭이다.

65
⟲24883-0065

일차함수 $f(x)=ax+2$의 역함수가 $f^{-1}(x)=\dfrac{1}{4}x+b$일 때, 상수 a, b에 대하여 ab의 값은?

① -2 ② -1 ③ 0

④ 1   ⑤ 2

66
⟲24883-0066

함수 $y=f(x)$의 그래프와 그 역함수 $y=f^{-1}(x)$의 그래프를 각각 그리시오.

(1) $f(x)=2x-4$ (2) $f(x)=-3x+8$

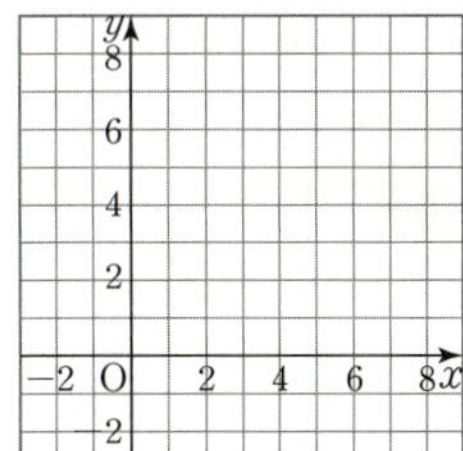 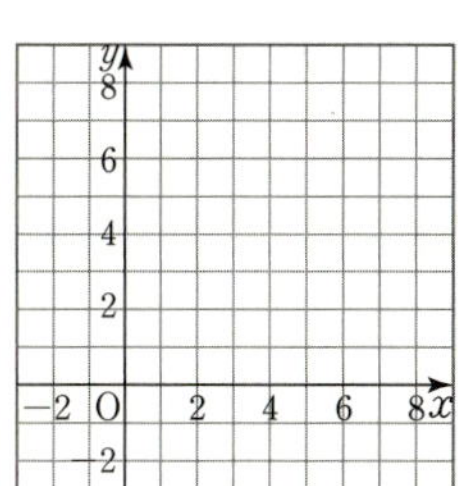

67
⟲24883-0067

실수 전체의 집합에서 정의된 함수

$$f(x)=\begin{cases} 2x+1 & (x<1) \\ \dfrac{1}{2}x+\dfrac{5}{2} & (x\geq1) \end{cases}$$

과 그 역함수 $f^{-1}(x)$에 대하여 두 함수 $y=f(x)$, $y=f^{-1}(x)$의 그래프의 교점의 x좌표를 각각 a, $b\,(a<b)$라 할 때, $a+b$의 값을 구하시오.

기출 유형 06-21

유리식과 유리함수

다음 식을 간단히 하시오.

(1) $\dfrac{3x^2-10x+3}{x^3-9x}$　　(2) $\dfrac{2x^2+8x+6}{x^4+4x^3+3x^2}$

| Step1 | 분모, 분자의 공통 인수 약분하기

(1) $\dfrac{3x^2-10x+3}{x^3-9x}=\dfrac{(3x-1)(x-3)}{x(x+3)(x-3)}=\dfrac{3x-1}{x(x+3)}$

(2) $\dfrac{2x^2+8x+6}{x^4+4x^3+3x^2}=\dfrac{2(x+1)(x+3)}{x^2(x+1)(x+3)}=\dfrac{2}{x^2}$

답 (1) $\dfrac{3x-1}{x(x+3)}$　(2) $\dfrac{2}{x^2}$

문제에서 개념 알기 ➡ 50일 수학 유형 연결하기: 유형 06-26

유리식을 간단히 하기 위해 분모, 분자를 인수분해하여 공통 인수를
약분해야 한다.

68

⟳24883-0068

다음 식을 간단히 하시오.

$$\dfrac{1}{(x+1)(x+2)}+\dfrac{1}{(x+2)(x+3)}$$

69

⟳24883-0069

등식 $\dfrac{x-3}{x-2}+\dfrac{2x-1}{x^2-x-2}=\dfrac{x+b}{x+a}$ 를 만족시키는 상수 a, b
에 대하여 $a+b$의 값은?

① 1　　　② 2　　　③ 3

④ 4　　　⑤ 5

70

⟳24883-0070

$2-\dfrac{1}{1-\dfrac{3}{2+\dfrac{1}{2}}}$ 을 간단히 하시오.

71

⟳24883-0071

등식

$$\dfrac{x+3}{x^2+6x+5}-\dfrac{3}{x^2-25}=\dfrac{x^2+ax+b}{(x+1)(x+5)(x-5)}$$

를 만족시키는 상수 a, b에 대하여 $a-b$의 값은?

① 11　　　② 12　　　③ 13

④ 14　　　⑤ 15

기출 유형 06-22

유리함수의 그래프 (1)

유리함수 $y=-\dfrac{4}{x}$ 의 그래프를 x축의 방향으로 3만큼,

y축의 방향으로 -1만큼 평행이동한 그래프가 점

$(4, a)$를 지날 때, a의 값은?

① -1　　　　② -2　　　　③ -3

④ -4　　　　⑤ -5

| Step1 | 평행이동시킨 유리함수의 식 구하기

$y=-\dfrac{4}{x}$ 의 그래프를 x축의 방향으로 3만큼, y축의 방향으

로 -1만큼 평행이동한 그래프의 식은

$y+1=-\dfrac{4}{x-3}$, $y=-\dfrac{4}{x-3}-1$이다.

| Step2 | a의 값 구하기

이 함수의 그래프가 점 $(4, a)$를 지나므로

$x=4, y=a$를 대입하면

$a=-\dfrac{4}{4-3}-1=-5$

답 ⑤

문제에서 개념 알기 ➡ 50일 수학 유형 연결하기: 유형 06-27

유리함수 $y=\dfrac{k}{x}\,(k\neq0)$의 그래프를 x축의 방향으로 p만큼, y축

의 방향으로 q만큼 평행이동시킨 그래프의 식은 $y=\dfrac{k}{x-p}+q$이다.

72　　　　　⊃24883-0072

세 상수 k, p, q에 대하여 유리함수 $y=\dfrac{k}{x-p}+q$의 그래프

가 다음 그림과 같을 때, $k+p+q$의 값은?

(단, 점선은 그래프의 점근선이다.)

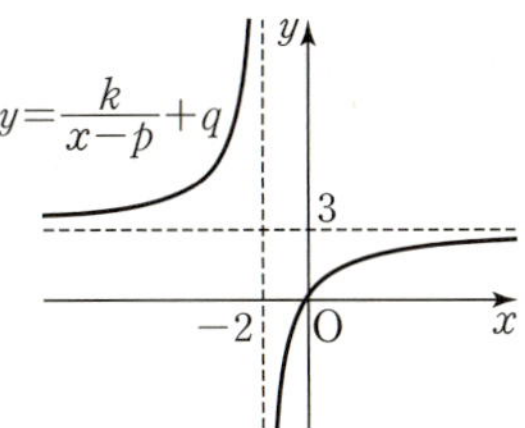

① -1　　　　② -2　　　　③ -3

④ -4　　　　⑤ -5

73　　　　　⊃24883-0073

함수 $f(x)=\dfrac{k}{x-2}+1$의 그래프의 점근선이 두 직선 $x=a$,

$y=b$이다. $f(a+b)=5$일 때, 상수 k의 값은?

① 1　　　　② 2　　　　③ 3

④ 4　　　　⑤ 5

기출 유형 06-23

유리함수의 그래프 (2)

유리함수 $y=\dfrac{-2x+1}{x-1}$에 대한 다음 설명 중 옳은 것은?

① 정의역은 $\{x\,|\,x\neq-1$인 실수$\}$이다.

② 그래프는 원점을 지난다.

③ 점근선의 방정식은 $x=-1$, $y=2$이다.

④ 그래프는 점 $(0,\ -2)$에 대하여 대칭이다.

⑤ 그래프는 함수 $y=-\dfrac{1}{x}$의 그래프를 평행이동한 것이다.

| Step1 | $y=\dfrac{k}{x-p}+q$의 꼴로 변형하기

$$y=\frac{-2x+1}{x-1}=\frac{-2(x-1)-1}{x-1}=-\frac{1}{x-1}-2$$

이므로 함수 $y=\dfrac{-2x+1}{x-1}$의 그래프는 함수 $y=-\dfrac{1}{x}$의 그래프를 x축의 방향으로 1만큼, y축의 방향으로 -2만큼 평행이동한 것이다.

| Step2 | 유리함수의 성질 알아보기

① 정의역은 $\{x\,|\,x\neq1$인 실수$\}$이다.

② 그래프는 원점을 지나지 않는다.

③ 점근선의 방정식은 $x=1$, $y=-2$이다.

④ 그래프는 점 $(1,\ -2)$에 대하여 대칭이다.

답 ⑤

문제에서 개념 알기 ➡ 50일 수학 유형 연결하기: 유형 06-28

유리함수 $y=\dfrac{ax+b}{cx+d}\,(ad-bc\neq0,\,c\neq0)$의 그래프는

$y=\dfrac{k}{x-p}+q\,(k\neq0)$의 꼴로 바꾸어 그린다.

---

74   ⊃24883-0074

다음 유리함수의 그래프를 그리고, 점근선의 방정식을 구하시오.

(1) $y=\dfrac{2x-3}{x-2}$

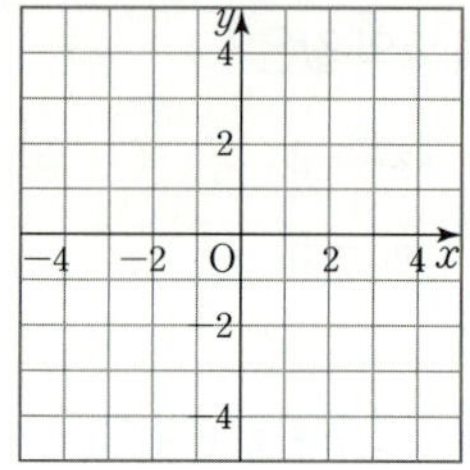

점근선의 방정식 :

(2) $y=-\dfrac{2x+1}{x+1}$

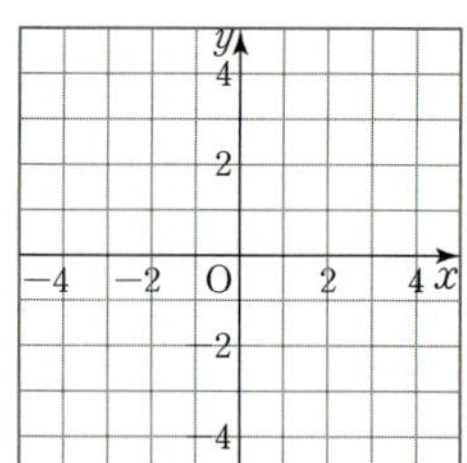

점근선의 방정식 :

75   2018학년도 고2 3월 학평 25번   ⊃24883-0075

함수 $f(x)=\dfrac{4x+9}{x-1}$의 그래프의 점근선의 방정식이 $x=a$, $y=b$일 때, $f^{-1}(a+b)$의 값을 구하시오.

기출 유형 06-24

무리식과 무리함수

다음 무리식을 간단히 하시오.

(1) $(\sqrt{2x-1}+\sqrt{x+4})(\sqrt{2x-1}-\sqrt{x+4})$

(2) $\dfrac{1}{\sqrt{x+1}-\sqrt{x}}+\dfrac{1}{\sqrt{x+1}+\sqrt{x}}$

(1) |Step1| 인수분해 공식 활용하여 계산하기

$(\sqrt{2x-1}+\sqrt{x+4})(\sqrt{2x-1}-\sqrt{x+4})$

$=(\sqrt{2x-1})^2-(\sqrt{x+4})^2$

$=(2x-1)-(x+4)=x-5$

(2) |Step1| 통분하여 계산하기

$\dfrac{1}{\sqrt{x+1}-\sqrt{x}}+\dfrac{1}{\sqrt{x+1}+\sqrt{x}}$

$=\dfrac{\sqrt{x+1}+\sqrt{x}+\sqrt{x+1}-\sqrt{x}}{(\sqrt{x+1}-\sqrt{x})(\sqrt{x+1}+\sqrt{x})}$

$=\dfrac{2\sqrt{x+1}}{(x+1)-x}=2\sqrt{x+1}$

답 (1) $x-5$　(2) $2\sqrt{x+1}$

문제에서 개념 알기 ➡ 50일 수학 유형 연결하기: 유형 06-29

분모에 무리식이 포함되어 있는 경우에는 분모, 분자에 같은 식을 곱하여 분모에 무리식이 포함되지 않도록 분모를 유리화하여 간단히 한다.

76　⟳24883-0076

무리식 $\sqrt{2x-4}+3\sqrt{5-x}$의 값이 실수가 되도록 하는 실수 x의 값의 범위를 구하시오.

77　⟳24883-0077

다음 보기 중 무리함수인 것의 개수는?

┤ 보기 ├

ㄱ. $y=-\sqrt{\dfrac{x}{2}}$　　ㄴ. $y=\sqrt{x^2+2x+1}$

ㄷ. $y=-\sqrt{3x}$　　ㄹ. $y=\dfrac{1}{\sqrt{x^2+1}}$

ㅁ. $y=\sqrt{(2x-3)^2}$　　ㅂ. $y=\sqrt{5-x^2}$

① 1　　② 2　　③ 3

④ 4　　⑤ 5

78　⟳24883-0078

함수 $y=\sqrt{-2x+5}$의 정의역은 $\{x\,|\,x\leq a\}$이고 함수 $y=\sqrt{5x-8}$의 정의역은 $\{x\,|\,x\geq b\}$일 때, 상수 $a,\ b$에 대하여 ab의 값은?

① 1　　② 2　　③ 3

④ 4　　⑤ 5

기출 유형 06-25

무리함수의 그래프 (1)

무리함수 $y=\sqrt{-2x}$의 그래프를 x축의 방향으로 3만큼, y축의 방향으로 -5만큼 평행이동한 그래프의 식을 구하시오.

| Step1 | **평행이동시킨 무리함수의 식 구하기**

$y=\sqrt{-2x}$의 그래프를 x축의 방향으로 3만큼, y축의 방향으로 -5만큼 평행이동한 그래프의 식은

$y=\sqrt{-2(x-3)}-5$이다.

답 $y=\sqrt{-2(x-3)}-5$

문제에서 개념 알기 ➡ 50일 수학 유형 연결하기: 유형 06-30

무리함수 $y=\sqrt{ax}\,(a\neq0)$의 그래프를 x축의 방향으로 p만큼, y축의 방향으로 q만큼 평행이동시킨 그래프의 식은

$y=\sqrt{a(x-p)}+q$이다.

79
○24883-0079

함수 $y=\sqrt{ax+1}-4\,(a\neq0)$의 그래프를 x축의 방향으로 b만큼, y축의 방향으로 c만큼 평행이동하면 함수 $y=\sqrt{3x-5}$의 그래프와 일치할 때, 상수 a, b, c에 대하여 $a+b+c$의 값을 구하시오.

80
○24883-0080

다음 무리함수의 그래프를 그리고, 정의역과 치역을 각각 구하시오.

(1) $y=\sqrt{3x+6}$

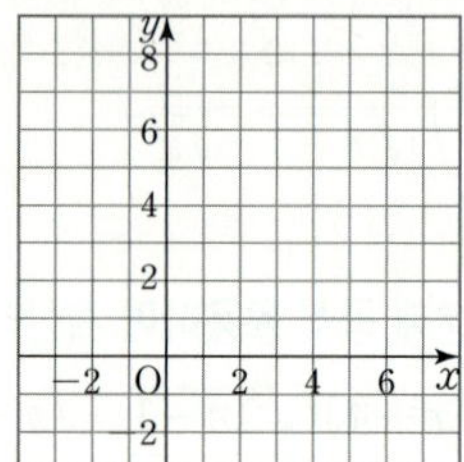

정의역 :

치역 :

(2) $y=\sqrt{-2x+2}-2$

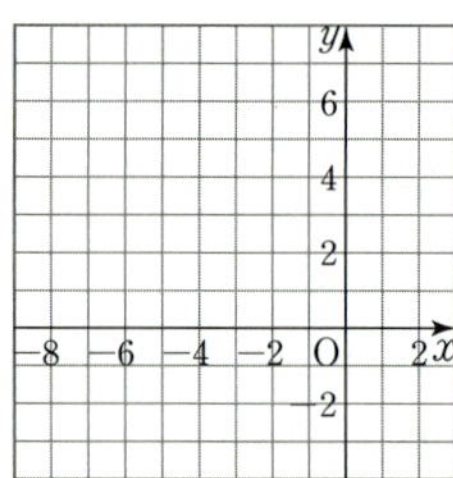

정의역 :

치역 :

81
2022학년도 고2 3월 학평 11번
○24883-0081

함수 $y=-\sqrt{x-a}+a+2$의 그래프가 점 $(a,\,-a)$를 지날 때, 이 함수의 치역은? (단, a는 상수이다.)

① $\{y\,|\,y\leq1\}$　　② $\{y\,|\,y\geq1\}$　　③ $\{y\,|\,y\leq0\}$

④ $\{y\,|\,y\leq-1\}$　　⑤ $\{y\,|\,y\geq-1\}$

기출 유형 06-26

무리함수의 그래프 (2)

함수 $y=\sqrt{-x+a}+b$의 정의역이 $\{x|x\leq5\}$이고, 이 함수의 그래프가 점 $(-4, -7)$을 지날 때, 이 함수의 치역을 구하시오. (단, a, b는 상수이다.)

| Step1 | 무리함수의 정의역을 이용하여 a의 값 구하기

$-x+a\geq0$에서 $x\leq a$이므로 $a=5$

| Step2 | 그래프가 지나는 점의 좌표를 이용하여 b의 값 구하기

$y=\sqrt{-x+5}+b$의 그래프가 점 $(-4, -7)$을 지나므로 $x=-4$, $y=-7$을 대입하면

$-7=\sqrt{-(-4)+5}+b$, $b=-10$

| Step3 | 무리함수의 치역 구하기

따라서 주어진 함수의 치역은 $\{y|y\geq-10\}$

답 $\{y|y\geq-10\}$

문제에서 개념 알기 ➡ 50일 수학 유형 연결하기: 유형 06-31

무리함수 $y=\sqrt{a(x-p)}+q\,(a\neq0)$의

① 정의역은

$a>0$일 때 $\{x|x\geq p\}$, $a<0$일 때 $\{x|x\leq p\}$

② 치역은 $\{y|y\geq q\}$

82
⟳24883-0082

함수 $y=\sqrt{5x-10}+a$는 $x=b$일 때 최솟값 3을 가진다. 상수 a, b에 대하여 $a+b$의 값은?

① 5 ② 7 ③ 9
④ 11 ⑤ 13

83
⟳24883-0083

함수 $y=\sqrt{2x-4}+a$의 최솟값이 3이고, 이 함수의 그래프가 점 $(10, b)$를 지날 때, 상수 a, b에 대하여 $a+b$의 값은?

① 6 ② 8 ③ 10
④ 12 ⑤ 14

84
⟳24883-0084

함수 $y=\sqrt{a(x+3)}+5$의 그래프를 x축의 방향으로 b만큼, y축의 방향으로 c만큼 평행이동하면 함수 $y=\sqrt{15-5x}$의 그래프와 일치할 때, 상수 a, b, c에 대하여 $a+b+c$의 값은?

① -1 ② -2 ③ -3
④ -4 ⑤ -5

85
2023학년도 고2 3월 학평 25번 ⟳24883-0085

$-5\leq x\leq-1$에서 함수 $f(x)=\sqrt{-ax+1}\,(a>0)$의 최댓값이 4가 되도록 하는 상수 a의 값을 구하시오.

미니 모의고사

제한 시간 : 30분 / 점수 :　／30

01　2020학년도 고2 3월 학평 3번　　◗24883-0086

직선 $12x-2y+5=0$의 기울기는? [2점]

① 6　　　　② 7　　　　③ 8

④ 9　　　　⑤ 10

02　2023학년도 고1 3월 학평 1번 연계　　◗24883-0087

이차함수 $y=x^2-4x+a$의 최솟값이 5일 때, 상수 a의 값을 구하시오. [2점]

03　2022학년도 고1 3월 학평 4번　　◗24883-0088

이차함수 $y=-x^2+4x+3$의 그래프의 꼭짓점의 y좌표는? [3점]

① 4　　　　② 5　　　　③ 6

④ 7　　　　⑤ 8

04　2023학년도 고2 3월 학평 23번　　◗24883-0089

오른쪽 그림은 함수 $f:X\longrightarrow X$를 나타낸 것이다.

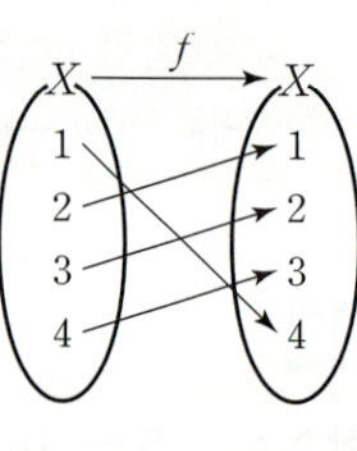

$(f\circ f)(1)+f^{-1}(1)$의 값은? [3점]

① 1　　　　② 2

③ 3　　　　④ 4

⑤ 5

05

⊃24883-0090

두 일차방정식 $2x-3y+5=0$, $x+3y-11=0$의 그래프의 교점의 좌표를 (a, b)라 할 때, $a+b$의 값은? [3점]

① 1   ② 2   ③ 3

④ 4   ⑤ 5

06

⊃24883-0091

집합 $X=\{-1, 0, 1\}$에 대하여 X에서 X로의 두 함수 f, g는 각각 항등함수, 상수함수이고 $f(1)=g(0)$일 때, $f(1)+g(-1)$의 값은? [3점]

① 1   ② 2   ③ 3

④ 4   ⑤ 5

07

⊃24883-0092

유리함수 $y=\dfrac{ax+b}{x+c}$의 그래프의 점근선의 방정식이 $x=-1$, $y=10$이고 이 함수의 그래프가 점 $(0, 2)$를 지날 때, 상수 a, b, c에 대하여 $a+b+c$의 값을 구하시오. [3점]

08

⊃24883-0093

$5 \le x \le 16$에서 함수 $y=\sqrt{2x+a}+1$의 최댓값이 7일 때, 상수 a의 값은? [3점]

① 1   ② 2   ③ 3

④ 4   ⑤ 5

09

2020학년도 고2 3월 학평 14번   ⊃24883-0094

함수 $f(x)=x^2-2x+a$가
$$(f \circ f)(2)=(f \circ f)(4)$$
를 만족시킬 때, $f(6)$의 값은? (단, a는 상수이다.) [4점]

① 21   ② 22   ③ 23

④ 24   ⑤ 25

10

⊃24883-0095

이차함수 $f(x)$가 다음 조건을 만족시킬 때, $f(3)$의 값을 구하시오. [4점]

> (개) 함수 $f(x)$는 $x=1$에서 최댓값 9를 가진다.
> (내) 곡선 $y=f(x)$에 접하고 직선 $2x-y+1=0$과 평행한 직선의 y절편은 9이다.

기출 유형 07-1

직선, 반직선, 선분

오른쪽 그림을 보고 다음 물음에 답하시오.

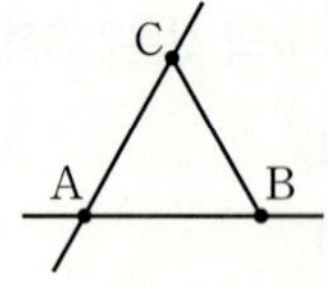

(1) 직선을 모두 찾아 기호로 나타내시오.

(2) 점 A에서 시작하여 점 C를 지나는 반직선을 기호로 나타내시오.

(3) 선분을 모두 찾아 기호로 나타내시오.

---

(1) | **Step1** | 직선 찾기

서로 다른 직선은 $\overleftrightarrow{AB}$, $\overleftrightarrow{AC}$

(2) | **Step1** | 반직선 찾기

시작점이 A이고, 점 C의 방향으로 한없이 뻗어 나가는 선이므로 $\overrightarrow{AC}$

(3) | **Step1** | 선분 찾기

서로 다른 선분은 $\overline{AB}$, $\overline{BC}$, $\overline{CA}$

답 (1) $\overleftrightarrow{AB}$, $\overleftrightarrow{AC}$ (2) $\overrightarrow{AC}$ (3) $\overline{AB}$, $\overline{BC}$, $\overline{CA}$

문제에서 개념 알기 ➡ 50일 수학 유형 연결하기: 유형 07-1, 07-2

1. 직선 AB : 서로 다른 두 점 A, B를 지나는 직선($\overleftrightarrow{AB}$)

2. 반직선 AB : 직선 AB 위의 점 A에서 시작하여 점 B의 방향으로 한없이 뻗어 나가는 선($\overrightarrow{AB}$)

3. 선분 AB : 직선 AB 위의 점 A에서 점 B까지의 부분($\overline{AB}$)

4. 두 점 A, B 사이의 거리 : 선분 AB의 길이

5. 선분 AB의 중점 : 선분 AB를 이등분하는 점

예

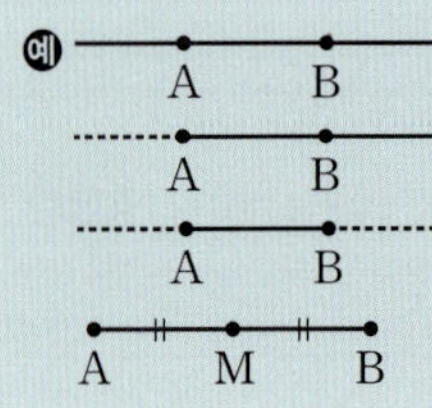

직선 AB

반직선 AB

선분 AB

점 M이 선분 AB의 중점이면
$$\overline{AM}=\overline{BM}=\frac{1}{2}\overline{AB}$$

01
⊃24883-0096

오른쪽 그림에서 두 점 A, D 사이의 거리를 a cm, 두 점 B, C 사이의 거리를 b cm라 할 때, $a-b$의 값은?

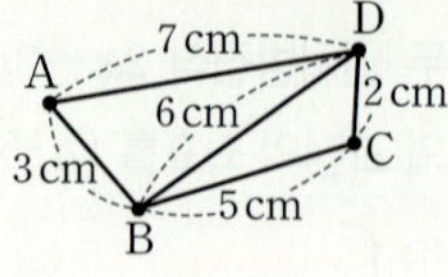

① 1　　　② 2　　　③ 3

④ 4　　　⑤ 5

02
⊃24883-0097

오른쪽 그림과 같이 원 위에 서로 다른 4개의 점 A, B, C, D가 있다. 이 중 두 점을 지나는 서로 다른 직선의 개수를 구하시오.

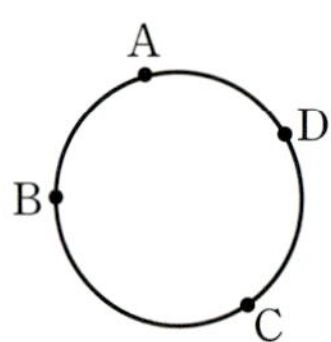

03
⊃24883-0098

한 직선 위에 서로 다른 세 점 A, B, C가 있다. $\overline{AB}=2\overline{BC}$이고 점 M, N은 각각 $\overline{AB}$, $\overline{BC}$의 중점이다. $\overline{MN}=18$ cm일 때, 선분 MC의 길이를 구하시오. (단, $\overline{AB}<\overline{AC}$)

여 러 가 지 도 형

기출 유형 **07-2**

각의 종류

오른쪽 그림에서 $\angle AOB$가 평각일 때, x의 값은?

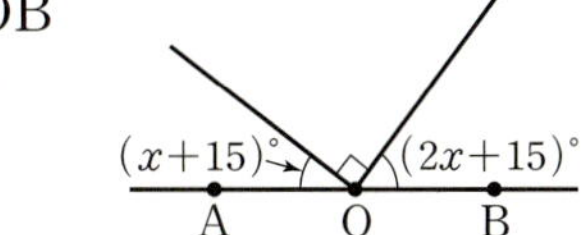

① 12 ② 14
③ 16 ④ 18
⑤ 20

| Step1 | 평각의 크기 이해하기

$\angle AOB=180°$이므로

$(x+15)+90+(2x+15)=180$

| Step2 | $\angle x$의 크기 구하기

$3x=60$

따라서 $x=20$

답 ⑤

문제에서 개념 알기 ➡ 50일 수학 유형 연결하기: 유형 07-3, 07-4

1. 각 AOB : 한 점 O에서 시작하는 두 반직선 OA, OB로 이루어 진 도형
2. 평각 : 크기가 180°인 각
3. 직각 : 크기가 90°인 각
4. 예각 : 각의 크기가 0°보다 크고 90°보다 작은 각
5. 둔각 : 각의 크기가 90°보다 크고 180°보다 작은 각
6. 맞꼭지각 : 서로 마주보는 두 각
7. 동위각 : 같은 위치에 있는 각
8. 엇각 : 엇갈린 위치에 있는 각

예 오른쪽 그림에서

(1) $\angle a$의 맞꼭지각은 $\angle c$
(2) $\angle b$의 동위각은 $\angle f$
(3) $\angle c$의 엇각은 $\angle e$

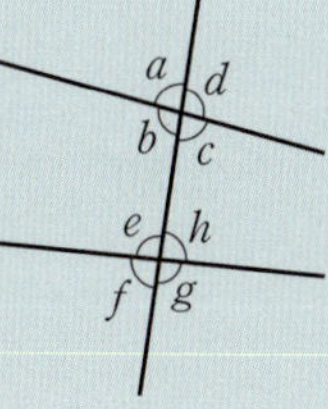

04
⊃24883-0099

오른쪽 그림과 같이 세 직선이 한 점 O에서 만날 때, $\angle BOC$의 크기는?

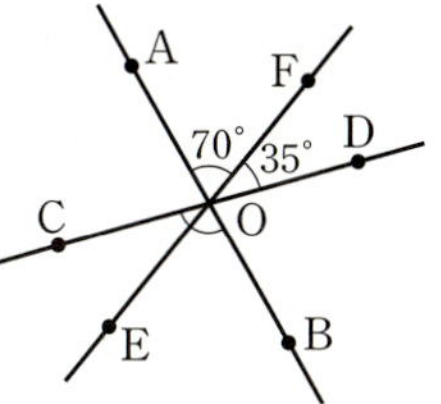

① 100° ② 105°
③ 110° ④ 115°
⑤ 120°

05
⊃24883-0100

오른쪽 그림과 같이 두 직선이 한 점에서 만날 때, x의 값은?

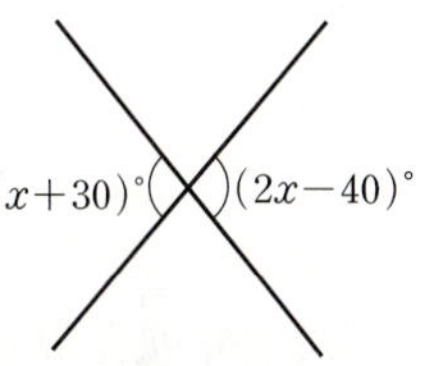

① 60 ② 65
③ 70 ④ 75
⑤ 80

06
⊃24883-0101

오른쪽 그림과 같이 점 O에서 만나는 두 직선 AB, CD와 두 반직선 OE, OF가 있다. $\angle DOF$의 크기는?

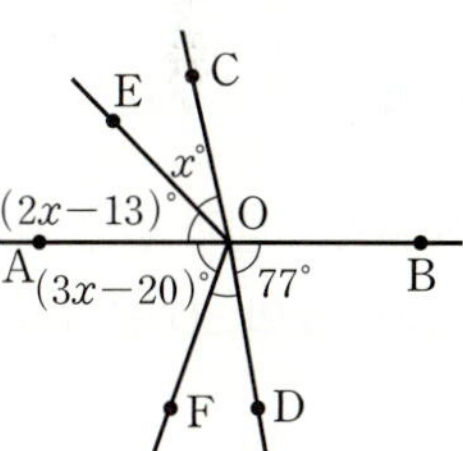

① 27° ② 30°
③ 33° ④ 36°
⑤ 39°

기출 유형 07-3

도형의 각의 크기의 합

오른쪽 그림에서 $\angle x$의 크기를 구하시오.

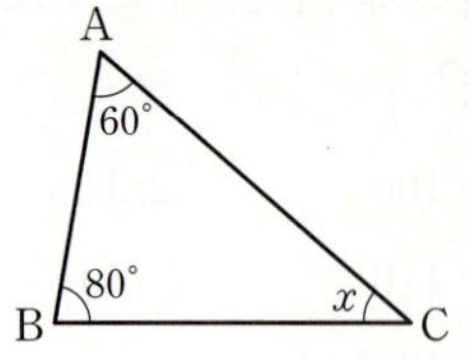

| **Step1** | 삼각형의 세 내각의 크기의 합 이해하기

삼각형의 세 내각의 크기의 합은 $180°$이므로

$60°+80°+\angle x=180°$

| **Step2** | $\angle x$의 크기 구하기

$140°+\angle x=180°$

따라서 $\angle x=40°$

답 $40°$

문제에서 개념 알기 ➡ 50일 수학 유형 연결하기: 유형 07-5

1. 삼각형의 세 내각의 크기의 합은 $180°$이다.
2. 사각형의 네 내각의 크기의 합은 $360°$이다.

예 오른쪽 그림에서

$\angle A+\angle B+\angle C=180°$이므로

$\angle A+50°+90°=180°$

따라서 $\angle A=40°$

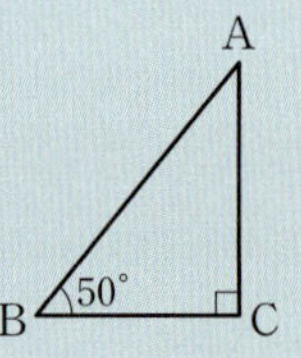

07

24883-0102

오른쪽 그림과 같은 사각형 ABCD에서 $\angle x$의 크기를 구하시오.

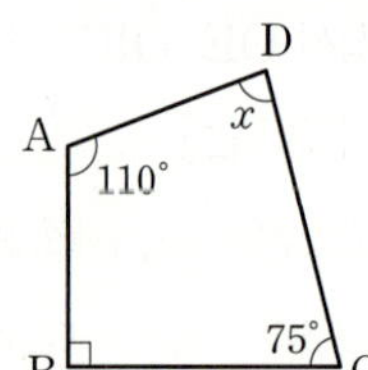

08

24883-0103

오른쪽 그림에서 $\angle x$의 크기를 구하시오.

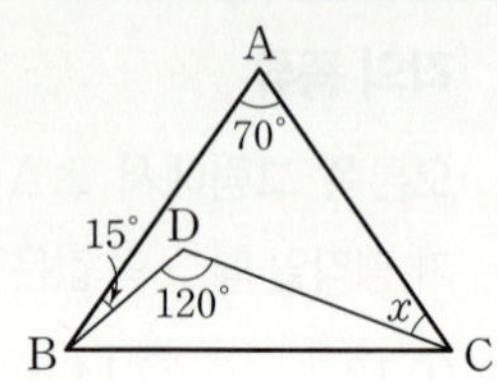

09

24883-0104

오른쪽 그림의 삼각형 ABC에서 $\angle BAD=\angle CAD$일 때, $\angle x$의 크기는?

① $66°$ 　② $68°$

③ $70°$ 　④ $72°$ 　⑤ $74°$

10

24883-0105

삼각형의 세 내각의 크기의 비가 $2:3:4$일 때, 가장 작은 내각의 크기는?

① $40°$ 　② $50°$ 　③ $60°$

④ $70°$ 　⑤ $80°$

기출 유형 07-4

삼각형의 분류와 작도

오른쪽 그림과 같은 삼각형 ABC
에 대하여 다음을 구하시오.

(1) $\angle$A의 대변의 길이

(2) 변 AB의 대각의 크기

(3) 변 BC의 대각의 크기

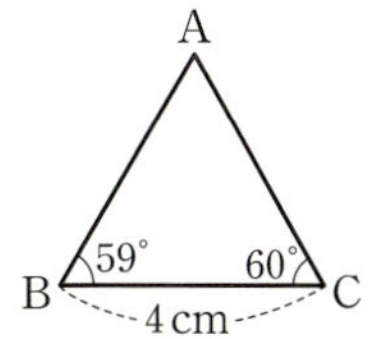

(1) | **Step1** | 대변의 길이 구하기

$\angle$A의 대변은 $\overline{\mathrm{BC}}$이므로 $\overline{\mathrm{BC}}=4$ cm

(2) | **Step1** | 대각의 크기 구하기

변 AB의 대각은 $\angle$C이므로 $\angle$C$=60°$

(3) | **Step1** | 대각의 크기 구하기

변 BC의 대각은 $\angle$A이므로

$\angle$A$=180°-(59°+60°)=61°$

답 (1) 4 cm   (2) 60°   (3) 61°

문제에서 개념 알기 ➡ 50일 수학 유형 연결하기: 유형 07-6, 07-7

1. 각의 크기에 따른 삼각형의 분류

① 예각삼각형 : 세 내각의 크기가 모두 예각인 삼각형

② 직각삼각형 : 한 내각의 크기가 직각인 삼각형

③ 둔각삼각형 : 한 내각의 크기가 둔각인 삼각형

2. 변의 길이에 따른 삼각형의 분류

① 이등변삼각형 : 두 변의 길이가 같은 삼각형

② 정삼각형 : 세 변의 길이가 같은 삼각형

3. 삼각형이 하나로 정해지기 위한 조건

① 세 변의 길이를 알 때

② 두 변의 길이와 그 끼인각의 크기를 알 때

③ 한 변의 길이와 양 끝각의 크기를 알 때

예 오른쪽 그림에서 삼각형 ABC는

$\angle$A$=120°$이므로 둔각삼각형이고,

$\angle$B$=180°-(120°+30°)=30°$

이므로 $\overline{\mathrm{AB}}=\overline{\mathrm{AC}}$인 이등변삼각형

이다.

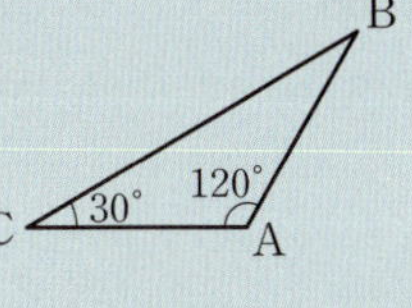

11

➲24883-0106

다음 중 삼각형 ABC가 하나로 결정되는 것은?

① $\overline{\mathrm{BC}}=9$ cm, $\angle$B$=90°$, $\angle$C$=50°$

② $\overline{\mathrm{AB}}=10$ cm, $\overline{\mathrm{BC}}=7$ cm, $\angle$A$=40°$

③ $\overline{\mathrm{AB}}=5$ cm, $\overline{\mathrm{BC}}=4$ cm, $\overline{\mathrm{AC}}=10$ cm

④ $\overline{\mathrm{BC}}=4$ cm, $\overline{\mathrm{AC}}=3$ cm, $\angle$B$=70°$

⑤ $\angle$A$=90°$, $\angle$B$=60°$, $\angle$C$=30°$

12

➲24883-0107

삼각형의 세 변의 길이가 각각 2 cm, 5 cm, a cm일 때, 다음 중 a의 값이 될 수 있는 것은?

① 1 　　　　② 3 　　　　③ 5

④ 7 　　　　⑤ 9

13

➲24883-0108

삼각형의 세 변의 길이가 각각 $x-3$, $x+5$, $x+8$일 때, 삼각형을 작도할 수 있는 x의 값의 범위를 구하시오.

기출 유형 07-5

수직과 평행

오른쪽 그림과 같은 사다리꼴 ABCD에서 다음을 구하시오.

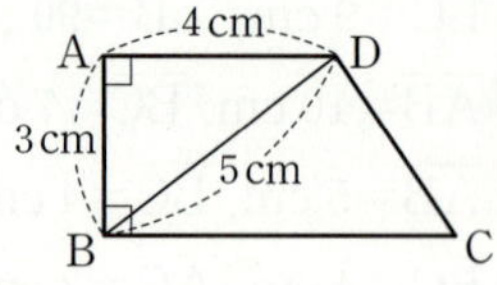

(1) 점 C에서 선분 AB에 내린 수선의 발

(2) 점 B와 직선 AD 사이의 거리

---

(1) **| Step1 |** 수선의 발 구하기

$\overline{AB} \perp \overline{BC}$이므로 점 C에서 선분 AB에 내린 수선의 발은 점 B

(2) **| Step1 |** 점과 직선 사이의 거리 구하기

점 B와 직선 AD 사이의 거리는 선분 AB의 길이와 같으므로 $\overline{AB} = 3$ cm

답 (1) 점 B (2) 3 cm

문제에서 개념 알기 ➡ 50일 수학 유형 연결하기: 유형 07-8, 07-9

1. 직교 : 두 직선 AB, CD의 교각이 직각일 때, 이 두 직선은 직교한다고 한다.

2. 수직, 수선 : 직교하는 두 직선은 서로 수직이고, 이때 한 직선을 다른 직선의 수선이라 한다.

3. 수선의 발 : 직선 위에 있지 않은 점에서 직선에 수선을 그어서 생기는 교점

4. 점 P와 직선 l 사이의 거리 : 점 P에서 직선 l에 수선을 그어서 생기는 교점까지의 거리

5. 평행 : 두 직선이 만나지 않을 때, 두 직선은 평행하다.

예 한 칸의 길이가 1인 모눈종이의 두 점 A, B에서 직선 l에 내린 수선의 발은 각각 A′, B′이고 점 A와 직선 l 사이의 거리는 2, 점 B와 직선 l 사이의 거리는 3이다.

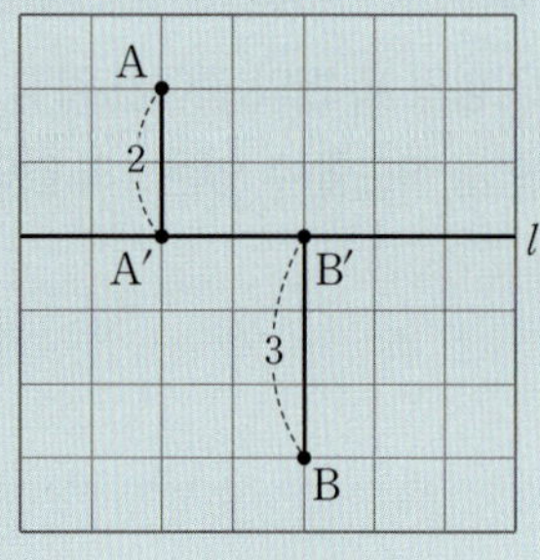

14
24883-0109

다음 그림에서 $l /\!/ m$일 때, $\angle x$, $\angle y$의 크기를 각각 구하시오.

(1)
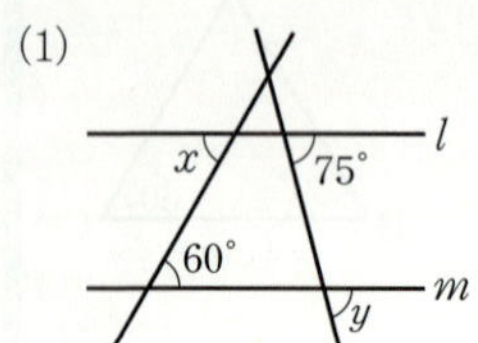

(2)
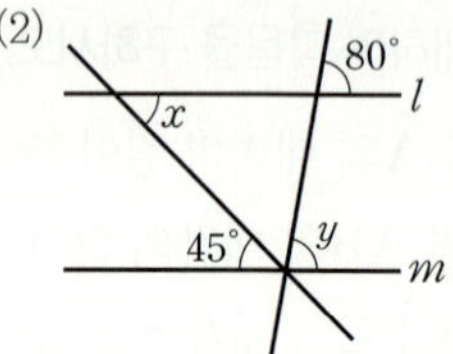

15
24883-0110

오른쪽 그림에서 $l /\!/ m$일 때, $\angle x$의 크기는?

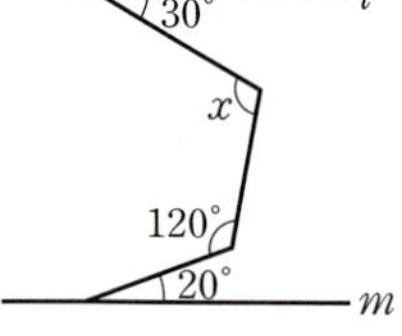

① 80° ② 90°

③ 100° ④ 110°

⑤ 120°

16
24883-0111

오른쪽 그림은 직사각형 모양의 종이를 점 A가 점 C에 오도록 접은 것이다. $\angle ECF = 36°$일 때, $\angle x$의 크기는?

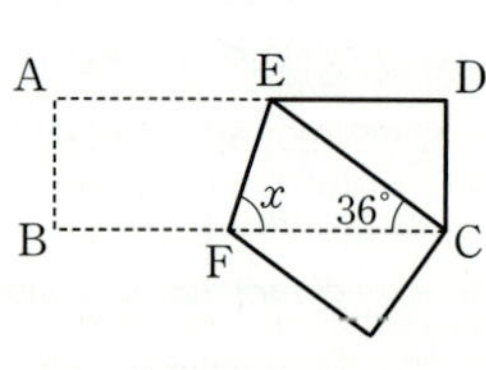

① 66° ② 68° ③ 70°

④ 72° ⑤ 74°

기출 유형 **07-6**

두 직선이 평행할 조건

오른쪽 그림에서 $l /\!/ m$이기 위한 $\angle x$의 크기는?

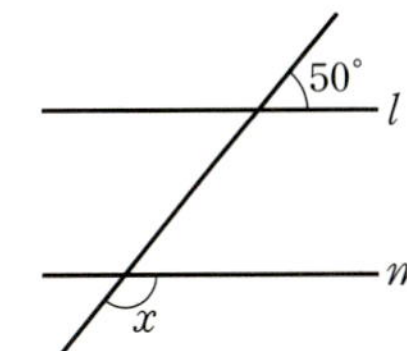

① 110° ② 115°
③ 120° ④ 125°
⑤ 130°

| Step1 | 동위각의 크기 구하기

오른쪽 그림에서 동위각의 크기가 같으면 $l /\!/ m$이므로

$\angle a = 50°$

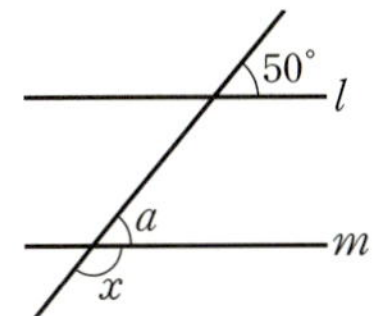

| Step2 | $\angle x$의 크기 구하기

따라서 $\angle x = 180° - 50° = 130°$

답 ⑤

문제에서 개념 알기 ➡ 50일 수학 유형 연결하기: 유형 07-10

1. 동위각 : 같은 위치에 있는 각
2. 엇각 : 엇갈린 위치에 있는 각
3. 동위각의 크기가 같으면 두 직선은 서로 평행하다.
4. 엇각의 크기가 같으면 두 직선은 서로 평행하다.

17

24883-0112

다음 그림에서 평행한 두 직선을 찾아 기호로 나타내시오.

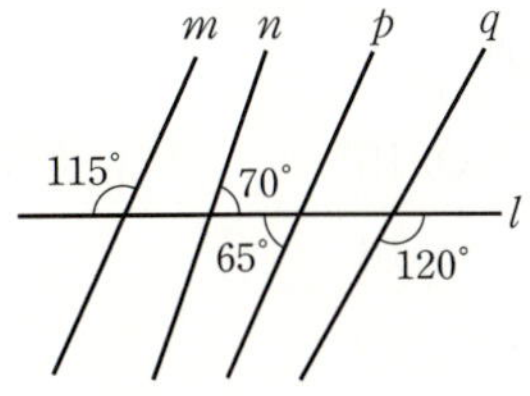

18

24883-0113

오른쪽 그림에서 $l /\!/ m$이기 위한 $\angle x$의 크기를 구하시오.

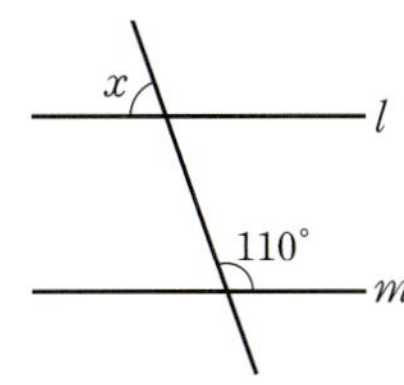

19

24883-0114

오른쪽 그림에서 $l /\!/ m$이기 위한 $\angle x$, $\angle y$에 대하여 $\angle x$, $\angle y$의 크기를 각각 구하시오.

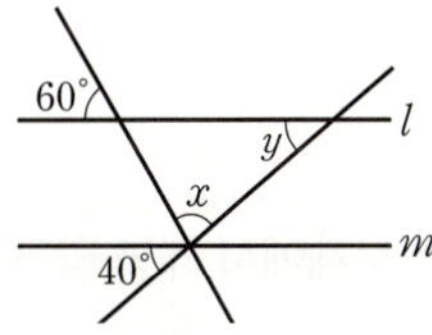

20

24883-0115

오른쪽 그림에서 $l /\!/ m$이기 위한 $\angle x$의 크기는?

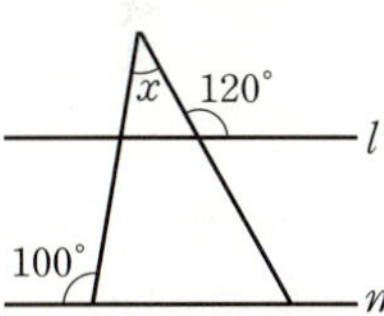

① 32° ② 36°
③ 40° ④ 44°
⑤ 48°

기출 유형 07-7

다각형과 정다각형

오른쪽 그림과 같이 둘레의 길이가 30 cm인 정육각형에서 한 변의 길이를 구하시오.

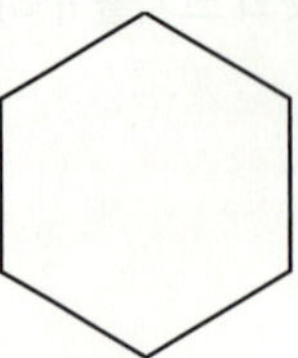

| Step1 | 정육각형 이해하기

정육각형은 6개의 변의 길이가 모두 같다.

| Step2 | 정육각형의 한 변의 길이 구하기

따라서 둘레의 길이가 30 cm인 정육각형의 한 변의 길이는

$30 \div 6 = 5 (cm)$

답 5 cm

문제에서 개념 알기 ➡ 50일 수학 유형 연결하기: 유형 07-11

1. 다각형 : 3개 이상의 선분으로만 둘러싸인 평면도형
2. 변 : 다각형을 이루는 선분
3. 꼭짓점 : 다각형을 이루는 선분의 끝점
4. 내각 : 다각형에서 이웃한 두 변으로 이루어지는 내부의 각
5. 외각 : 다각형의 각 꼭짓점에서 한 변과 그 변에 이웃한 변의 연장선이 이루는 각
6. 정다각형 : 모든 변의 길이가 같고, 모든 내각의 크기가 같은 다각형

21
⟳24883-0116

칠각형의 변의 개수를 a, 꼭짓점의 개수를 b라 할 때, $a+b$의 값을 구하시오.

22
⟳24883-0117

다음 조건을 모두 만족시키는 다각형의 이름을 쓰시오.

> • 변의 개수는 13이다.
> • 모든 변의 길이가 같고, 모든 내각의 크기가 같다.

23
⟳24883-0118

오른쪽 그림과 같은 정구각형에서 한 변의 길이가 4 cm일 때, 이 정구각형의 둘레의 길이를 구하시오.

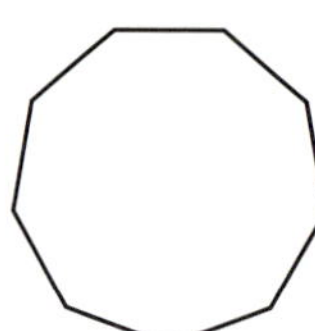

24
⟳24883-0119

한 변의 길이가 3 cm이고, 둘레의 길이가 45 cm인 정다각형의 변의 개수는?

① 14 ② 15 ③ 16
④ 17 ⑤ 18

기출 유형 07-8

다각형의 대각선

한 꼭짓점에서 그을 수 있는 대각선의 개수가 7인 다각형은?

① 칠각형　　② 팔각형　　③ 구각형

④ 십각형　　⑤ 십일각형

| Step1 | 한 꼭짓점에서 그을 수 있는 대각선의 개수 이해하기

n각형의 한 꼭짓점에서 그을 수 있는 대각선의 개수는 $(n-3)$이므로

$n-3=7$, $n=10$

| Step2 | 다각형 구하기

따라서 한 꼭짓점에서 그을 수 있는 대각선의 개수가 7인 다각형은 십각형이다.

답 ④

문제에서 개념 알기 ➡ 50일 수학 유형 연결하기: 유형 07-12

1. 대각선 : 다각형의 이웃하지 않은 두 꼭짓점을 이은 선분

2. n각형의 한 꼭짓점에서 그을 수 있는 대각선의 개수 : $n-3$

3. n각형의 대각선의 개수 : $\dfrac{n(n-3)}{2}$

25
⊃24883-0120

육각형의 한 꼭짓점에서 그을 수 있는 대각선의 개수를 a, 육각형의 대각선의 개수를 b라 할 때, $a+b$의 값을 구하시오.

26
⊃24883-0121

다음 조건을 모두 만족시키는 다각형의 이름을 쓰시오.

- 대각선의 개수는 20이다.
- 모든 내각의 크기가 같고, 모든 변의 길이가 같다.

27
⊃24883-0122

한 꼭짓점에서 그을 수 있는 대각선의 개수가 8인 다각형의 대각선의 개수는?

① 42　　　② 44　　　③ 46

④ 48　　　⑤ 50

28
⊃24883-0123

오른쪽 그림과 같이 대각선의 길이가 2 cm인 정오각형의 모든 대각선의 길이의 합을 구하시오.

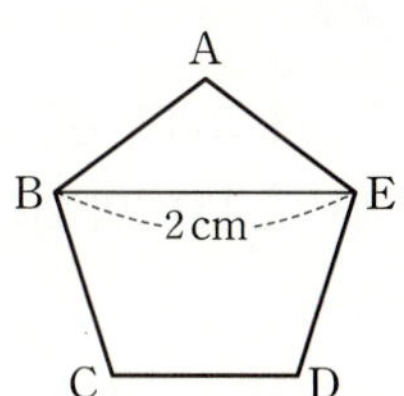

다각형의 내각과 외각의 성질

오른쪽 그림과 같은 사각
형 ABCD에서 다음을
구하시오.

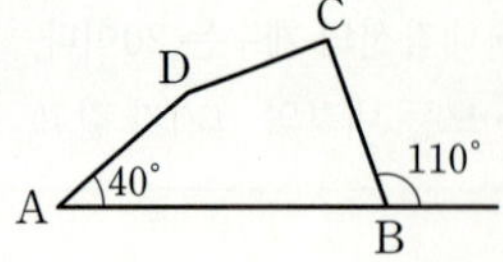

(1) ∠A의 외각의 크기

(2) ∠ABC의 크기

---

(1) **| Step1 |** 외각의 크기 구하기

∠A=40°이므로 ∠A의 외각의 크기는

$180°-40°=140°$

(2) **| Step1 |** ∠ABC의 크기 구하기

∠ABC의 외각의 크기가 110°이므로

$180°-∠ABC=110°$

따라서 $∠ABC=180°-110°=70°$

답 (1) 140° (2) 70°

문제에서 개념 알기 ➡ 50일 수학 유형 연결하기: 유형 07-13, 07-14

1. 한 꼭짓점에서의 내각과 외각의 크기의 합은 180°이다.
2. 삼각형의 세 내각의 크기의 합은 180°이다.
3. 삼각형의 한 외각의 크기는 이와 이웃하지 않는 두 내각의 크기
   의 합과 같다.

29

➲24883-0124

오른쪽 그림과 같은 사각형 ABCD
에서 ∠ADC의 외각의 크기를 구하
시오.

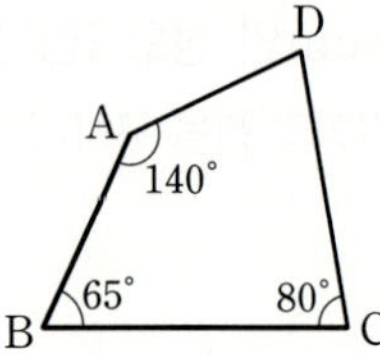

30

➲24883-0125

다음 그림에서 ∠x의 크기를 구하시오.

(1)   (2)

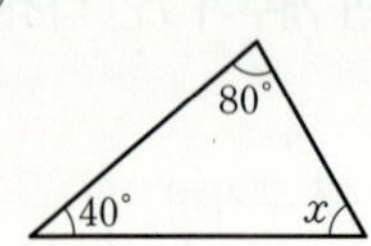

31

➲24883-0126

오른쪽 그림에서 ∠x의 크기는?

① 130°   ② 132°

③ 134°   ④ 136°

⑤ 138°

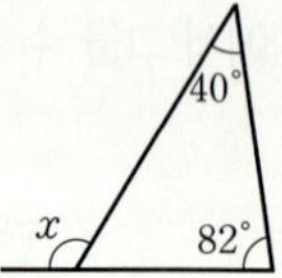

32

➲24883-0127

오른쪽 그림에서 ∠x의 크기는?

① 38°   ② 40°

③ 42°   ④ 44°

⑤ 46°

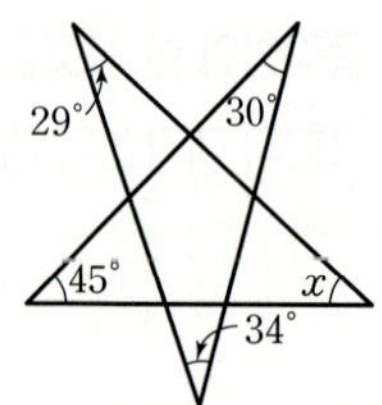

기출 유형 07-10

다각형의 내각과 외각의 크기

오른쪽 그림의 사각형
ABCD에서 $\angle x$의 크기를 구
하시오.

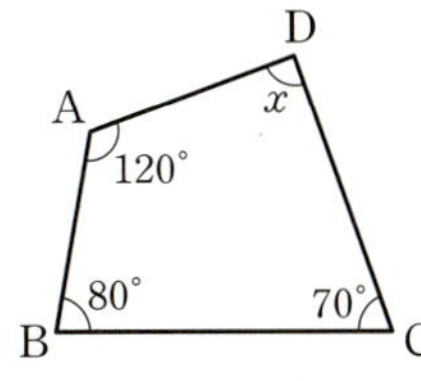

| Step1 | 사각형의 내각의 크기의 합 이해하기

사각형의 내각의 크기의 합은 $360°$이므로

$120°+80°+70°+\angle x=360°$

$270°+\angle x=360°$

| Step2 | $\angle x$의 크기 구하기

따라서 $\angle x=90°$

답 $90°$

문제에서 개념 알기 ➡ 50일 수학 유형 연결하기: 유형 07-15, 07-16

1. (n각형의 한 꼭짓점에서 대각선을 그을 때 만들어지는 삼각형의
    개수)$=n-2$

2. (n각형의 내각의 크기의 합)$=180°\times(n-2)$

3. (정n각형의 한 내각의 크기)$=\dfrac{180°\times(n-2)}{n}$

4. (정n각형의 외각의 크기의 합)$=360°$

5. (정n각형의 한 외각의 크기)$=\dfrac{360°}{n}$

33

⊃24883-0128

오른쪽 그림의 사각형 ABCD
에서 $\angle x$의 크기를 구하시오.

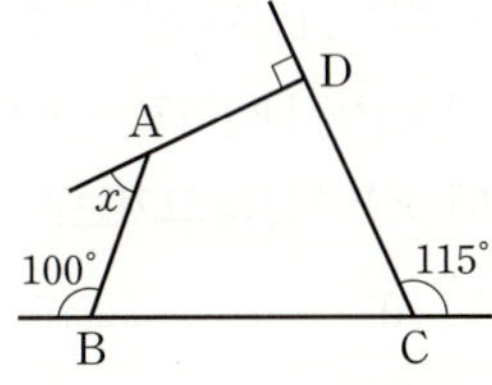

34

⊃24883-0129

한 외각의 크기가 $40°$인 정다각형의 내각의 크기의 합을 구
하시오.

35

⊃24883-0130

한 꼭짓점에서 그을 수 있는 대각선의 개수가 8인 다각형의
내각의 크기의 합은?

① $1260°$ ② $1440°$ ③ $1620°$

④ $1800°$ ⑤ $1980°$

36   2022학년도 고1 3월 학평 24번

⊃24883-0131

오른쪽 그림과 같이 오각형
ABCDE에서 $\angle A=105°$,
$\angle B=x°$, $\angle C=y°$, $\angle D=109°$,
$\angle E=92°$일 때, $x+y$의 값을 구
하시오.

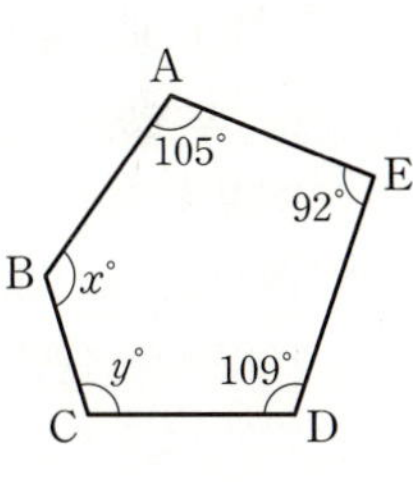

도형의 합동

아래 그림의 두 사각형 ABCD, EFGH가 서로 합동일 때, 다음을 구하시오.

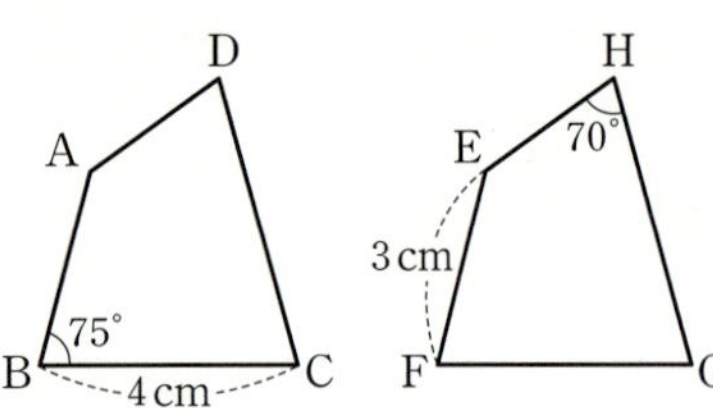

(1) $\overline{AB}$의 길이

(2) $\overline{FG}$의 길이

(3) ∠D의 크기

(4) ∠C와 대응하는 각

(1) | **Step1** | 대응변의 길이 구하기

대응변의 길이는 같으므로 $\overline{AB}=\overline{EF}=3\,\text{cm}$

(2) | **Step1** | 대응변의 길이 구하기

대응변의 길이는 같으므로 $\overline{FG}=\overline{BC}=4\,\text{cm}$

(3) | **Step1** | 대응각의 크기 구하기

대응각의 크기는 같으므로 ∠D=∠H=70°

(4) | **Step1** | 대응하는 각 찾기

∠C와 대응하는 각은 ∠G이다.

답 (1) 3 cm (2) 4 cm (3) 70° (4) ∠G

문제에서 개념 알기 ➡ 50일 수학 유형 연결하기: 유형 07-17, 07-18

1. 합동 : 두 도형이 모양과 크기가 똑같아 한 도형이 다른 도형에 완전히 포개어질 때 두 도형을 서로 합동이라 한다.

2. 대응 : 합동인 두 도형에서 포개어지는 꼭짓점과 꼭짓점, 변과 변, 각과 각을 서로 대응한다고 한다.

3. 삼각형의 합동 조건

① 대응하는 세 변의 길이가 각각 같을 때 (SSS 합동)

② 대응하는 두 변의 길이가 같고, 그 끼인각의 크기가 같을 때 (SAS 합동)

③ 대응하는 한 변의 길이가 같고, 그 양 끝각의 크기가 각각 같을 때 (ASA 합동)

37

➲24883-0132

다음 그림에서 △ABC와 △DEF가 서로 합동이고 $\overline{AB}=a$ cm, ∠C=b°, ∠E=c°라 할 때, $a+b+c$의 값을 구하시오.

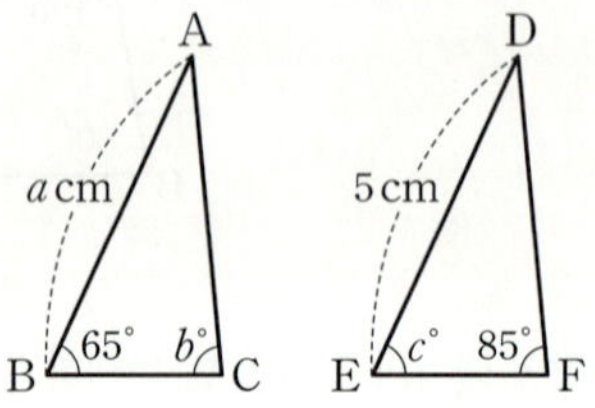

38

➲24883-0133

오른쪽 그림에서 △ABC는 정삼각형이고 $\overline{BD}=\overline{CE}=\overline{AF}$일 때, 다음 중 옳지 <u>않은</u> 것은? (단, 세 점 D, E, F는 각 변의 중점이 아니다.)

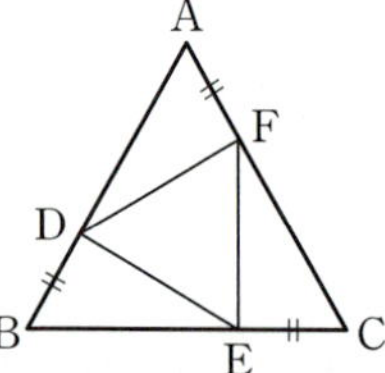

① $\overline{AD}=\overline{BE}$

② $\overline{DE}=\overline{DF}$

③ ∠DEF=60°

④ ∠ADF=∠BED

⑤ ∠AFD=∠CFE

39

➲24883-0134

오른쪽 그림의 정사각형 ABCD에서 $\overline{BP}=\overline{DQ}$이고 ∠APQ=75°일 때, ∠PAQ의 크기는?

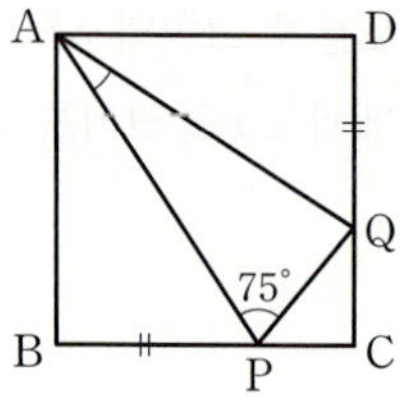

① 10° ② 15°

③ 20° ④ 25°

⑤ 30°

기출 유형 07-12

직사각형과 정사각형

직사각형의 가로의 길이가 5 cm이고 둘레의 길이가
26 cm일 때, 세로의 길이를 구하시오.

| Step1 | 둘레의 길이 이용하기

직사각형의 세로의 길이를 x cm라 하면

$(5+x) \times 2 = 26$

| Step2 | 세로의 길이 구하기

$5+x=13$

따라서 $x=8$이므로

직사각형의 세로의 길이는 8 cm이다.

답 8 cm

문제에서 개념 알기 ➡ 50일 수학 유형 연결하기: 유형 07-20, 07-21

1. (직사각형의 둘레의 길이)

    $= \{($가로의 길이$) + ($세로의 길이$)\} \times 2$

2. (정사각형의 둘레의 길이) $= ($한 변의 길이$) \times 4$

3. (직사각형의 넓이) $= ($가로의 길이$) \times ($세로의 길이$)$

4. (정사각형의 넓이) $= ($한 변의 길이$)^2$

40

24883-0135

정사각형의 둘레의 길이가 16 cm일 때, 이 정사각형의 넓이
를 구하시오.

41

24883-0136

오른쪽 그림의 직사각형과 넓이
가 같은 정사각형의 한 변의 길
이를 구하시오.

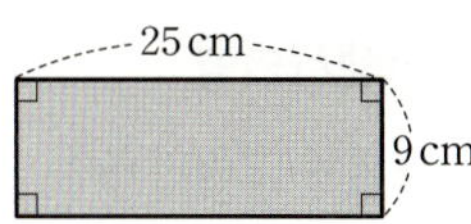

42

24883-0137

한 변의 길이가 6 cm인 정사각형의 둘레의 길이와 세로의
길이가 4 cm인 직사각형의 둘레의 길이가 같을 때, 이 직사
각형의 가로의 길이를 구하시오.

43

24883-0138

오른쪽 그림과 같은 도형의 넓
이를 구하시오.

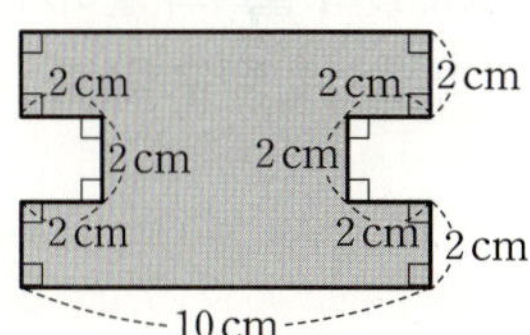

기출 유형 07-13

평행사변형

오른쪽 그림과 같은 평행사변형 ABCD에서 $\overline{AD}=5$ cm, $\overline{CD}=3$ cm일 때, 사각형 ABCD의 둘레의 길이를 구하시오.

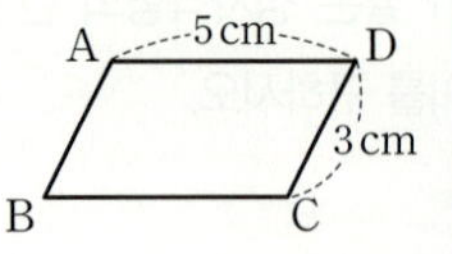

| Step1 | 평행사변형의 성질 이해하기

평행사변형의 두 쌍의 대변의 길이는 각각 같으므로

$\overline{AB}=\overline{CD}=3$ cm, $\overline{BC}=\overline{AD}=5$ cm

| Step2 | 둘레의 길이 구하기

따라서 사각형 ABCD의 둘레의 길이는

$(3+5)\times2=16$ (cm)

답 16 cm

문제에서 개념 알기 ➡ 50일 수학 유형 연결하기: 유형 07-22

1. (평행사변형의 둘레의 길이)
   =(평행하지 않은 두 변의 길이의 합)×2
2. (평행사변형의 넓이)=(밑변의 길이)×(높이)

44

⊃24883-0139

오른쪽 그림과 같은 평행사변형 ABCD의 둘레의 길이가 20 cm일 때, x의 값을 구하시오.

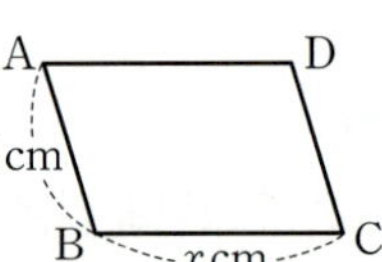

45

⊃24883-0140

오른쪽 그림과 같은 평행사변형 ABCD에서 점 O는 두 대각선의 교점이다. 평행사변형 ABCD의 넓이가 36 cm^{2}일 때, 색칠한 부분의 넓이를 구하시오.

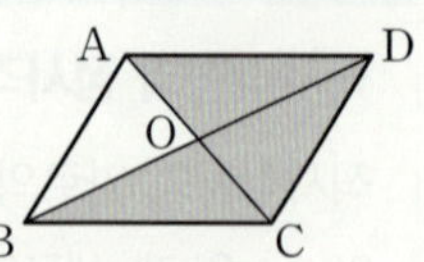

46

⊃24883-0141

다음 그림과 같은 두 평행사변형의 넓이가 서로 같을 때, x의 값을 구하시오.

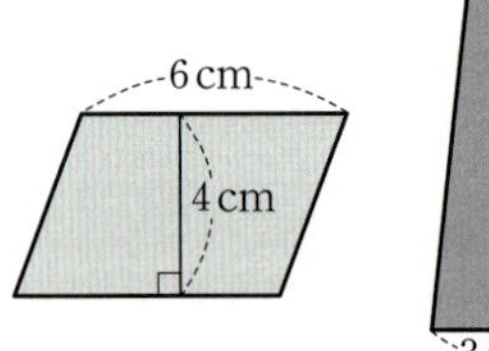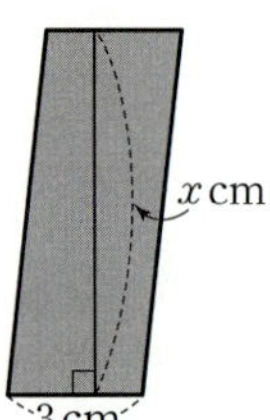

47

⊃24883-0142

오른쪽 그림과 같은 평행사변형 ABCD의 내부의 한 점 P에 대하여 삼각형 PBC의 넓이는 19 cm^{2}이고 사각형 ABCD의 넓이가 50 cm^{2}일 때, 삼각형 PAD의 넓이를 구하시오.

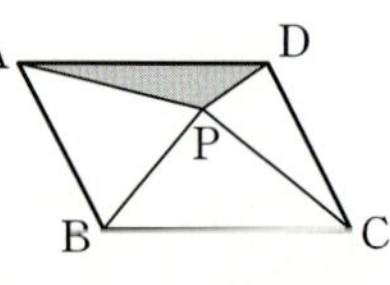

기출 유형 07-14

사다리꼴과 마름모

다음 사다리꼴의 넓이를 구하시오.

(1) 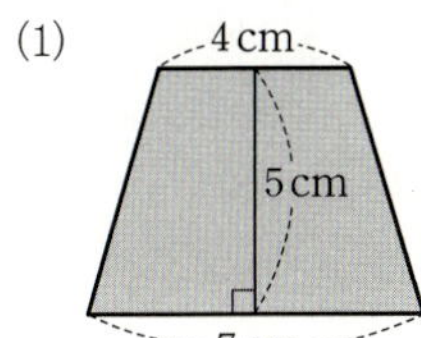

(2) 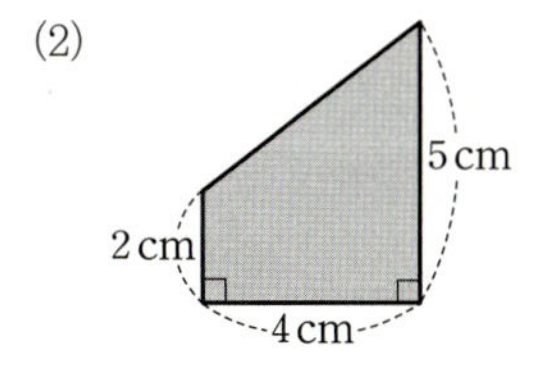

| Step1 | 사다리꼴의 넓이 구하기

(1) $\dfrac{1}{2} \times (4+7) \times 5 = \dfrac{55}{2}(\text{cm}^2)$

(2) $\dfrac{1}{2} \times (2+5) \times 4 = 14(\text{cm}^2)$

답 (1) $\dfrac{55}{2}\ \text{cm}^2$ (2) $14\ \text{cm}^2$

문제에서 개념 알기 ➡ 50일 수학 유형 연결하기: 유형 07-24, 07-25

1. (사다리꼴의 넓이)

$= \dfrac{1}{2} \times \{ ($ 윗변의 길이 $) + ($ 아랫변의 길이 $) \} \times ($ 높이 $)$

2. 마름모의 두 대각선의 길이는 마름모와 네 점에서 만나는 직사각형 의 가로의 길이, 세로의 길이와 각각 같다.

3. (마름모의 넓이)

$= \dfrac{1}{2} \times ($ 한 대각선의 길이 $) \times ($ 다른 대각선의 길이 $)$

예 윗변의 길이가 2 cm, 아랫변의 길이가 4 cm, 높이가 3 cm인 사다리꼴의 넓이 는 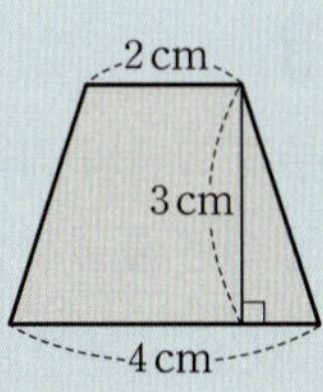

$\dfrac{1}{2} \times (2+4) \times 3$

$= \dfrac{1}{2} \times 6 \times 3 = 9(\text{cm}^2)$

---

48   ⊃24883-0143

다음 마름모의 넓이를 구하시오.

(1) 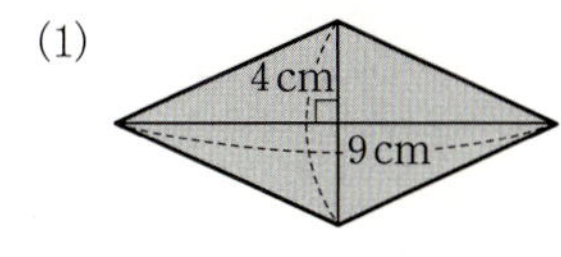

(2) 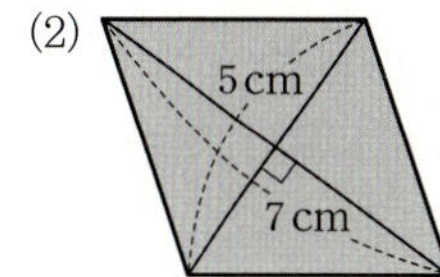

49   ⊃24883-0144

오른쪽 그림과 같은 사다리꼴 ABCD에서 삼각형 ABC의 넓이 가 $6\ \text{cm}^2$일 때, 사다리꼴의 넓이를 구하시오.

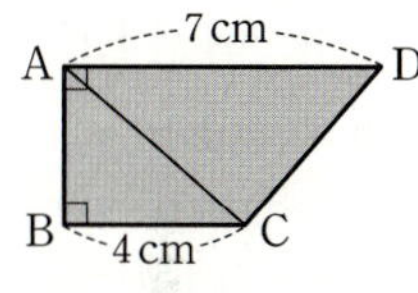

50   ⊃24883-0145

오른쪽 그림과 같이 중심이 O이고, 반 지름의 길이가 3 cm인 원 위의 네 점 을 꼭짓점으로 하는 마름모를 그렸을 때, 색칠한 부분의 넓이를 구하시오.

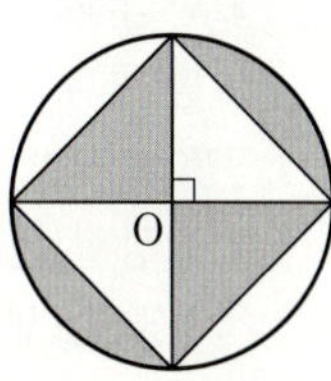

기출 유형 07-15

위치 관계

오른쪽 그림과 같은 정육각형 ABCDEF에서 다음을 구하시오.

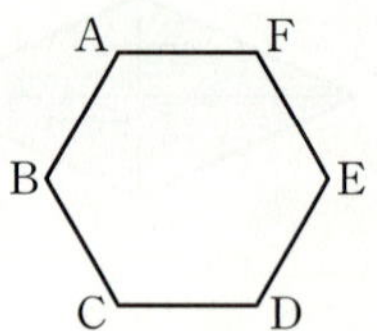

(1) 변 BC와 평행한 변

(2) 변 DE와 한 점에서 만나는 변

---

(1) |Step1| 평행한 변 구하기

직선 BC와 평행한 직선은 직선 EF이므로 변 BC와 평행한 변은 변 EF

(2) |Step1| 한 점에서 만나는 변 구하기

변 DE와 점 D에서 만나는 변은 변 CD, 점 E에서 만나는 변은 변 EF

답 (1) 변 EF   (2) 변 CD, 변 EF

문제에서 개념 알기 ➡ 50일 수학 유형 연결하기: 유형 07-26, 07-27

1. 점과 직선(평면)의 위치 관계
   ① 점 A가 직선 l(평면 P) 위에 있다.
   ② 점 B가 직선 l(평면 P) 위에 있지 않다.
2. 평면에서 두 직선의 위치 관계
   ① 한 점에서 만난다.   ② 일치한다.
   ③ 평행하다(만나지 않는다).
3. 공간에서 두 직선의 위치 관계
   ① 한 점에서 만난다.   ② 일치한다.
   ③ 평행하다.   ④ 꼬인 위치에 있다.
4. 공간에서 직선과 평면의 위치 관계
   ① 한 점에서 만난다   ② 포함된다.
   ③ 평행하다(만나지 않는다).
5. 공간에서 두 평면의 위치 관계
   ① 한 직선에서 만난다.   ② 일치한다.
   ③ 평행하다(만나지 않는다).

51

○24883-0146

오른쪽 그림과 같은 삼각기둥에서 다음을 구하시오.

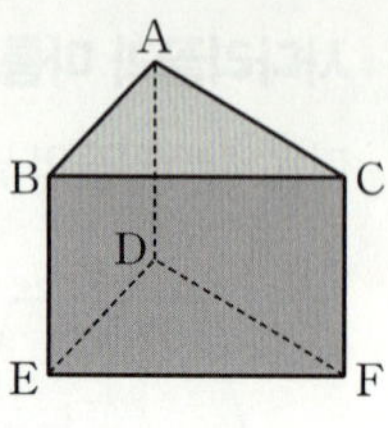

(1) 모서리 AB와 만나는 모서리

(2) 모서리 BC와 평행한 모서리

(3) 모서리 BE와 꼬인 위치에 있는 모서리

52

○24883-0147

오른쪽 그림과 같은 평행사변형 ABCD에서 두 점 E, F는 변 AB 위에 있다. 다음 중 옳지 <u>않은</u> 것은?

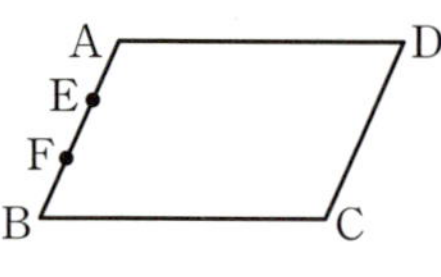

① $\overleftrightarrow{AB}$와 $\overleftrightarrow{EF}$는 일치한다.
② $\overleftrightarrow{CD}$와 $\overleftrightarrow{EF}$는 평행하다.
③ $\overleftrightarrow{AD}$와 $\overleftrightarrow{BC}$는 평행하다.
④ $\overleftrightarrow{BC}$와 $\overleftrightarrow{EF}$는 한 점에서 만난다.
⑤ $\overleftrightarrow{AD}$와 $\overleftrightarrow{BF}$는 만나지 않는다.

53

○24883-0148

오른쪽 그림의 직육면체에 대한 다음 설명 중 옳지 <u>않은</u> 것은?

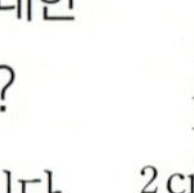

① $\overline{AC}$와 평행한 면은 1개이다.
② 모서리 CG와 수직인 면은 2개이다.
③ 면 ABCD와 수직인 모서리는 4개이다.
④ 점 A와 면 CGHD 사이의 거리는 5 cm이다.
⑤ 점 G와 면 AEHD 사이의 거리는 3 cm이다.

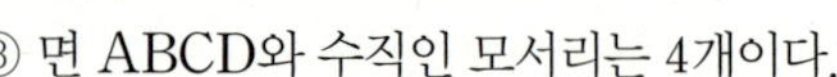

기출 유형 **07-16**

선대칭과 점대칭

오른쪽 그림의 사다리꼴이 직선 EF가 대칭축인 선대칭도형일 때, 다음을 구하시오.

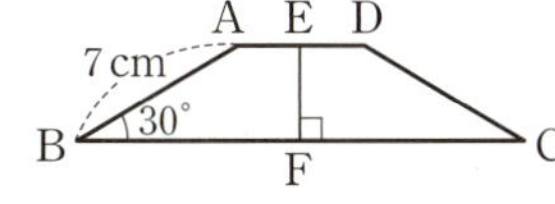

(1) $\overline{CD}$의 길이

(2) ∠DCF의 크기

---

(1) | **Step1** | 대응변의 길이 구하기

사다리꼴이 직선 EF가 대칭축인 선대칭도형이므로

$\overline{CD}=\overline{BA}=7\ cm$

(2) | **Step1** | 대응각의 크기 구하기

사다리꼴이 직선 EF가 대칭축인 선대칭도형이므로

∠DCF=∠ABF=30°

답 (1) 7 cm (2) 30°

문제에서 개념 알기 ➡ 50일 수학 유형 연결하기: 유형 07-28, 07-29

1. 선대칭

① 대응변의 길이는 서로 같다.

② 대응각의 크기는 서로 같다.

③ 대응점을 이은 선분은 대칭축과 서로 수직이다.

2. 점대칭

① 대응변의 길이는 서로 같다.

② 대응각의 크기는 서로 같다.

③ 대칭의 중심에서 대응점에 이르는 거리는 서로 같다.

예 오른쪽 그림에서 직선 AD가 대칭축일 때

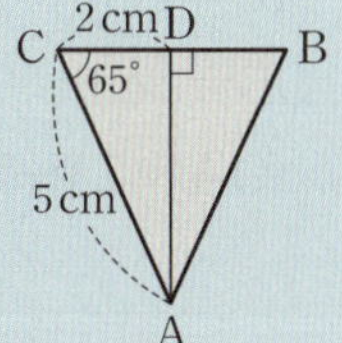

(1) $\overline{AB}=\overline{AC}=5\ cm$

(2) $\overline{BD}=\overline{CD}=2\ cm$

(3) ∠ABD=∠ACD=65°

54

24883-0149

오른쪽 그림과 같이 점 O를 대칭의 중심으로 하는 점대칭도형에 대하여 다음을 구하시오.

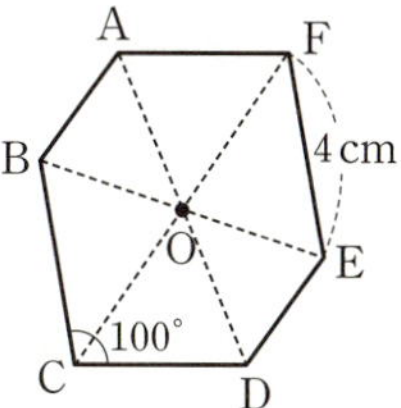

(1) $\overline{BC}$의 길이

(2) ∠AFE의 크기

55

24883-0150

오른쪽 그림의 사각형 ABCD가 직선 EF를 대칭축으로 하는 선대칭도형일 때, 다음 중 옳지 <u>않은</u> 것은?

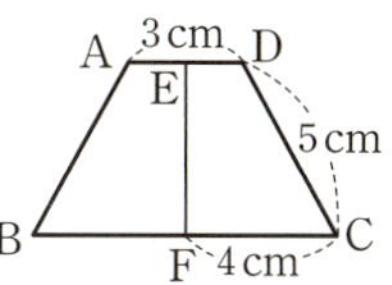

① ∠A=∠D

② $\overline{AE}=1.5\ cm$

③ $\overline{BC}\perp\overline{EF}$

④ $\overline{EF}=3\ cm$

⑤ □ABCD의 둘레의 길이는 21 cm이다.

56

24883-0151

오른쪽 그림과 같이 점 O를 대칭의 중심으로 하는 점대칭도형에 대하여 다음 중 옳지 <u>않은</u> 것은?

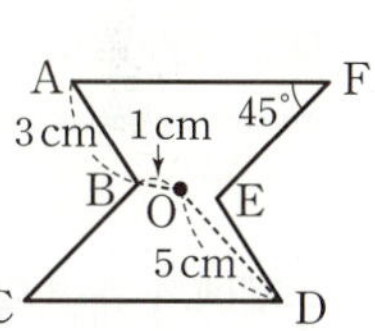

① ∠BAF=∠EDC

② $\overline{DE}=3\ cm$

③ $\overline{BE}=2\ cm$

④ ∠BCD=45°

⑤ $\overline{CF}=10\ cm$

기출 유형 **07-17**

원과 부채꼴

오른쪽 그림과 같이 중심이 O
인 원에 대한 다음 설명 중 옳
은 것에 ○표, 옳지 <u>않은</u> 것에
×표를 하시오.

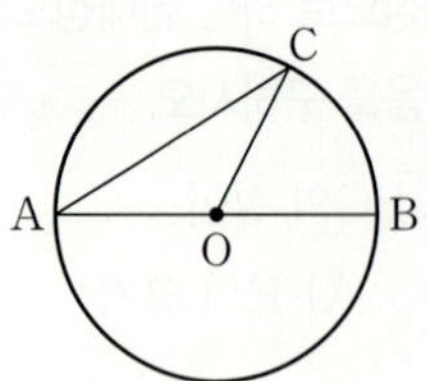

(1) 현 AB는 원의 지름이다.

         (   )

(2) $\overline{AC}$는 호이다. (   )

(3) $\overset{\frown}{AC}$와 $\overline{AC}$로 이루어진 도형을 활꼴이라 한다.

           (   )

(4) 부채꼴 BOC의 중심각은 ∠BOC이다. (   )

---

(1) **| Step1 | 원의 지름 이해하기**

   원의 중심을 지나는 현이 원의 지름이므로 현 AB는 원의
지름이다.

(2) **| Step1 | 호 이해하기**

   $\overline{AC}$는 현이다.

(3) **| Step1 | 활꼴 이해하기**

   호와 현으로 이루어진 활 모양의 도형을 활꼴이라 하므로
주어진 도형은 활꼴이다.

(4) **| Step1 | 중심각 이해하기**

부채꼴 BOC의 중심각은 ∠BOC이다.

답 (1) ○   (2) ×   (3) ○   (4) ○

문제에서 개념 알기 ➡ 50일 수학 유형 연결하기: 유형 07-30

1. 호 : 원 위의 두 점을 양 끝점으로 하
   는 원의 일부분

2. 현 : 원 위의 두 점을 이은 선분

3. 할선 : 원과 두 점에서 만나는 직선

4. 부채꼴 : 두 반지름과 호로 이루어진
   도형

5. 활꼴 : 호와 현으로 이루어진 활 모양의 도형

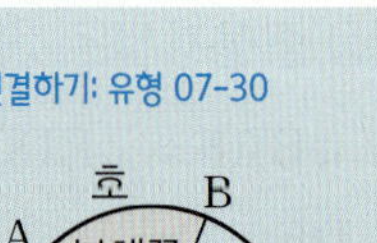

57

➲24883-0152

반지름의 길이가 4 cm인 원에서 가장 긴 현의 길이를 구하
시오.

58

➲24883-0153

오른쪽 그림과 같은 두 원의 중심이
각각 O, O′일 때, $\overline{OO'}$의 길이를 구
하시오. (단, 두 원은 한 점 B에서만
만난다.)

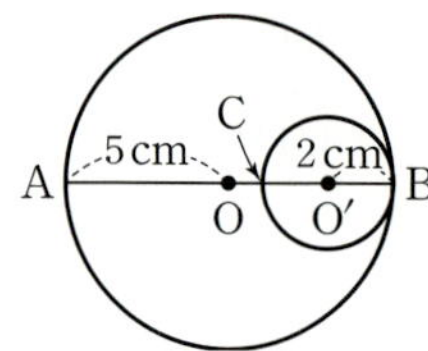

59

➲24883-0154

오른쪽 그림에서 점 O는 원의 중심이
다. 다음 중 옳지 <u>않은</u> 것은?

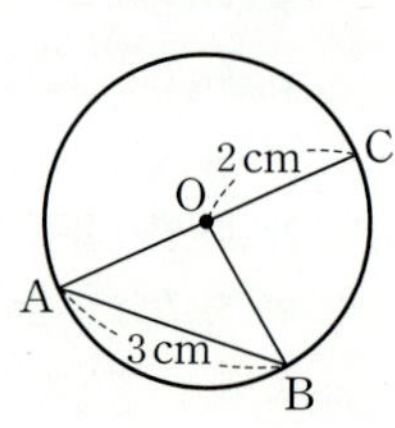

① 가장 긴 현은 $\overline{AC}$이다.

② $\overline{OA}=2$ cm

③ $\overline{AC}=4$ cm

④ $\overline{OB}=2$ cm

⑤ △OAB의 둘레의 길이는 6 cm이다.

기출 유형 **07-18**

원주율과 원의 둘레의 길이

다음과 같은 원의 둘레의 길이를 구하시오.

(1) 반지름의 길이가 4 cm인 원

(2) 지름의 길이가 9 cm인 원

|Step1| 원의 둘레의 길이 구하기

(1) 반지름의 길이가 4 cm인 원의 둘레의 길이는

$$2\pi \times 4 = 8\pi\,(\mathrm{cm})$$

(2) 지름의 길이가 9 cm인 원의 둘레의 길이는

$$\pi \times 9 = 9\pi\,(\mathrm{cm})$$

답 (1) 8π cm　(2) 9π cm

문제에서 개념 알기 ➡ 50일 수학 유형 연결하기: 유형 07-31

1. (원주율) $= \dfrac{(\,원의\ 둘레의\ 길이\,)}{(\,원의\ 지름의\ 길이\,)} = \pi$

2. 반지름의 길이가 r인 원에서

　(원의 둘레의 길이)

　$=$ (원주율) $\times$ (원의 지름의 길이)

　$=$ (원주율) $\times 2 \times$ (원의 반지름의 길이)

　$= 2\pi r$

예 반지름의 길이가 3 cm인 원의 둘레의 길이는

$$2\pi \times 3 = 6\pi\,(\mathrm{cm})$$

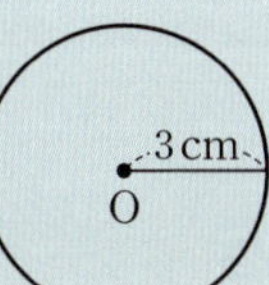

60

⊃24883-0155

둘레의 길이가 50π cm인 원의 반지름의 길이를 구하시오.

61

⊃24883-0156

오른쪽 그림과 같이 중심이 같은 두 원에서 색칠한 부분의 둘레의 길이를 구하시오.

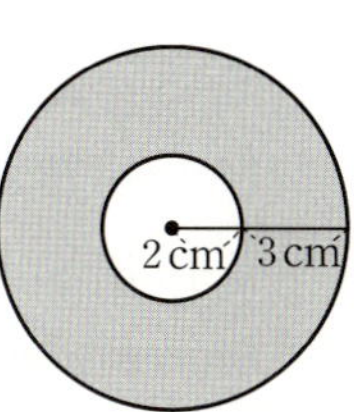

62

⊃24883-0157

오른쪽 그림은 중심이 각각 O, O′, O″인 세 원으로 이루어진 도형이다. 큰 원의 둘레의 길이는 두 개의 작은 원의 둘레의 길이를 합한 값의 몇 배인가?
(단, 두 개의 작은 원은 점 O를 지난다.)

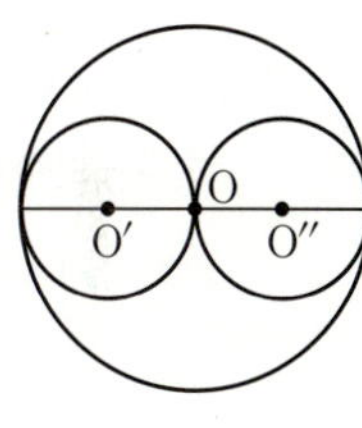

① 1배　　② 2배　　③ 3배

④ 4배　　⑤ 5배

기출 유형 07-19

원의 넓이

다음을 구하시오.

(1) 지름의 길이가 10 cm인 원의 넓이

(2) 넓이가 81π cm^{2}인 원의 지름의 길이

---

(1) **| Step1 | 원의 넓이 구하기**

지름의 길이가 10 cm인 원은 반지름의 길이가 5 cm이므로 원의 넓이는

$\pi \times 5^2 = 25\pi \, (\text{cm}^2)$

(2) **| Step1 | 원의 반지름의 길이 구하기**

넓이가 81π cm^{2}인 원의 반지름의 길이를 r cm라 하면

$\pi r^2 = 81\pi$, $r^2 = 81$

$r > 0$이므로 $r = 9$

| Step2 | 원의 지름의 길이 구하기

따라서 원의 지름의 길이는 $9 \times 2 = 18 \, (\text{cm})$

답 (1) 25π cm^2 (2) 18 cm

문제에서 개념 알기 ➡ 50일 수학 유형 연결하기: 유형 07-32

1. 반지름의 길이가 r인 원에서

(원의 넓이) $= \pi r^2$

예 반지름의 길이가 3 cm인 원의 넓이는

$\pi \times 3^2 = 9\pi \, (\text{cm}^2)$

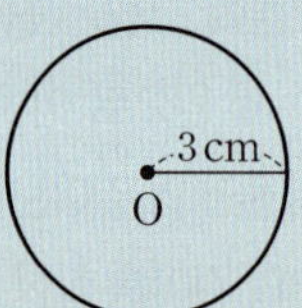

63

24883-0158

원의 둘레의 길이가 14π cm일 때, 이 원의 넓이는?

① 25π cm^2 ② 36π cm^2 ③ 49π cm^2

④ 64π cm^2 ⑤ 81π cm^2

64

24883-0159

오른쪽 그림에서 두 원의 중심을 각각 O, O′이라 할 때, 색칠한 부분의 넓이를 구하시오.

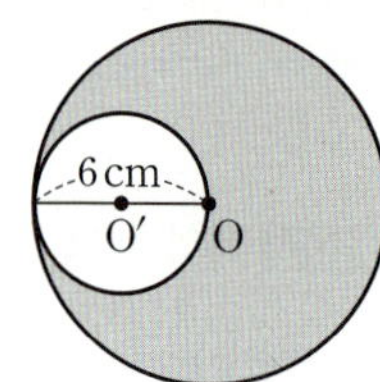

65

24883-0160

오른쪽 그림에서 색칠한 부분의 넓이를 구하시오.

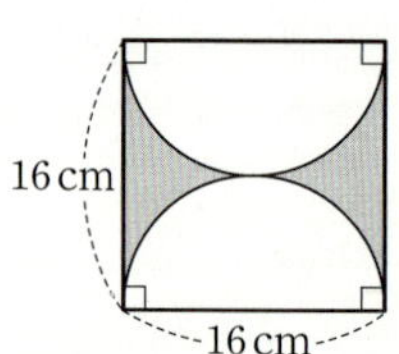

기출 유형 07-20

부채꼴의 호의 길이와 넓이

오른쪽 그림과 같이 반지름의 길이가 8 cm이고 중심각의 크기가 $45°$인 부채꼴이 있다. 다음을 구하시오.

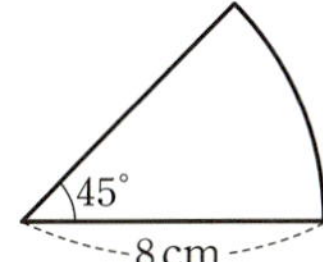

(1) 부채꼴의 호의 길이

(2) 부채꼴의 넓이

(1) | Step1 | 부채꼴의 호의 길이 구하기

$$2\pi \times 8 \times \frac{45}{360} = 2\pi \times 8 \times \frac{1}{8} = 2\pi \,(\text{cm})$$

(2) | Step1 | 부채꼴의 넓이 구하기

$$\pi \times 8^2 \times \frac{45}{360} = \pi \times 64 \times \frac{1}{8} = 8\pi \,(\text{cm}^2)$$

답 (1) 2π cm (2) 8π cm^2

문제에서 개념 알기 ➡ 50일 수학 유형 연결하기: 유형 07-33, 07-34

1. 반지름의 길이가 r, 중심각의 크기가 $x°$인 부채꼴에서

  ① 호의 길이 $l = 2\pi r \times \dfrac{x}{360}$

  ② 넓이 $S = \pi r^2 \times \dfrac{x}{360}$

2. 반지름의 길이가 r, 호의 길이가 l인 부채꼴의 넓이 S에 대하여

$$S = \frac{1}{2} rl$$

예 반지름의 길이가 5 cm이고 중심각의 크기가 60°인 부채꼴에서

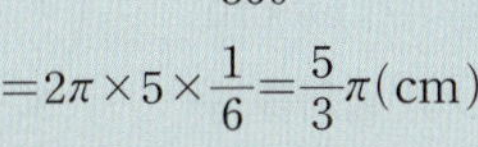
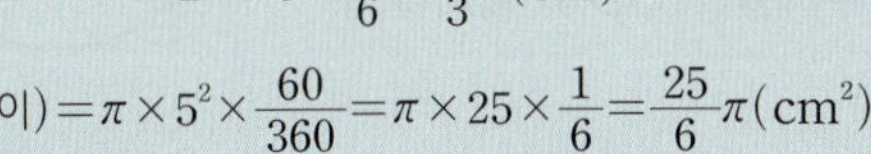

$$(\text{호의 길이}) = 2\pi \times 5 \times \frac{60}{360}$$
$$= 2\pi \times 5 \times \frac{1}{6} = \frac{5}{3}\pi \,(\text{cm})$$

$$(\text{넓이}) = \pi \times 5^2 \times \frac{60}{360} = \pi \times 25 \times \frac{1}{6} = \frac{25}{6}\pi \,(\text{cm}^2)$$

| 다른 풀이 |

$$(\text{넓이}) = \frac{1}{2} rl = \frac{1}{2} \times 5 \times \frac{5}{3}\pi = \frac{25}{6}\pi \,(\text{cm}^2)$$

66

⊃24883-0161

오른쪽 그림에서 색칠한 부분의 둘레의 길이를 구하시오.

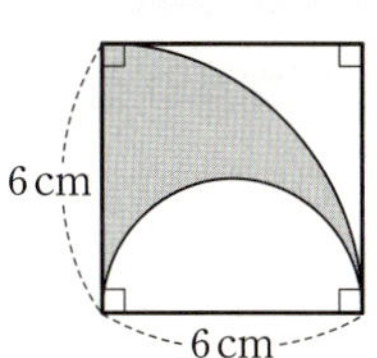

67

⊃24883-0162

오른쪽 그림에서 색칠한 부분의 넓이를 구하시오.

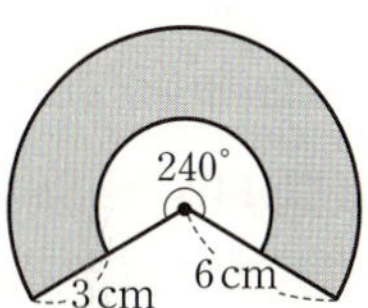

68

⊃24883-0163

반지름의 길이가 4 cm이고 넓이가 12π cm^{2}인 부채꼴의 호의 길이를 구하시오.

부채꼴의 성질

다음 그림에서 $x+y$의 값을 구하시오.

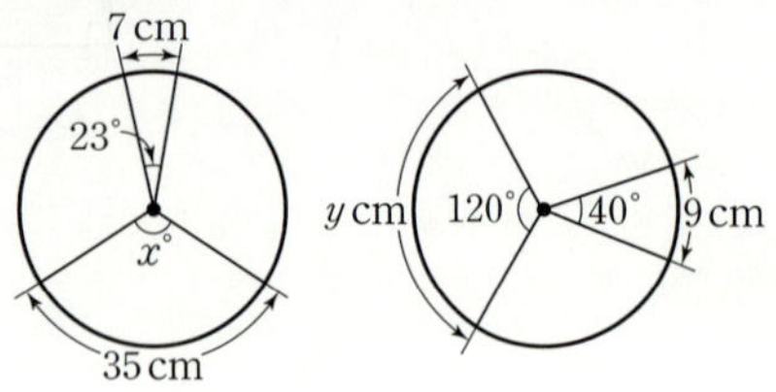

| Step1 | 부채꼴의 성질 이해하기

한 원에서 호의 길이는 중심각의 크기에 비례하므로

$7:35=23:x$, $x=115$

$y:9=120:40$, $y=27$

| Step2 | $x+y$의 값 구하기

따라서 $x+y=115+27=142$

답 142

문제에서 개념 알기 ➡ 50일 수학 유형 연결하기: 유형 07-35

1. 중심각의 크기와 호의 길이
   ① 한 원에서 중심각의 크기가 같으면 호의 길이가 같다.
   ② 한 원에서 길이가 같은 호에 대한 중심각의 크기는 같다.
2. 중심각의 크기와 현의 길이
   ① 한 원에서 중심각의 크기가 같으면 현의 길이가 같다.
   ② 한 원에서 길이가 같은 현에 대한 중심각의 크기는 같다.
3. 중심각의 크기와 부채꼴의 넓이
   ① 한 원에서 중심각의 크기가 같으면 부채꼴의 넓이가 같다.
   ② 한 원에서 넓이가 같은 부채꼴에 대한 중심각의 크기는 같다.

예 오른쪽 그림에서 부채꼴 AOB의 중심각의 크기가 $30°$, 부채꼴 COD의 중심각의 크기가 $90°$이므로 $\overset{\frown}{CD}$의 길이는 $\overset{\frown}{AB}$의 길이의 3배이다.

따라서 $\overset{\frown}{CD}=3\overset{\frown}{AB}=3\times2=6\,(\mathrm{cm})$

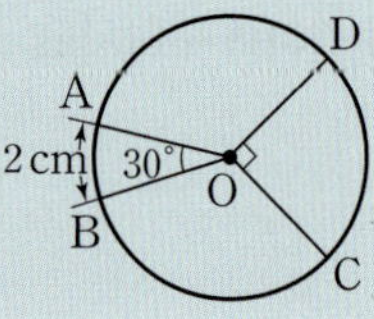

---

69 ⟳24883-0164

오른쪽 그림과 같이 중심이 O인 원 위에 두 점 A, B가 있다. $\overline{OA}=\overline{AB}$일 때, 부채꼴 OAB의 중심각의 크기를 구하시오.

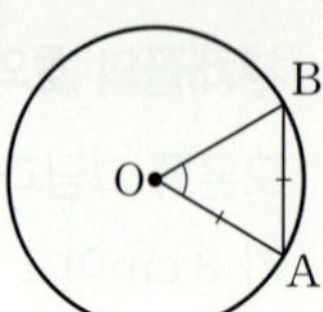

70 ⟳24883-0165

오른쪽 그림에서 $\overset{\frown}{AC}$의 길이와 $\overset{\frown}{BC}$의 길이의 비가 $1:4$일 때, $\angle BOC$의 크기를 구하시오.

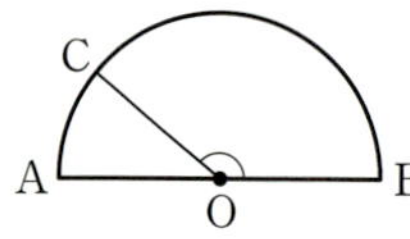

71 ⟳24883-0166

오른쪽 그림과 같이 중심이 O인 원에서 $\overline{AD}\,/\!/\,\overline{OC}$, $\angle COB=30°$이고 부채꼴 COB의 넓이가 $6\pi\ \mathrm{cm}^2$일 때, 부채꼴 AOD의 넓이를 구하시오.

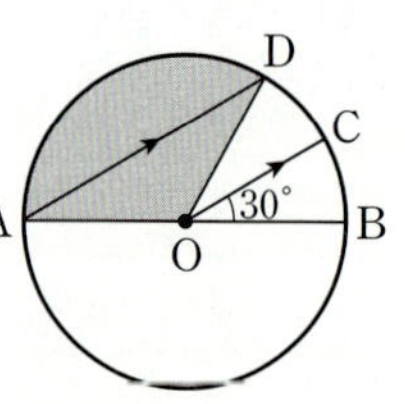

기출 유형 07-22

다면체와 정다면체

다음 중 다면체와 그 옆면의 모양이 바르게 짝지어진 것은?

① 사각기둥 — 오각형

② 사각뿔 — 삼각형

③ 오각뿔대 — 직사각형

④ 육각기둥 — 육각형

⑤ 육각뿔대 — 삼각형

| Step1 | 다면체 이해하기

① 사각기둥의 옆면은 직사각형이다.

③ 오각뿔대의 옆면은 사다리꼴이다.

④ 육각기둥의 옆면은 직사각형이다.

⑤ 육각뿔대의 옆면은 사다리꼴이다.

답 ②

문제에서 개념 알기 ➡ 50일 수학 유형 연결하기: 유형 07-36, 07-37

1. 다면체 : 다각형인 면으로만 둘러싸인 입체도형
2. 정다면체 : 각 면이 모두 합동인 정다각형이고, 각 꼭짓점에 모인 면의 개수가 같은 다면체
3. 정다면체의 종류

정다면체	정사면체	정육면체	정팔면체	정십이면체	정이십면체
면의 모양	정삼각형	정사각형	정삼각형	정오각형	정삼각형
꼭짓점의 개수	4	8	6	20	12
모서리의 개수	6	12	12	30	30
면의 개수	4	6	8	12	20
한 꼭짓점에 모인 면의 개수	3	3	4	3	5

72　⤴24883-0167

다음 조건을 모두 만족시키는 다면체를 구하시오.

- 두 밑면이 서로 평행하다.
- 옆면은 직사각형 아닌 사다리꼴이다.
- 십일면체이다.

73　⤴24883-0168

오른쪽 그림과 같은 다면체의 면의 개수를 a, 꼭짓점의 개수를 b, 모서리의 개수를 c라 할 때, $a+b+c$의 값은?

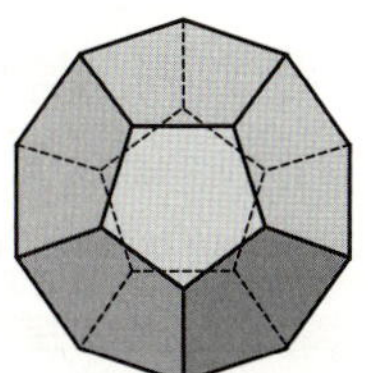

① 62　　② 63

③ 64　　④ 65

⑤ 66

74　⤴24883-0169

다음 조건을 모두 만족시키는 정다면체는?

- 면의 모양이 정삼각형이다.
- 한 꼭짓점에 모인 면의 개수가 5이다.

① 정사면체　② 정육면체　③ 정팔면체

④ 정십이면체　⑤ 정이십면체

직육면체와 정육면체

오른쪽 그림과 같은 직육면체에서 모든 모서리의 길이의 합을 구하시오.

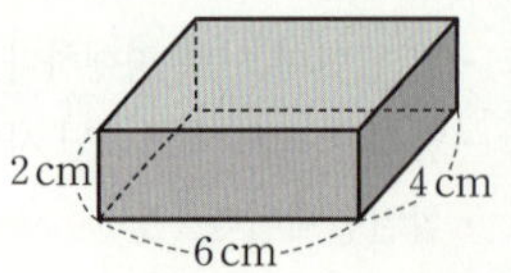

| Step1 | 직육면체의 모든 모서리의 길이의 합 구하기

모든 모서리의 길이의 합은

$4 \times (2+6+4) = 4 \times 12 = 48 \,(\text{cm})$

답 48 cm

문제에서 개념 알기 ➡ 50일 수학 유형 연결하기: 유형 07-38

1. 직육면체의 성질
   ① 각 면은 직사각형이다.
   ② 6개의 면으로 이루어져 있다.
   ③ 서로 마주 보는 면은 평행하다.
   ④ 서로 만나는 면은 수직이다.

2. 정육면체 : 직육면체에서 각 면이 정사각형인 경우

예 직육면체의 각 점을 전개도로 나타내면

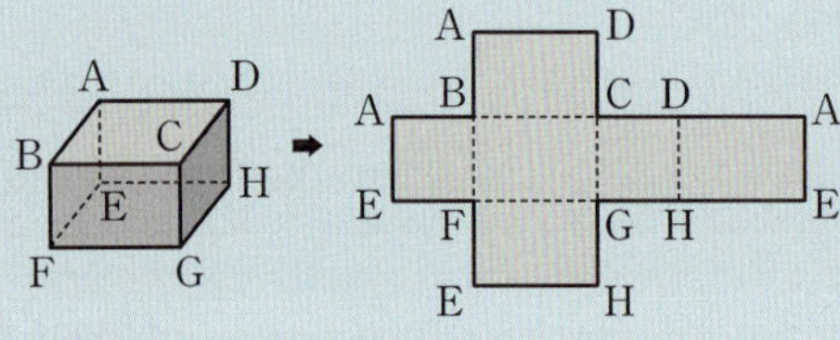

75

➲24883-0170

정육면체의 꼭짓점의 개수를 a, 모서리의 개수를 b, 면의 개수를 c라 할 때, $a+b+c$의 값을 구하시오.

76

➲24883-0171

오른쪽 그림과 같은 정육면체의 모든 모서리의 길이의 합이 48 cm일 때, x의 값을 구하시오.

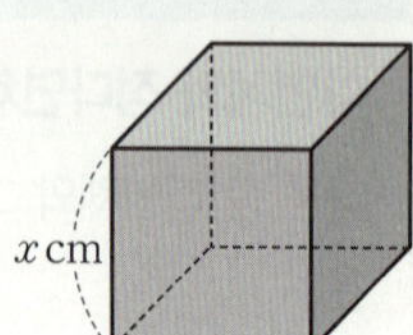

77

➲24883-0172

오른쪽 그림과 같은 전개도로 정육면체를 만들었을 때, 다음 중 서로 겹치는 꼭짓점끼리 짝지은 것으로 옳지 <u>않은</u> 것은?

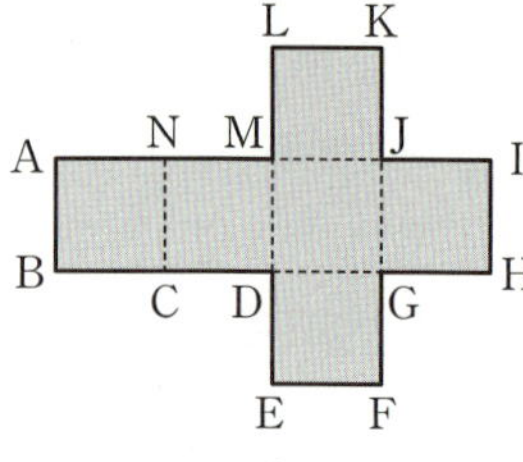

① A와 I　　　② B와 F　　　③ C와 E
④ J와 L　　　⑤ K와 I

78

➲24883-0173

다음 그림과 같은 직육면체와 정육면체의 모든 모서리의 길이의 합이 서로 같을 때, x의 값을 구하시오.

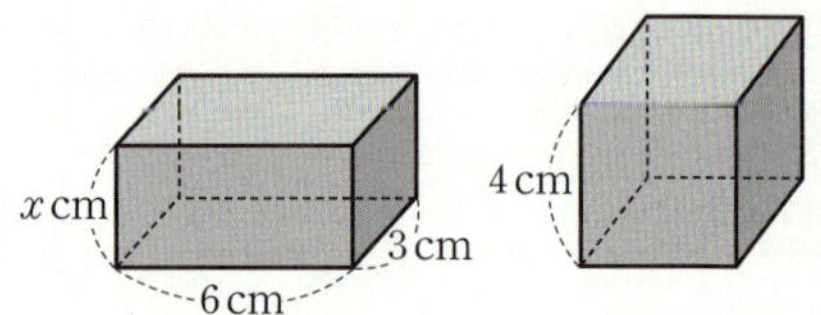

기출 유형 07-24

각기둥

오른쪽 그림과 같은 직육면체의
부피를 구하시오.

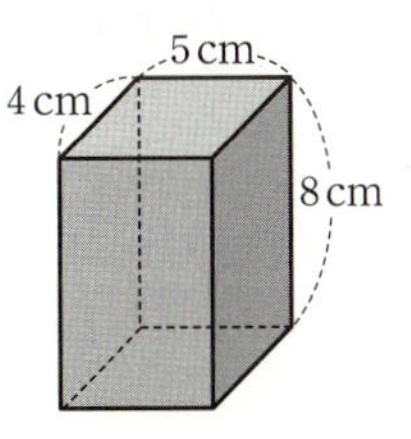

| Step1 | 밑면의 넓이 구하기

$(밑면의 넓이) = 5 \times 4 = 20 \, (\text{cm}^2)$

| Step2 | 부피 구하기

따라서 $(부피) = 20 \times 8 = 160 \, (\text{cm}^3)$

답 $160 \, \text{cm}^3$

문제에서 개념 알기 ➡ 50일 수학 유형 연결하기: 유형 07-39, 07-40

1. 각기둥 : 기둥 모양의 다면체
2. $(각기둥의 겉넓이) = (밑면의 넓이) \times 2 + (옆면의 넓이)$
3. $(각기둥의 부피) = (밑면의 넓이) \times (높이)$

예 삼각기둥의 각 점을 전개도로 나타내면

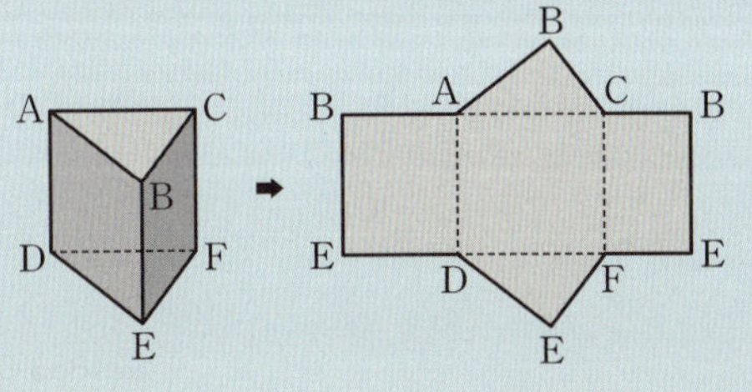

79

$\supset$ 24883-0174

오른쪽 그림과 같은 오각기둥의 꼭짓점의
개수를 a, 모서리의 개수를 b, 면의 개수를
c라 할 때, $a+b+c$의 값을 구하시오.

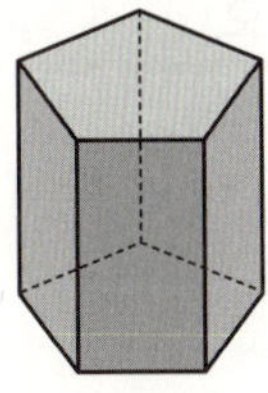

80

$\supset$ 24883-0175

오른쪽 그림과 같은 삼각기둥의 겉
넓이를 구하시오.

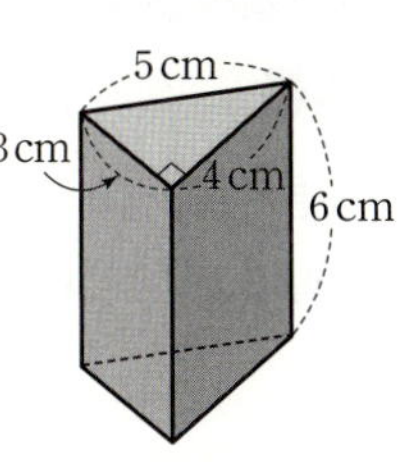

81

$\supset$ 24883-0176

오른쪽 그림과 같은 사각기둥의 부피
는?

① $54 \, \text{cm}^3$　　② $56 \, \text{cm}^3$

③ $58 \, \text{cm}^3$　　④ $60 \, \text{cm}^3$

⑤ $62 \, \text{cm}^3$

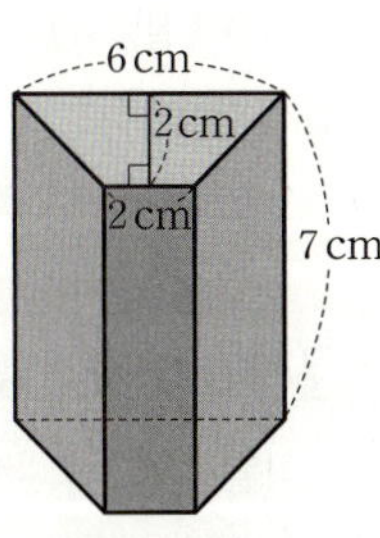

82　2019학년도 고1 3월 학평 6번

$\supset$ 24883-0177

오른쪽 그림과 같은 전개도로 만들어
지는 기둥의 부피는?

① 18　　② 20

③ 22　　④ 24

⑤ 26

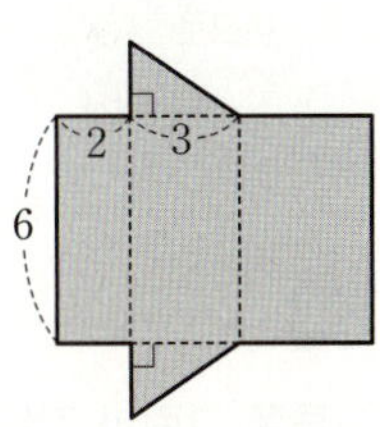

기출 유형 **07-25**

각뿔

오른쪽 그림과 같은 정사각뿔의 겉넓이를 구하시오.

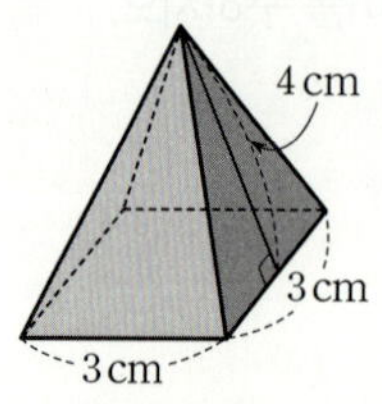

| Step1 | 밑면과 옆면의 넓이 구하기

$(밑면의 넓이) = 3 \times 3 = 9\,(cm^2)$

$(옆면의 넓이) = \left(\dfrac{1}{2} \times 3 \times 4\right) \times 4 = 24\,(cm^2)$

| Step2 | 겉넓이 구하기

따라서 $(겉넓이) = 9 + 24 = 33\,(cm^2)$

답 $33\,cm^2$

문제에서 개념 알기 ➡ 50일 수학 유형 연결하기: 유형 07-41, 유형 07-43, 07-44

1. 각뿔 : 뿔 모양의 다면체
2. $(각뿔의 겉넓이) = (밑면의 넓이) + (옆면의 넓이)$
3. $(각뿔의 부피) = \dfrac{1}{3} \times (밑면의 넓이) \times (높이)$

예 오른쪽 그림과 같은 정사각뿔에서

밑면의 넓이는 $2 \times 2 = 4\,(cm^2)$

옆면의 넓이는

$4 \times \left(\dfrac{1}{2} \times 2 \times 3\right) = 12\,(cm^2)$

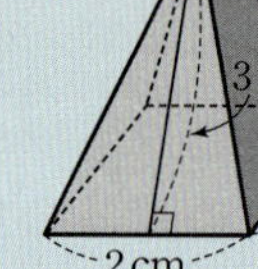

이므로

겉넓이는 $4 + 12 = 16\,(cm^2)$이다.

83

➲24883-0178

오른쪽 그림과 같은 오각뿔의 꼭짓점의 개수를 a, 모서리의 개수를 b, 면의 개수를 c라 할 때, $a+b+c$의 값을 구하시오.

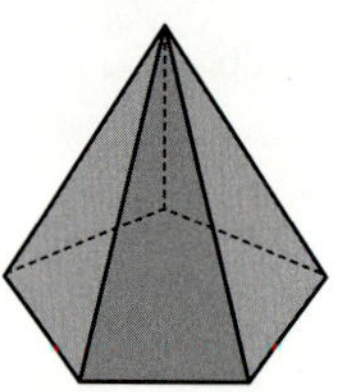

84

➲24883-0179

오른쪽 그림과 같은 정사각뿔의 부피가 $75\,cm^3$일 때, h의 값을 구하시오.

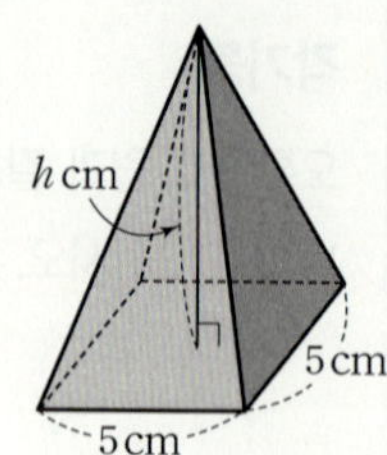

85

➲24883-0180

오른쪽 그림과 같은 전개도로 만들어지는 입체도형의 겉넓이를 구하시오.

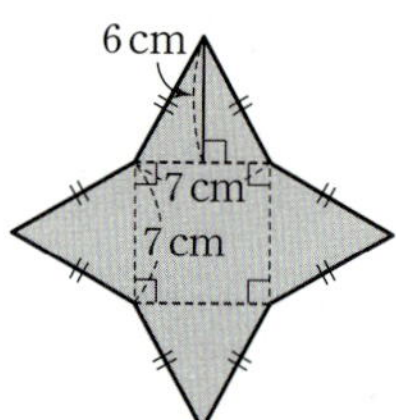

86

➲24883-0181

오른쪽 그림과 같은 전개도로 만들어지는 입체도형의 부피를 구하시오.

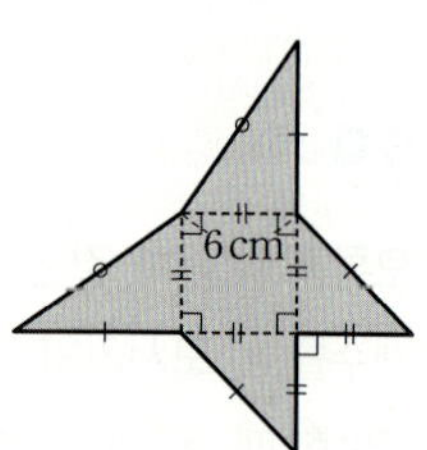

기출 유형 07-26

각뿔대

오른쪽 그림은 두 밑면이 각각 정사각형이고 옆면이 모두 합동인 사각뿔대이다. 이 입체도형의 겉넓이는?

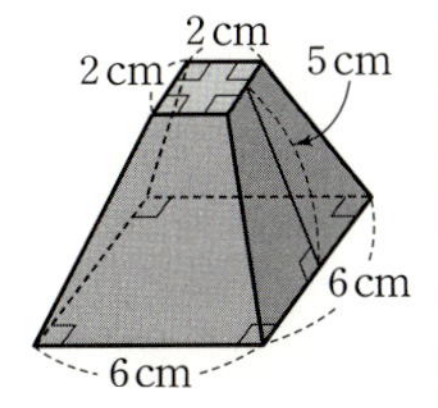

① 116 cm^2 ② 118 cm^2
③ 120 cm^2 ④ 122 cm^2 ⑤ 124 cm^2

| Step1 | 밑면과 옆면의 넓이 구하기

(두 밑면의 넓이의 합) $= 6 \times 6 + 2 \times 2 = 40\,(\text{cm}^2)$

(옆면의 넓이) $= \left\{ \dfrac{1}{2} \times (2+6) \times 5 \right\} \times 4 = 80\,(\text{cm}^2)$

| Step2 | 겉넓이 구하기

따라서 (겉넓이) $= 40 + 80 = 120\,(\text{cm}^2)$

답 ③

문제에서 개념 알기 ➡ 50일 수학 유형 연결하기: 유형 07-42, 유형 07-45, 07-46

1. 각뿔대 : 각뿔을 밑면에 평행하게 잘랐을 때 각뿔이 아닌 쪽의 다면체

2. (각뿔대의 겉넓이) = (두 밑면의 넓이의 합) + (옆면의 넓이)

3. (각뿔대의 부피) = (큰 각뿔의 부피) − (작은 각뿔의 부피)

87

➲24883-0182

오른쪽 그림과 같은 오각뿔대의 꼭짓점의 개수를 a, 모서리의 개수를 b, 면의 개수를 c라 할 때, $a+b+c$의 값을 구하시오.

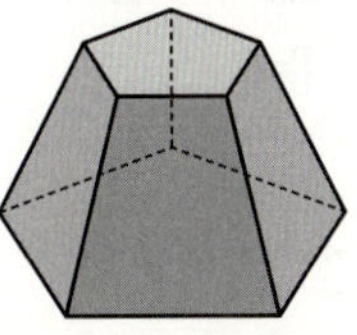

88

➲24883-0183

오른쪽 그림과 같은 사각뿔대에서 두 밑면은 각각 정사각형이고, 옆면은 모두 합동인 사다리꼴이다. 겉넓이가 95 cm^2일 때, 옆면인 사다리꼴의 높이를 구하시오.

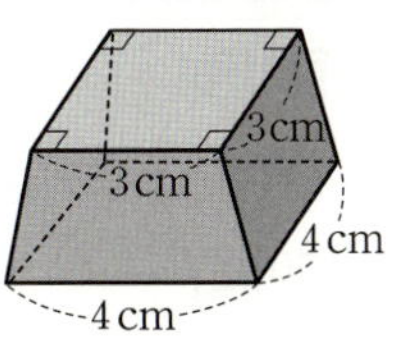

89

➲24883-0184

오른쪽 그림은 두 밑면이 각각 정사각형이고 옆면은 모두 합동인 사각뿔대이다. 이 입체도형의 부피를 구하시오.

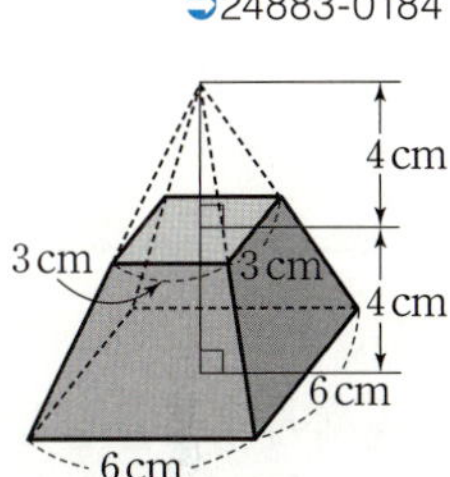

90

➲24883-0185

오른쪽 그림과 같이 두 밑면이 각각 정사각형이고 부피가 350 cm^3인 사각뿔대에서 x의 값을 구하시오.

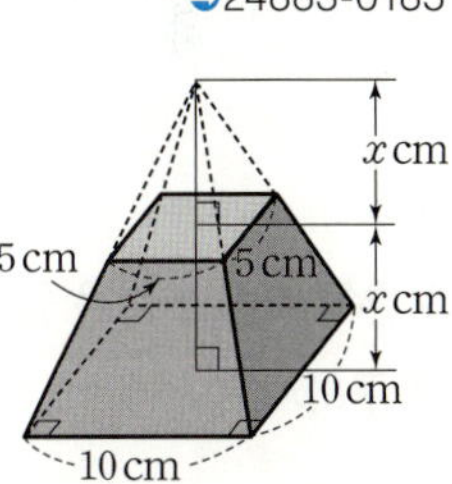

기출 유형 07-27

원기둥

오른쪽 그림과 같은 원기둥의 겉넓이는?

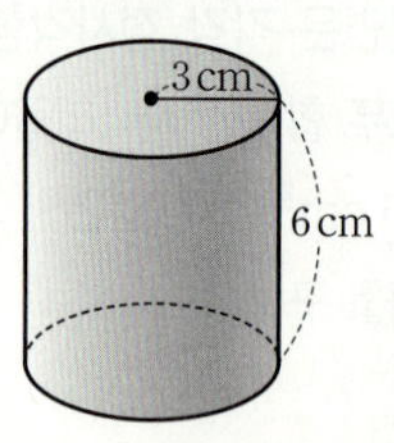

① 54π cm^2 ② 56π cm^2

③ 58π cm^2 ④ 60π cm^2

⑤ 62π cm^2

| Step1 | 밑면과 옆면의 넓이 구하기

(두 밑면의 넓이의 합)$=(\pi\times 3^2)\times 2=18\pi\,(\text{cm}^2)$

(옆면의 넓이)$=(2\pi\times 3)\times 6=36\pi\,(\text{cm}^2)$

| Step2 | 겉넓이 구하기

따라서 (겉넓이)$=18\pi+36\pi=54\pi\,(\text{cm}^2)$

답 ①

문제에서 개념 알기 ➡ 50일 수학 유형 연결하기: 유형 07-48

1. 원기둥의 밑면의 반지름의 길이가 r, 높이가 h일 때

① (원기둥의 겉넓이)$=2\pi r^2+2\pi rh$

② (원기둥의 부피)$=\pi r^2 h$

예 원기둥의 겉넓이는
$2\times(\pi\times 4^2)+(2\pi\times 4)\times 7$
$=32\pi+56\pi=88\pi\,(\text{cm}^2)$
원기둥의 부피는
$\pi\times 4^2\times 7=112\pi\,(\text{cm}^3)$

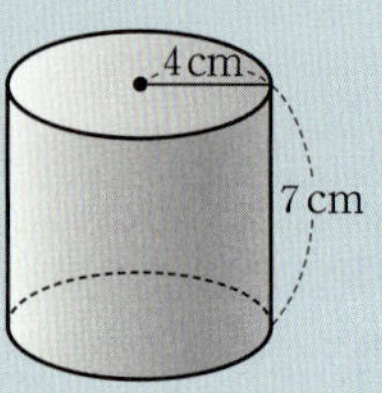

91

⟳24883-0186

오른쪽 그림과 같은 원기둥의 부피를 구하시오.

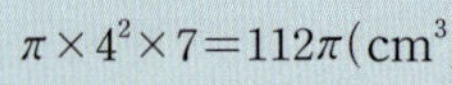

92

2021학년도 고1 3월 학평 5번 ⟳24883-0187

오른쪽 그림과 같이 밑면의 지름의 길이가 4인 원기둥의 겉넓이가 38π일 때, 이 원기둥의 높이는?

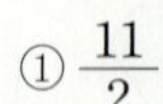

① $\dfrac{11}{2}$ ② 6

③ $\dfrac{13}{2}$ ④ 7 ⑤ $\dfrac{15}{2}$

93

⟳24883-0188

오른쪽 그림의 전개도로 만든 원기둥의 겉넓이는?

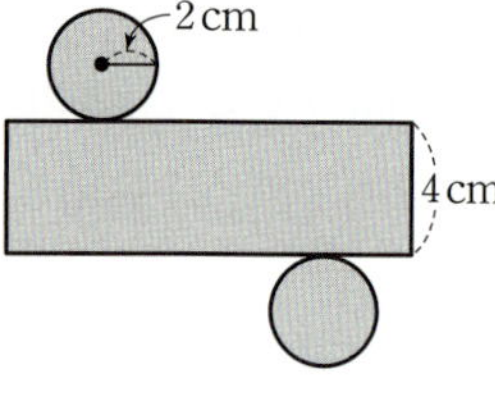

① 20π cm^2

② 24π cm^2

③ 28π cm^2

④ 32π cm^2

⑤ 36π cm^2

94

⟳24883-0189

오른쪽 그림과 같은 입체도형의 부피는?

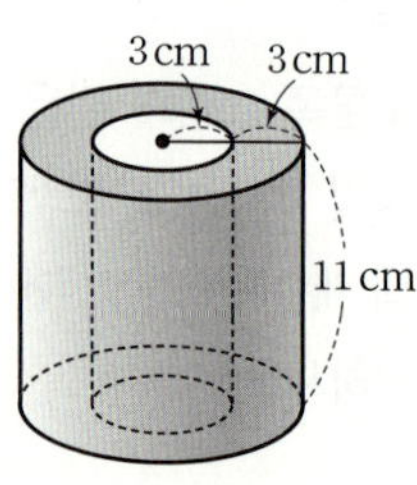

① 285π cm^3

② 288π cm^3

③ 291π cm^3

④ 294π cm^3

⑤ 297π cm^3

기출 유형 07-28

원뿔

오른쪽 그림과 같은 전개도로 만들어지는 입체도형의 겉넓이는?

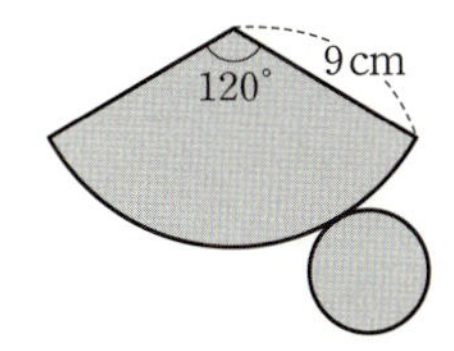

① 20π cm^2 ② 24π cm^2
③ 28π cm^2 ④ 32π cm^2 ⑤ 36π cm^2

| Step1 | 밑면의 반지름의 길이 구하기

밑면의 반지름의 길이를 r cm라 하면
밑면의 둘레의 길이는 부채꼴의 호의 길이와 같으므로

$$2\pi r = 2\pi \times 9 \times \frac{120}{360}, \; r=3$$

| Step2 | 밑면과 옆면의 넓이 구하기

$(\text{밑면의 넓이})=\pi \times 3^2 = 9\pi\,(\text{cm}^2)$

$(\text{옆면의 넓이})=\pi \times 9^2 \times \dfrac{120}{360} = 27\pi\,(\text{cm}^2)$

| Step3 | 겉넓이 구하기

따라서 $(\text{겉넓이})=9\pi+27\pi=36\pi\,(\text{cm}^2)$

답 ⑤

문제에서 개념 알기 ➡ 50일 수학 유형 연결하기: 유형 07-49

1. 원뿔의 밑면의 반지름의 길이가 r, 모선의 길이가 l, 높이가 h일 때
   ① $(\text{원뿔의 겉넓이})=\pi r^2 + \pi l r$
   ② $(\text{원뿔의 부피})=\dfrac{1}{3}\pi r^2 h$

95
⊃24883-0190

오른쪽 그림과 같은 원뿔의 부피를 구하시오.

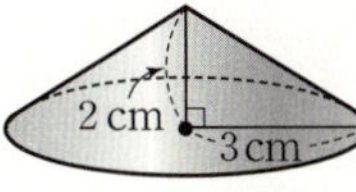

96
⊃24883-0191

오른쪽 그림과 같은 원뿔의 부피가 108π cm^{3}일 때, r의 값을 구하시오.

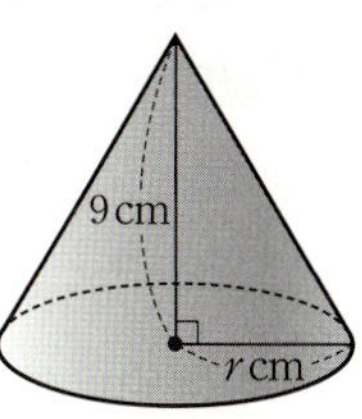

97
⊃24883-0192

오른쪽 그림과 같은 원뿔의 겉넓이가 20π cm^{2}일 때, 이 원뿔의 모선의 길이를 구하시오.

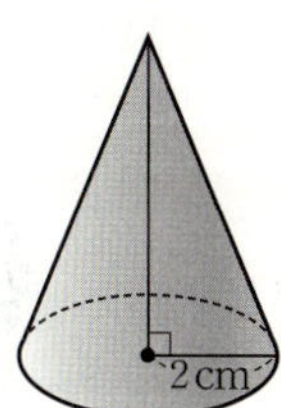

98
⊃24883-0193

밑면의 반지름의 길이가 5 cm이고 부피가 75π cm^{3}인 원뿔의 높이를 구하시오.

기출 유형 07-29

원뿔대

오른쪽 그림과 같은 원뿔대의 겉넓이는?

① 82π cm^2

② 84π cm^2

③ 86π cm^2

④ 88π cm^2

⑤ 90π cm^2

| Step1 | 밑면과 옆면의 넓이 구하기

$$(\text{두 밑면의 넓이의 합})=(\pi\times6^2)+(\pi\times3^2)$$
$$=45\pi(\text{cm}^2)$$
$$(\text{옆면의 넓이})=(\pi\times10\times6)-(\pi\times5\times3)$$
$$=60\pi-15\pi$$
$$=45\pi(\text{cm}^2)$$

| Step2 | 겉넓이 구하기

따라서 $(\text{겉넓이})=45\pi+45\pi=90\pi(\text{cm}^2)$

답 ⑤

문제에서 개념 알기 ➡ 50일 수학 유형 연결하기: 유형 07-50, 07-51

1. (원뿔대의 겉넓이)=(두 밑면의 넓이의 합)+(옆면의 넓이)
2. (원뿔대의 부피)=(큰 원뿔의 부피)−(작은 원뿔의 부피)

99
24883-0194

오른쪽 그림과 같은 원뿔대의 겉넓이를 구하시오.

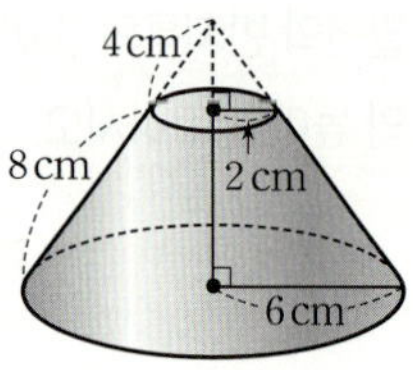

100
24883-0195

오른쪽 그림과 같은 원뿔대의 부피를 구하시오.

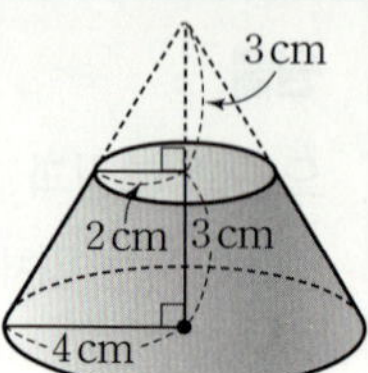

101
24883-0196

오른쪽 그림과 같은 원뿔대의 겉넓이를 구하시오.

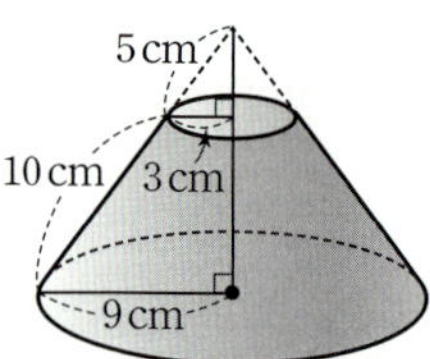

102
24883-0197

오른쪽 그림과 같은 원뿔대의 부피를 구하시오.

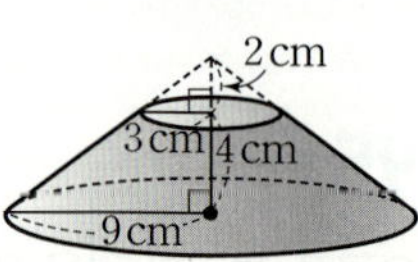

기출 유형 07-30

구

오른쪽 그림과 같은 구의 겉넓이
와 부피를 각각 구하시오.

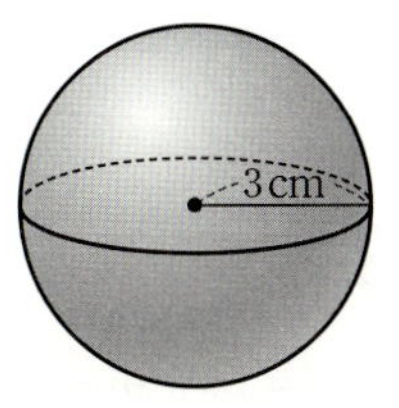

| Step1 | 겉넓이와 부피 구하기

반지름의 길이가 3 cm인 구에서

$(겉넓이) = 4\pi \times 3^2 = 36\pi \, (\text{cm}^2)$

$(부피) = \dfrac{4}{3} \times \pi \times 3^3 = 36\pi \, (\text{cm}^3)$

답 $(겉넓이) = 36\pi \, \text{cm}^2$, $(부피) = 36\pi \, \text{cm}^3$

문제에서 개념 알기 ➡ 50일 수학 유형 연결하기: 유형 07-52

1. 구의 반지름의 길이가 r일 때
  ① $(구의 겉넓이) = 4\pi r^2$
  ② $(구의 부피) = \dfrac{4}{3}\pi r^3$
  예 반지름의 길이가 5 cm인 구에서
    겉넓이는
    $4\pi \times 5^2 = 100\pi \, (\text{cm}^2)$
    부피는
    $\dfrac{4}{3}\pi \times 5^3 = \dfrac{500}{3}\pi \, (\text{cm}^3)$

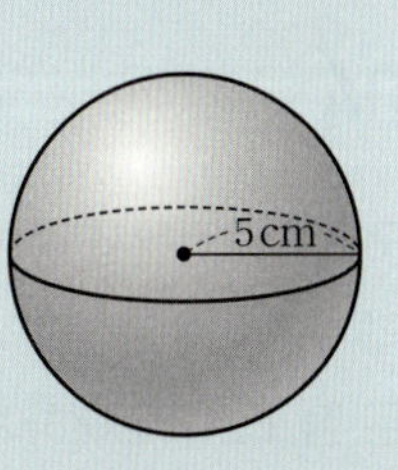

103

◌24883-0198

겉넓이가 $64\pi \, \text{cm}^2$인 구의 부피를 구하시오.

104

◌24883-0199

오른쪽 그림과 같이 원뿔과 반구로 이
루어진 입체도형의 부피는?

① $\dfrac{38}{3}\pi \, \text{cm}^3$ ② $\dfrac{40}{3}\pi \, \text{cm}^3$

③ $14\pi \, \text{cm}^3$ ④ $\dfrac{44}{3}\pi \, \text{cm}^3$

⑤ $\dfrac{46}{3}\pi \, \text{cm}^3$

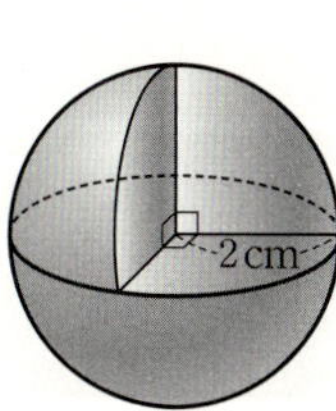

105

◌24883-0200

오른쪽 그림은 반지름의 길이가 2 cm
인 구의 $\dfrac{1}{8}$을 잘라낸 것이다. 이 입체
도형의 겉넓이를 구하시오.

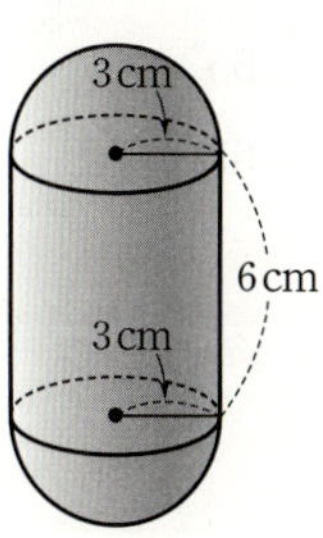

106

◌24883-0201

오른쪽 그림과 같이 원기둥과 두 개의 반
구로 이루어진 입체도형의 부피를 구하
시오.

미니 모의고사

제한 시간 : 30분 / 점수 :   / 30

01

➲24883-0202

오른쪽 그림에서 $x+y$의 값은?

[2점]

① 110　　② 115

③ 120　　④ 125

⑤ 130

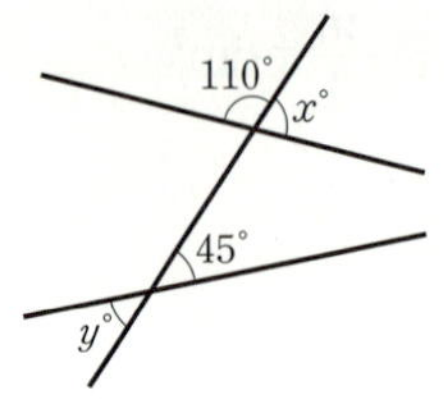

02

➲24883-0203

오른쪽 그림에서 $l /\!/ m$일 때, $\angle x$의 크기는? [2점]

① 55°　　② 60°

③ 65°　　④ 70°　　⑤ 75°

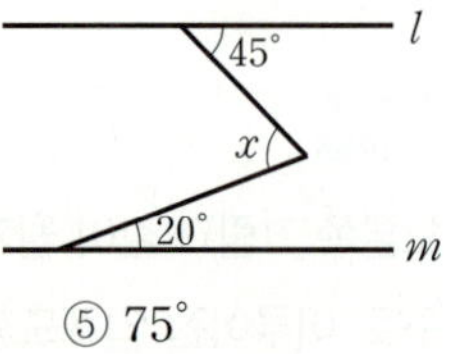

03

➲24883-0204

오른쪽 그림과 같은 사각뿔에서 모서리 AB와 만나는 모서리의 개수를 a, 모서리 AB와 꼬인 위치에 있는 모서리의 개수를 b라 할 때, $a+b$의 값은? [3점]

① 5　　　　② 6　　　　③ 7

④ 8　　　　⑤ 9

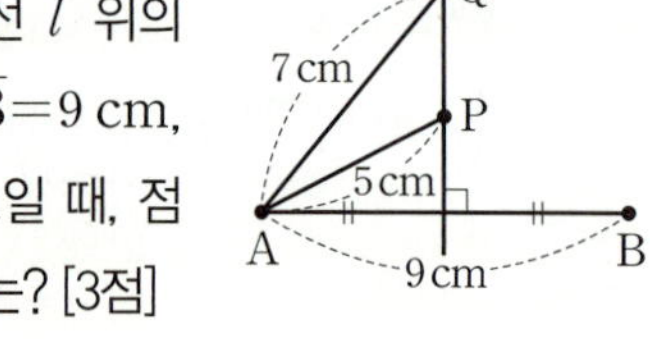

04

➲24883-0205

오른쪽 그림에서 직선 l은 선분 AB의 수직이등분선이다. 직선 l 위의 두 점 P, Q에 대하여 $\overline{AB}=9\,\text{cm}$, $\overline{AP}=5\,\text{cm}$, $\overline{AQ}=7\,\text{cm}$일 때, 점 A에서 직선 l까지의 거리는? [3점]

① $\dfrac{9}{2}\,\text{cm}$　　② $5\,\text{cm}$　　③ $\dfrac{11}{2}\,\text{cm}$

④ $6\,\text{cm}$　　⑤ $\dfrac{13}{2}\,\text{cm}$

05

2022학년도 고1 3월 학평 8번 ⊃24883-0206

다음 그림과 같이 밑면의 반지름의 길이가 3이고 높이가 8인 원뿔과 밑면의 반지름의 길이가 2인 원기둥이 있다. 두 입체도형의 부피가 같을 때, 원기둥의 겉넓이는? [3점]

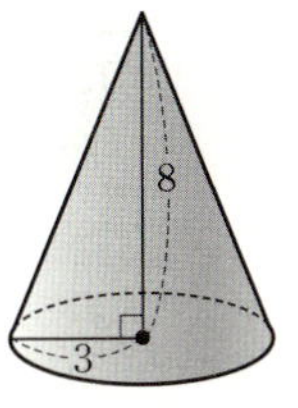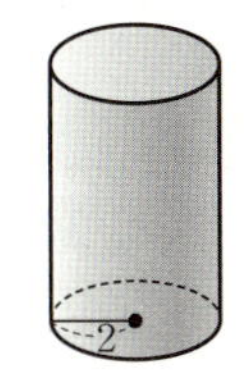

① 32π ② 34π ③ 36π
④ 38π ⑤ 40π

06

2023학년도 고1 3월 학평 7번 ⊃24883-0207

오른쪽 그림과 같이 한 변의 길이가 2인 정사각형을 밑면으로 하는 직육면체의 부피가 12일 때, 이 직육면체의 겉넓이는? [3점]

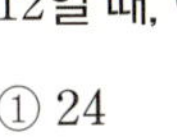

① 24 ② 26
③ 28 ④ 30 ⑤ 32

07

2023학년도 고1 3월 학평 24번 ⊃24883-0208

오른쪽 그림과 같이 $\angle B=72°$, $\angle C=48°$인 삼각형 ABC가 있다. 점 C를 지나고 직선 AB에 평행한 직선 위의 점 D와 선분 AB 위의 점 E에 대하여 $\angle CDE=52°$이다. 선분 DE와 선분 AC의 교점을 F라 할 때, $\angle EFC=x°$이다. x의 값을 구하시오. (단, $\angle BCD>90°$이고, 점 E는 점 A가 아니다.) [3점]

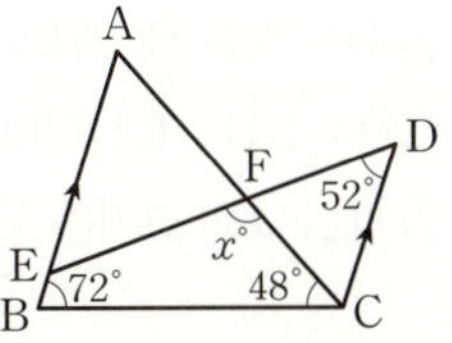

08

⊃24883-0209

오른쪽 그림은 한 변의 길이가 4 cm인 정사각형 ABCD 안에 각 변의 중점 E, F, G, H를 중심으로 하는 반원을 각각 그린 것이다. 색칠한 부분의 넓이를 구하시오. [3점]

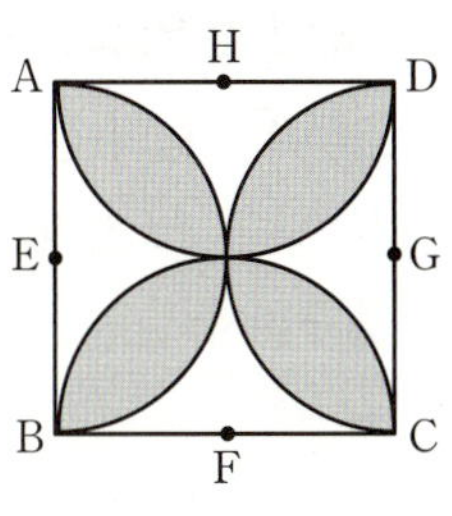

09

⊃24883-0210

오른쪽 그림과 같은 정다면체의 전개도로 만든 입체도형에서 서로 평행한 면에 적힌 수의 합이 모두 같을 때, $A+B+C$의 값은? [4점]

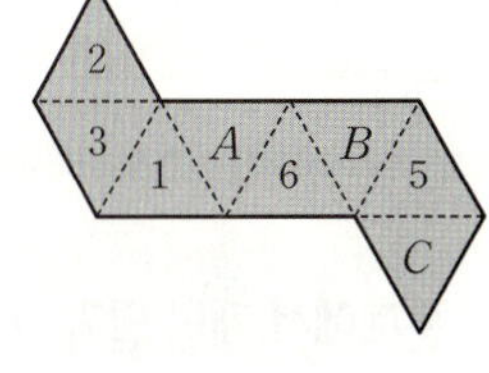

① 11 ② 13 ③ 15
④ 17 ⑤ 19

10

⊃24883-0211

오른쪽 그림과 같은 도형을 직선 l을 회전축으로 하여 1회전 시킬 때 생기는 회전체의 겉넓이를 구하시오. [4점]

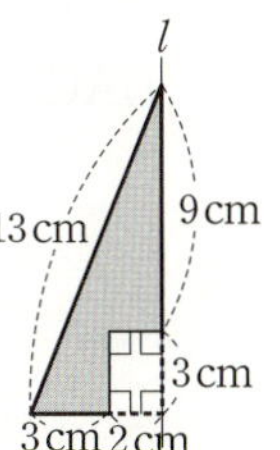

기출 유형 08-1

이등변삼각형의 성질

오른쪽 그림의 삼각형 ABC에서 $\overline{AB}=\overline{AC}$일 때, $\angle x$의 크기를 구하시오.

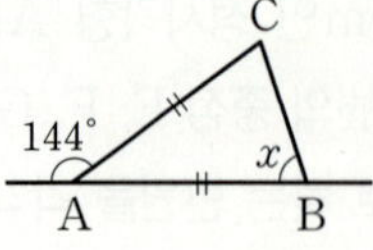

| Step1 | 이등변삼각형 이해하기

$\overline{AB}=\overline{AC}$이므로 $\angle ACB=\angle ABC=\angle x$

| Step2 | 삼각형의 외각의 성질 이해하기

삼각형의 외각의 성질에 의하여

$\angle ACB+\angle ABC=\angle x+\angle x=144°$

$2\angle x=144°$

| Step3 | $\angle x$의 크기 구하기

따라서 $\angle x=72°$

답 $72°$

문제에서 개념 알기 ➡ 50일 수학 유형 연결하기: 유형 08-1~08-3

1. 이등변삼각형의 두 밑각의 크기는 서로 같다.
2. 이등변삼각형의 꼭지각의 이등분선은 밑변을 수직이등분한다.
3. 두 내각의 크기가 같은 삼각형은 이등변삼각형이다.

01

➲24883-0212

오른쪽 그림의 삼각형 ABC에서 다음을 구하시오.

(1) 선분 BC의 길이

(2) $\angle BAC$의 크기

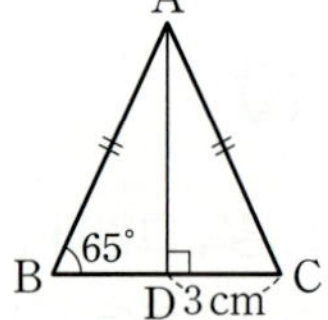

02

➲24883-0213

오른쪽 그림과 같이 $\overline{AB}=\overline{AC}$인 이등변삼각형 ABC에서 $\overline{AD}$는 $\angle A$의 이등분선이다. $\overline{AD}=7$ cm, $\overline{BD}=2$ cm일 때, 삼각형 ABC의 넓이를 구하시오.

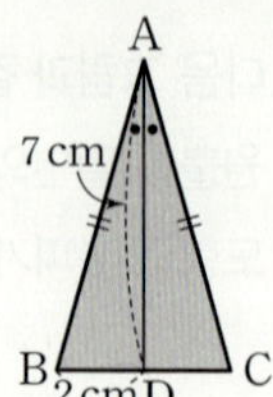

03

➲24883-0214

오른쪽 그림과 같이 직각삼각형 ABC에서 $\angle BAD=\angle CAD$이고 $\overline{AD}=\overline{CD}$일 때, $\angle x$의 크기를 구하시오.

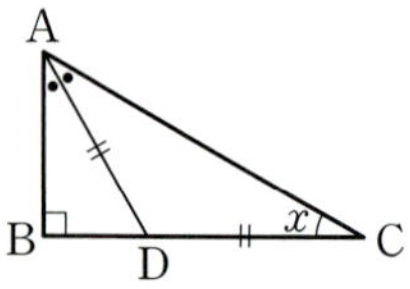

04

➲24883-0215

오른쪽 그림의 삼각형 ABC에서 점 D는 선분 BC 위의 점이고 $\overline{AD}=\overline{BD}=\overline{CD}$이다. $\angle C=70°$일 때, $\angle x$의 크기를 구하시오.

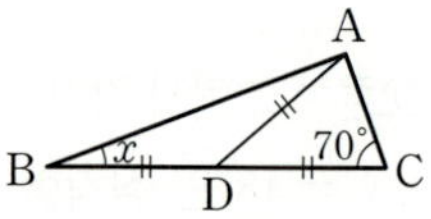

기출 유형 08-2

직각삼각형의 합동 조건

다음 그림의 두 직각삼각형 ABC, FDE에서
$\overline{AB}=\overline{FD}=5\ cm$, $\overline{AC}=3\ cm$, $\overline{BC}=4\ cm$이고
$\angle B=\angle D$일 때, $\overline{DE}$의 길이를 구하시오.

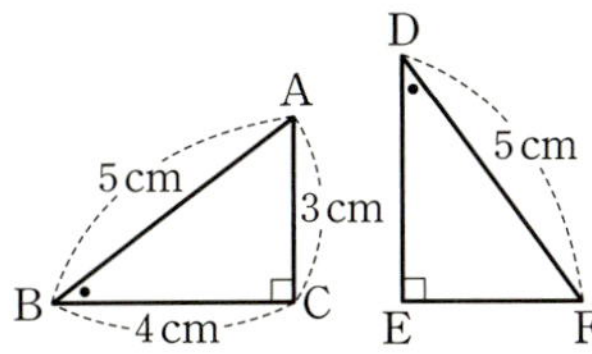

| Step1 | 직각삼각형의 합동 이해하기

직각삼각형 ABC와 FDE에서
$\overline{AB}=\overline{FD}$, $\angle B=\angle D$이므로
$\triangle ABC \equiv \triangle FDE$ (RHA 합동)

| Step2 | $\overline{DE}$의 길이 구하기

따라서 $\overline{DE}=\overline{BC}=4\ cm$

답 4 cm

문제에서 개념 알기 ➡ 50일 수학 유형 연결하기: 유형 08-4

1. 직각삼각형의 합동 조건
   ① 빗변의 길이와 한 예각의 크기가 각각 같을 때 (RHA 합동)
   ② 빗변의 길이와 다른 한 변의 길이가 각각 같을 때 (RHS 합동)

05

24883-0216

다음 그림에서 x의 값을 구하시오.

(1) 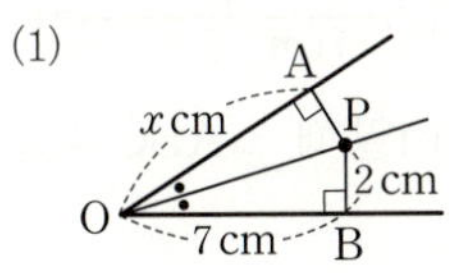

(2) 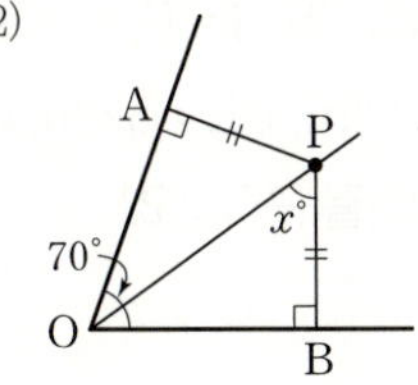

06

24883-0217

오른쪽 그림과 같이 $\overline{AB}$의 양 끝
점 A, B에서 $\overline{AB}$의 중점 M을
지나는 직선 l에 내린 수선의 발을
각각 C, D라 하자. $\overline{AC}=5\ cm$, $\overline{CM}=12\ cm$일 때, $\overline{DM}$
의 길이를 구하시오.

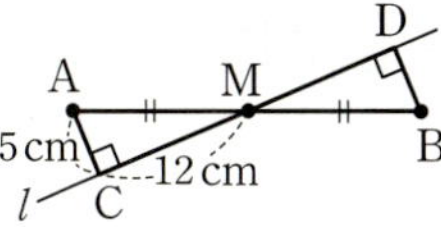

07

24883-0218

오른쪽 그림에서 $\overline{AB}=11\ cm$,
$\overline{CD}=3\ cm$일 때, 삼각형 ABD의 넓이
를 구하시오.

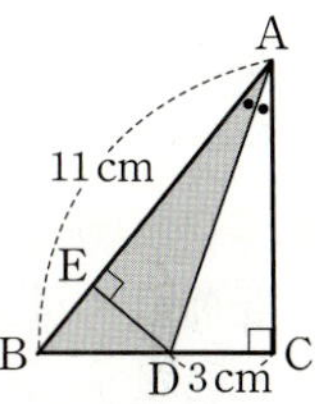

08

24883-0219

오른쪽 그림에서 $\overline{AE}=\overline{DE}$,
$\overline{BC}=7\ cm$, $\overline{CD}=4\ cm$일 때,
사각형 ABCD의 넓이를 구하시
오.

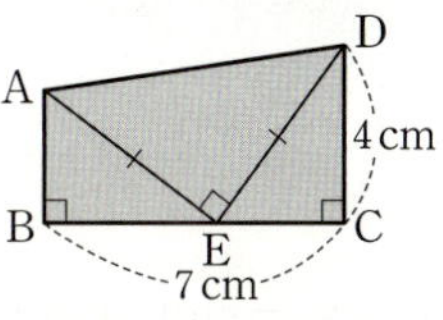

기출 유형 08-3

삼각형의 외심 (1)

오른쪽 그림에서 점 O가 △ABC의 외심일 때, △ABC의 둘레의 길이를 구하시오.

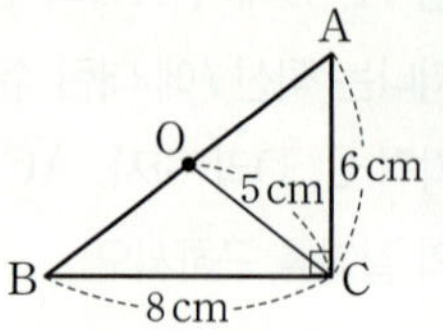

| Step1 | **삼각형의 외심 이해하기**

직각삼각형 ABC의 외심은 빗변의 중점이므로

$$\overline{OA}=\overline{OB}=\overline{OC}=5\,cm$$

| Step2 | **△ABC의 둘레의 길이 구하기**

따라서 삼각형 ABC의 둘레의 길이는

$$\overline{AB}+\overline{BC}+\overline{CA}=10+8+6=24\,(cm)$$

🖪 24 cm

문제에서 개념 알기 ➡ 50일 수학 유형 연결하기: 유형 08-5~08-7

1. 외접원과 외심 : 한 다각형의 모든 꼭짓점이 한 원 위에 있을 때, 이 원을 외접원이라 하고, 외접원의 중심을 외심이라 한다.
2. 삼각형의 외심
   ① 삼각형의 세 변의 수직이등분선은 한 점 O에서 만나고, 이 점 O는 △ABC의 외심이다.
   ② 삼각형의 외심에서 세 꼭짓점에 이르는 거리는 같다.
3. 삼각형의 외심의 위치
   ① 예각삼각형: 삼각형의 내부
   ② 직각삼각형: 빗변의 중점
   ③ 둔각삼각형: 삼각형의 외부

09

⊃24883-0220

오른쪽 그림의 삼각형 ABC에서 x, y의 값을 각각 구하시오.

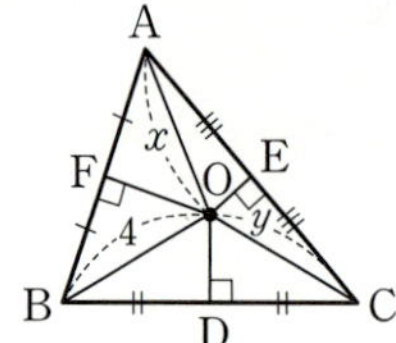

10

⊃24883-0221

오른쪽 그림에서 점 O가 △ABC의 외심일 때, $\angle x$의 크기를 구하시오.

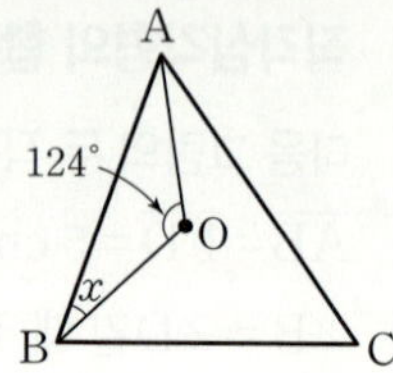

11

⊃24883-0222

오른쪽 그림에서 △ABC의 외접원의 넓이를 구하시오.

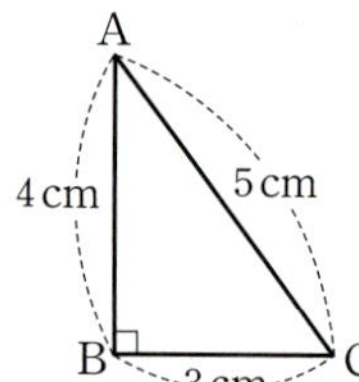

12

⊃24883-0223

오른쪽 그림에서 점 O가 △ABC의 외심이고 점 O에서 세 변 AB, BC, CA에 내린 수선의 발을 각각 D, E, F라 하자. $\overline{AD}=3\,cm$, $\overline{BE}=5\,cm$, $\overline{CF}=6\,cm$일 때, △ABC의 둘레의 길이를 구하시오.

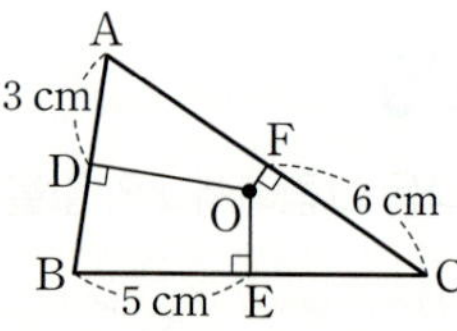

기출 유형 08-4

삼각형의 외심 (2)

오른쪽 그림에서 점 O가 △ABC의 외심이고 ∠BOC=108°일 때, ∠x의 크기를 구하시오.

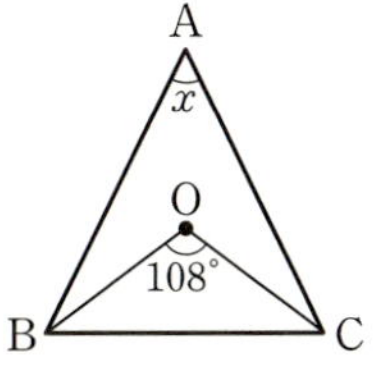

| **Step1** | 삼각형의 외심 이해하기

점 O가 △ABC의 외심이므로 외심의 성질에 의하여

∠BOC=2∠A

| **Step2** | ∠x의 크기 구하기

$2\angle x=108°$

따라서 $\angle x=54°$

답 54°

문제에서 개념 알기 ➡ 50일 수학 유형 연결하기: 유형 08-7

1. 외접원에서 한 호에 대한 중심각의 크기는 원주각의 크기의 2배이다.
2. 점 O가 △ABC의 외심일 때

① $2(\angle x+\angle y+\angle z)=180°$
  ⇨ $\angle x+\angle y+\angle z=90°$
② $\angle BOC=2(\angle x+\angle z)$
  $=2\angle A$

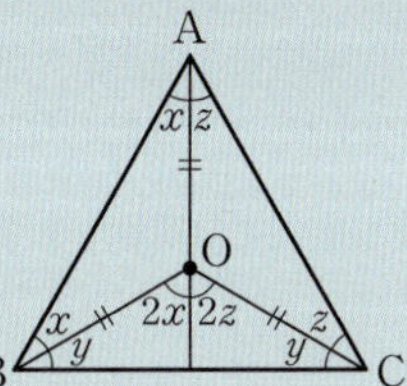

13

24883-0224

오른쪽 그림에서 점 O는 △ABC의 외심이고 ∠A=56°일 때, $x+y$의 값을 구하시오.

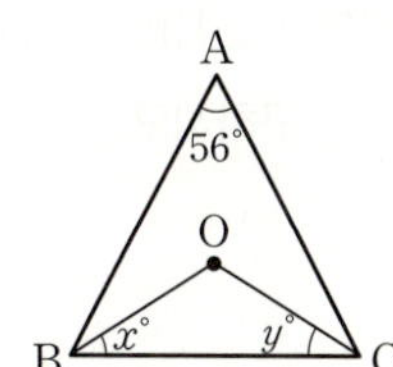

14

24883-0225

오른쪽 그림에서 점 O가 △ABC의 외심이고 ∠ACO=47°, ∠BOD=36°일 때, $x+y$의 값을 구하시오.

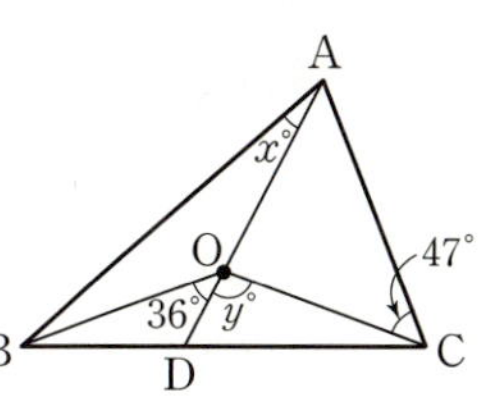

15

24883-0226

오른쪽 그림에서 점 O가 △ABC의 외심일 때, ∠x의 크기를 구하시오.

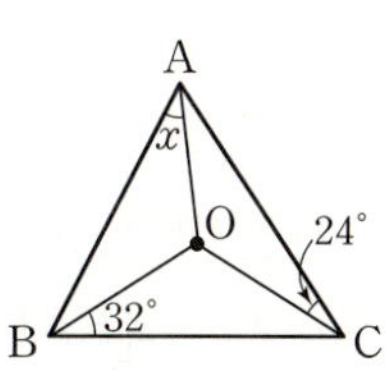

16

24883-0227

오른쪽 그림에서 점 O가 △ABC의 외심이고 ∠ACO=30°, ∠BOC=110°일 때, ∠x의 크기를 구하시오.

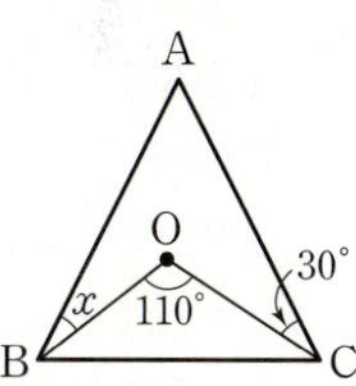

기출 유형 08-5

삼각형의 내심 (1)

오른쪽 그림에서 점 I가 △ABC의 내심일 때, 다음을 구하시오.

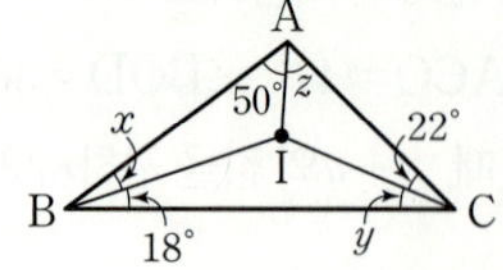

(1) ∠x의 크기

(2) ∠y의 크기

(3) ∠z의 크기

| Step1 | 삼각형의 내심 이해하기

(1) 점 I가 △ABC의 내심이므로

$$\angle x = \angle CBI = 18°$$

(2) 점 I가 △ABC의 내심이므로

$$\angle y = \angle ACI = 22°$$

(3) 점 I가 △ABC의 내심이므로

$$\angle z = \angle BAI = 50°$$

답 (1) 18° (2) 22° (3) 50°

문제에서 개념 알기 ➡ 50일 수학 유형 연결하기: 유형 08-8

1. 내접원과 내심 : 원이 다각형의 모든 변에 접할 때, 이 원을 내접원이라 하고, 내접원의 중심을 내심이라 한다.

2. 삼각형의 내심

 ① 삼각형의 세 내각의 이등분선은 한 점 I에서 만나고, 이 점 I는 △ABC의 내심이다.

 ② 삼각형의 내심에서 세 변에 이르는 거리는 같다.

3. 점 I가 △ABC의 내심일 때

 ① $2(\angle x + \angle y + \angle z) = 180°$

  ⇨ $\angle x + \angle y + \angle z = 90°$

 ② $\angle BIC$

  $= (\angle x + \angle y + \angle z) + \angle x$

  $= 90° + \dfrac{1}{2}\angle A$

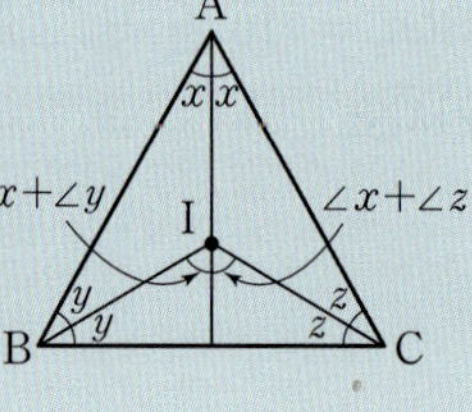

17

➲24883-0228

오른쪽 그림에서 점 I가 △ABC의 내심이고 ∠ACB=64°, ∠IAC=30°일 때, ∠x의 크기를 구하시오.

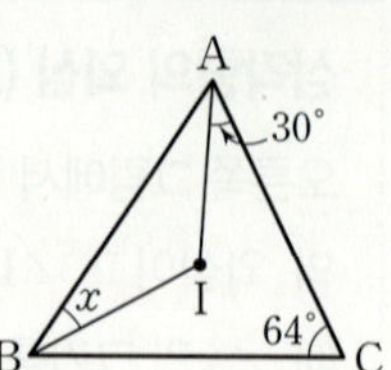

18

➲24883-0229

오른쪽 그림에서 점 I가 △ABC의 내심이고 ∠A=78°일 때, ∠x의 크기를 구하시오.

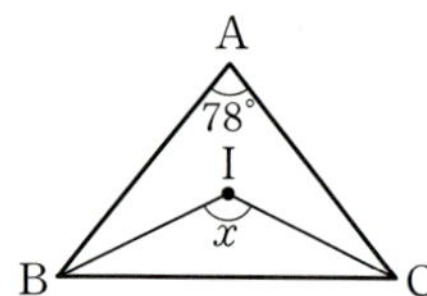

19

➲24883-0230

오른쪽 그림에서 점 I가 △ABC의 내심이고 ∠BIC=117°일 때, ∠x의 크기를 구하시오.

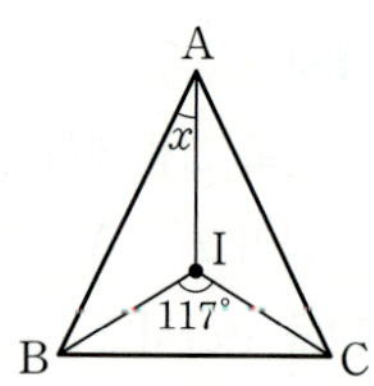

기출 유형 08-6

삼각형의 내심 (2)

오른쪽 그림에서 점 I가 $\triangle ABC$
의 내심일 때, $\triangle IAB$의 넓이를
구하시오.

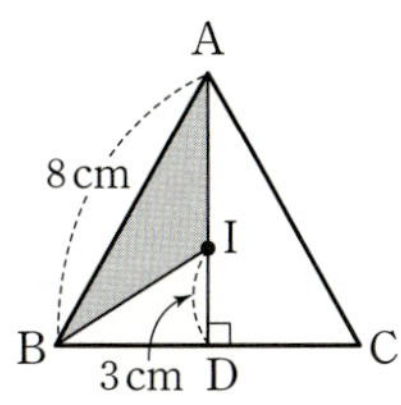

| Step1 | 삼각형의 내심 이해하기

오른쪽 그림과 같이 점 I에서 $\overline{AB}$
에 내린 수선의 발을 E라 하면

$$\overline{IE}=\overline{ID}=3 \text{ cm}$$

| Step2 | $\triangle IAB$의 넓이 구하기

따라서 $\triangle IAB$의 넓이는

$$\frac{1}{2}\times\overline{AB}\times\overline{IE}=\frac{1}{2}\times 8\times 3=12(\text{cm}^2)$$

답 12 cm^2

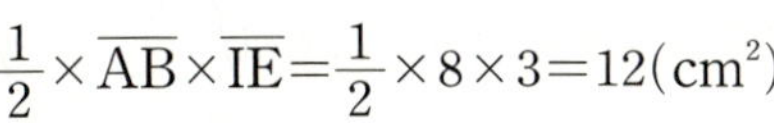

문제에서 개념 알기 ➡ 50일 수학 유형 연결하기: 유형 08-10

1. 삼각형의 내접원의 활용

① ($\triangle ABC$의 넓이)$=\dfrac{r}{2}(a+b+c)$

② $\overline{AD}=\overline{AF}, \overline{BD}=\overline{BE},$
  $\overline{CE}=\overline{CF}$

예 점 I는 $\triangle ABC$의 내접원의 중
  심이므로 내심이다.
  내접원의 반지름의 길이를
  r cm라 하면 $\triangle ABC$의 넓
  이는

$$\frac{1}{2}\times 12\times 5$$

$$=\frac{1}{2}\times(12+5+13)\times r, r=2$$

따라서 내접원의 반지름의 길이는 2 cm이다.

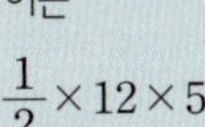

20

⊃24883-0231

오른쪽 그림에서 점 I가 $\triangle ABC$의
내심이고 $\triangle ABC$의 둘레의 길이가
21 cm일 때, $\triangle ABC$의 넓이를 구하
시오.

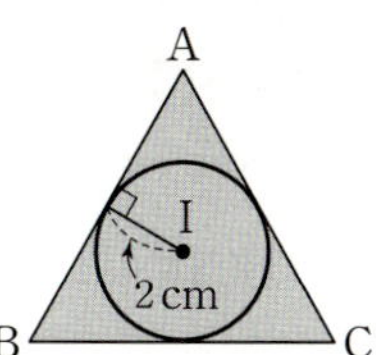

21

⊃24883-0232

오른쪽 그림에서 점 I가 $\triangle ABC$의
내심이고 $\angle C=38°$, $\angle IBA=40°$
일 때, $\angle x$의 크기를 구하시오.

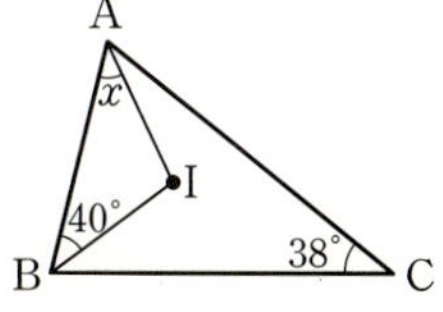

22

⊃24883-0233

오른쪽 그림에서 점 I가 $\triangle ABC$의
내심이다. $\overline{BC}\,/\!/\,\overline{DE}$이고
$\overline{AB}=7 \text{ cm}$, $\overline{AC}=8 \text{ cm}$일 때,
$\triangle ADE$의 둘레의 길이를 구하시
오.

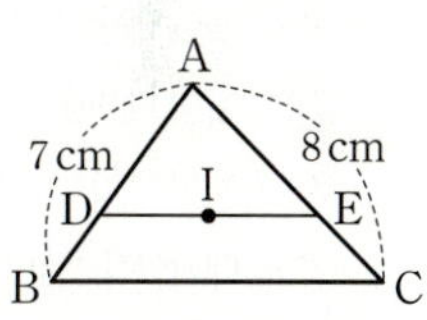

기출 유형 08-7

평행사변형의 성질과 조건

오른쪽 그림과 같은 평행사변형 ABCD에서 x, y의 값을 각각 구하시오.

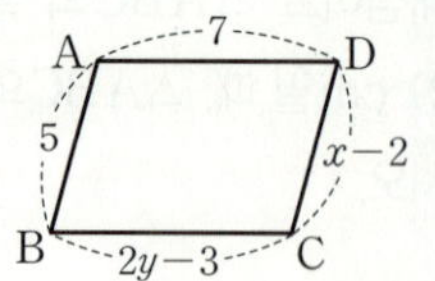

| Step1 | 평행사변형의 성질 이해하기

평행사변형의 두 쌍의 대변의 길이는 각각 같다.

| Step2 | x, y의 값 구하기

$\overline{AB}=\overline{DC}$이므로 $5=x-2$

따라서 $x=7$

또, $\overline{BC}=\overline{AD}$이므로 $2y-3=7$

따라서 $y=5$

답 $x=7$, $y=5$

문제에서 개념 알기 ➡ 50일 수학 유형 연결하기: 유형 08-11, 08-12

1. 평행사변형의 성질

 ① 두 쌍의 대변이 각각 평행하다.

 ② 두 쌍의 대변의 길이가 각각 같다.

 ③ 두 쌍의 대각의 크기가 각각 같다.

 ④ 두 대각선은 서로 다른 것을 이등분한다.

2. 평행사변형이 되는 조건 : 사각형이 다음의 어느 한 조건을 만족시키면 그 사각형은 평행사변형이다.

 ① 두 쌍의 대변이 각각 평행하다.

 ② 두 쌍의 대변의 길이가 각각 같다.

 ③ 두 쌍의 대각의 크기가 각각 같다.

 ④ 두 대각선이 서로 다른 것을 이등분한다.

 ⑤ 한 쌍의 대변이 평행하고 그 길이가 같다.

예 평행사변형 ABCD에서

 $\overline{AB}=\overline{DC}$이므로 $x=3$

 $\angle A=\angle C$이므로 $y=105$

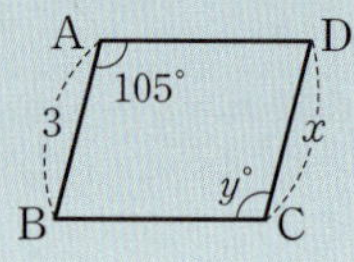

23　⊃24883-0234

오른쪽 그림과 같은 평행사변형 ABCD에서 $\angle B=50°$, $\angle CAD=60°$일 때, $\angle x$의 크기를 구하시오.

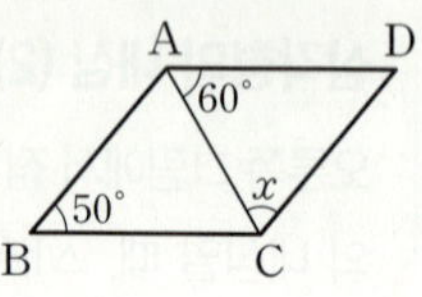

24　⊃24883-0235

오른쪽 그림의 □ABCD가 평행사변형이 되기 위한 x, y의 값을 각각 구하시오.

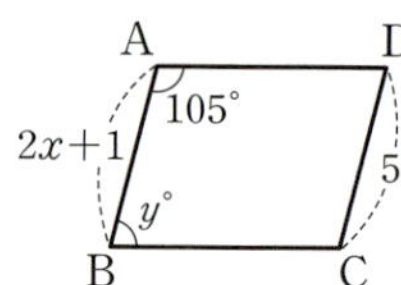

25　⊃24883-0236

오른쪽 그림과 같은 평행사변형 ABCD에서 $\overline{BC}=8$ cm, $\overline{CD}=5$ cm이고 △OAB의 둘레의 길이가 18 cm일 때, △OBC의 둘레의 길이를 구하시오.

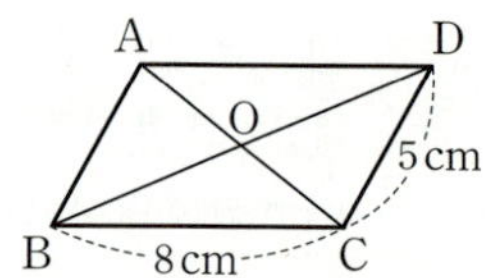

기출 유형 08-8

직사각형의 성질과 조건

오른쪽 그림과 같은 직사각형 ABCD에서 x, y의 값을 각각 구하시오.

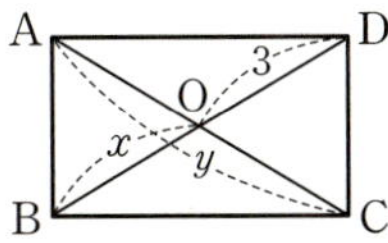

| Step1 | 직사각형의 성질 이해하기

직사각형의 두 대각선의 길이는 같고, 두 대각선이 서로 다른 것을 이등분한다.

| Step2 | x, y의 값 구하기

$\overline{OB}=\overline{OD}=3$이므로 $x=3$

$\overline{AC}=\overline{BD}=6$이므로 $y=6$

답 $x=3$, $y=6$

문제에서 개념 알기 ➡ 50일 수학 유형 연결하기: 유형 08-13

1. 직사각형의 성질
   ① 평행사변형의 모든 성질을 갖는다.
   ② 두 대각선의 길이가 같다.
2. 평행사변형이 직사각형이 되는 조건
   ① 한 내각의 크기가 $90°$인 평행사변형은 직사각형이다.
   ② 두 대각선의 길이가 같은 평행사변형은 직사각형이다.

26

⊃24883-0237

오른쪽 그림과 같은 직사각형 ABCD에서 x, y의 값을 각각 구하시오.

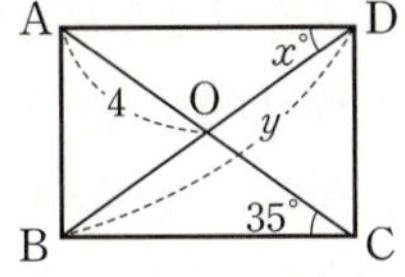

27

⊃24883-0238

오른쪽 그림과 같은 직사각형 ABCD에서 $\angle x$, $\angle y$의 크기를 각각 구하시오.

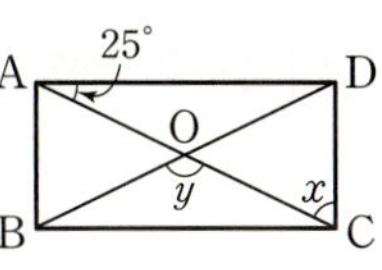

28

⊃24883-0239

오른쪽 그림과 같은 평행사변형 ABCD에서 $\angle ABC=90°$, $\overline{AO}=6$ cm일 때, $\overline{AC}+\overline{BD}$의 값을 구하시오.

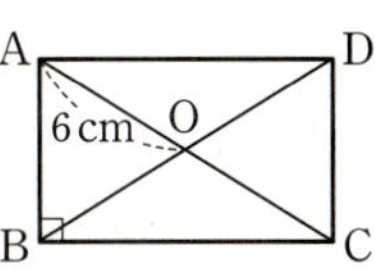

29

⊃24883-0240

오른쪽 그림과 같은 직사각형 ABCD에서 $\overline{AC}=13$ cm, $\overline{BC}=12$ cm일 때, $\triangle AOD$의 둘레의 길이를 구하시오.

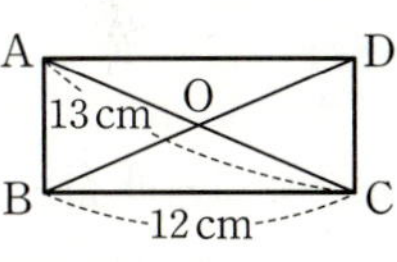

기출 유형 08-9

마름모의 성질과 조건

오른쪽 그림과 같은 마름모 ABCD에서 $\angle x$, $\angle y$의 크기를 각각 구하시오.

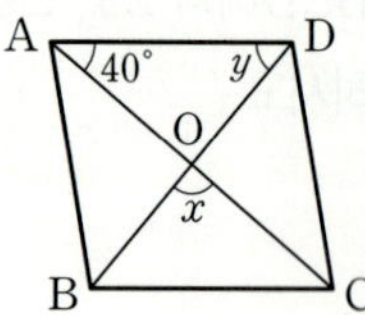

| Step1 | $\angle x$의 크기 구하기

마름모의 두 대각선은 서로 다른 것을 수직이등분하므로

$\angle x = 90°$

| Step2 | $\angle y$의 크기 구하기

$\angle AOD = \angle BOC = 90°$ (맞꼭지각)이므로

$\triangle AOD$에서 $\angle y = 180° - (90° + 40°)$

따라서 $\angle y = 50°$

답 $\angle x = 90°$, $\angle y = 50°$

문제에서 개념 알기 ➡ 50일 수학 유형 연결하기: 유형 08-14

1. 마름모의 성질
   ① 평행사변형의 모든 성질을 갖는다.
   ② 두 대각선은 서로 다른 것을 수직이등분한다.
2. 평행사변형이 마름모가 되는 조건
   ① 이웃하는 두 변의 길이가 같은 평행사변형은 마름모이다.
   ② 두 대각선이 서로 수직인 평행사변형은 마름모이다.

30

⊃24883-0241

오른쪽 그림과 같은 마름모 ABCD에서 두 대각선의 교점이 O이고 $\angle ABO = 25°$일 때, $\angle x$의 크기를 구하시오.

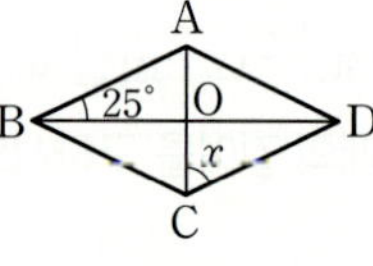

31

⊃24883-0242

오른쪽 그림과 같은 평행사변형 ABCD에서 $\angle AOD = 90°$, $\overline{AB} = 6$ cm일 때, $\square ABCD$의 둘레의 길이를 구하시오.

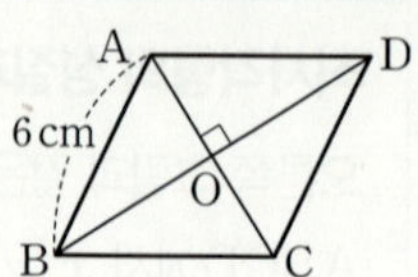

32

⊃24883-0243

오른쪽 그림과 같은 $\square ABCD$에서 $\overline{AB} = \overline{BC} = \overline{CD} = \overline{DA}$일 때, $x + y$의 값을 구하시오.

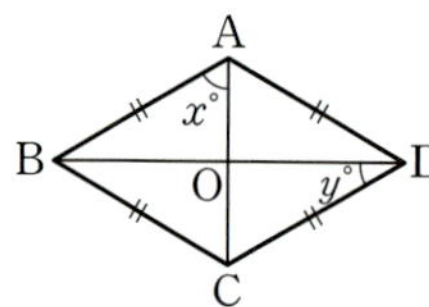

33

⊃24883-0244

오른쪽 그림과 같은 평행사변형 ABCD에서 점 O는 두 대각선의 교점이다. 평행사변형 ABCD가 마름모가 되기 위한 x, y의 값을 각각 구하시오.

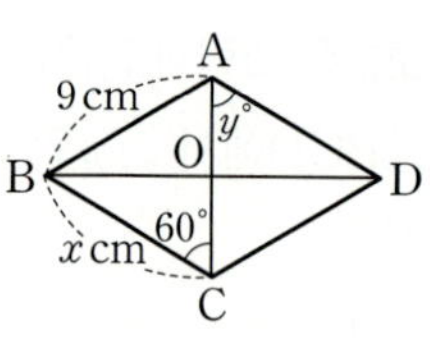

기출 유형 08-10

정사각형의 성질과 조건

오른쪽 그림과 같은 정사각형 ABCD에서 다음을 구하시오.

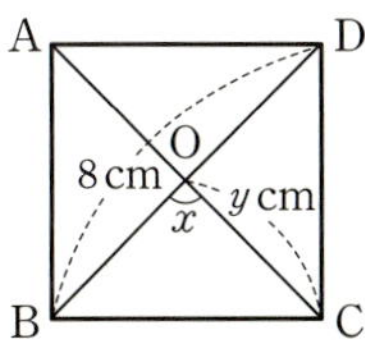

(1) $\angle x$의 크기

(2) y의 값

(1) | **Step1** | $\angle x$의 크기 구하기

정사각형은 두 대각선의 길이가 같고 서로 다른 것을 수직이등분하므로

$$\angle x = 90°$$

(2) | **Step1** | y의 값 구하기

$\overline{AC} = \overline{BD} = 8\ \mathrm{cm}$이고 $\overline{OA} = \overline{OC}$이므로

$$2y = 8,\ y = 4$$

답 (1) $90°$　(2) 4

문제에서 개념 알기 ➡ 50일 수학 유형 연결하기: 유형 08-15

1. 정사각형의 성질 : 두 대각선은 길이가 같고 서로 다른 것을 수직이등분한다.

2. 직사각형이 정사각형이 되는 조건
   ① 이웃하는 두 변의 길이가 같은 직사각형은 정사각형이다.
   ② 두 대각선이 서로 수직인 직사각형은 정사각형이다.

3. 마름모가 정사각형이 되는 조건
   ① 한 내각의 크기가 $90°$인 마름모는 정사각형이다.
   ② 두 대각선의 길이가 같은 마름모는 정사각형이다.

예 정사각형 ABCD에서
$\overline{AB} = \overline{BC} = \overline{CD} = \overline{DA}$이므로
$x = 4$
$\overline{OB} = \overline{OD}$, $\overline{AC} = \overline{BD}$이므로
$y = 2 \times 2\sqrt{2} = 4\sqrt{2}$

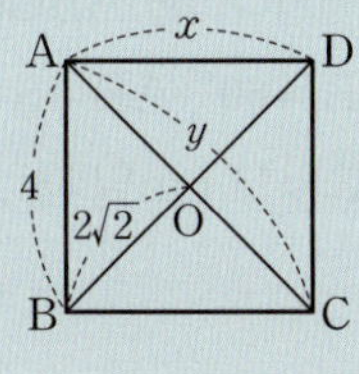

34　⊃24883-0245

오른쪽 그림과 같은 정사각형 ABCD에서 $x + y$의 값을 구하시오.

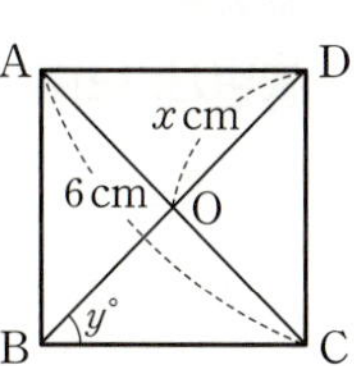

35　⊃24883-0246

오른쪽 그림과 같은 정사각형 ABCD에서 $\overline{AC} = 12\ \mathrm{cm}$일 때, □ABCD의 넓이를 구하시오.

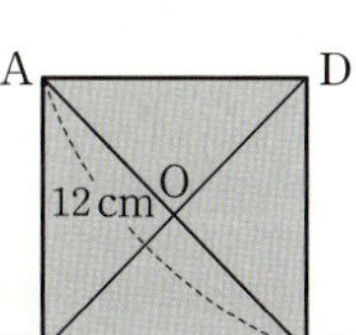

36　⊃24883-0247

오른쪽 그림과 같은 정사각형 ABCD의 대각선 AC 위에 한 점 E가 있다. $\angle ABE = 30°$일 때, $\angle x$의 크기를 구하시오.

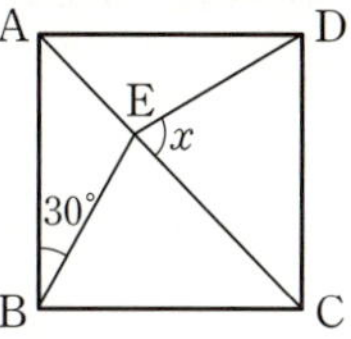

기출 유형 08-11

등변사다리꼴

오른쪽 그림과 같이 $\overline{AD} /\!/ \overline{BC}$인 등변사다리꼴 ABCD에서 x, y의 값을 각각 구하시오.

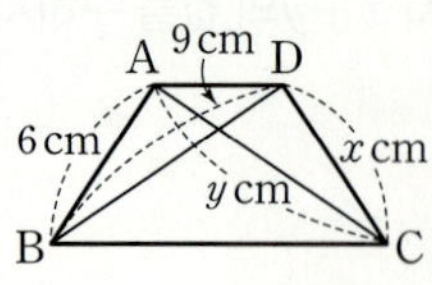

| Step1 | 등변사다리꼴의 성질 이해하기

등변사다리꼴은 평행하지 않은 한 쌍의 대변의 길이가 같고 두 대각선의 길이가 같다.

| Step2 | x, y의 값 구하기

따라서 $\overline{DC} = \overline{AB}$이므로 $x = 6$

$\overline{AC} = \overline{DB}$이므로 $y = 9$

답 $x = 6$, $y = 9$

문제에서 개념 알기 ➡ 50일 수학 유형 연결하기: 유형 08-16

1. 등변사다리꼴 : 밑변의 양 끝각의 크기가 같은 사다리꼴
2. 등변사다리꼴의 성질
   ① 평행하지 않은 한 쌍의 대변의 길이가 같다.
   ② 두 대각선의 길이가 같다.

37

24883-0248

오른쪽 그림과 같이 $\overline{AD} /\!/ \overline{BC}$인 등변사다리꼴 ABCD에서 $\angle x$의 크기를 구하시오.

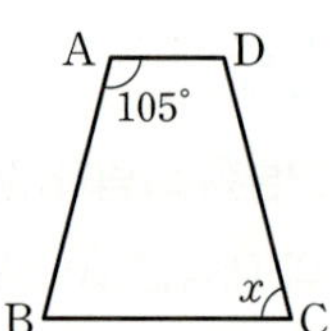

38

24883-0249

오른쪽 그림과 같이 $\overline{AD} /\!/ \overline{BC}$인 등변사다리꼴 ABCD에서 $\angle x$, $\angle y$의 크기를 각각 구하시오.

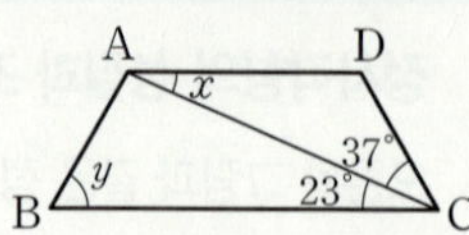

39

24883-0250

오른쪽 그림과 같이 $\overline{AD} /\!/ \overline{BC}$인 등변사다리꼴 ABCD에서 $\overline{AD} = \overline{CD}$일 때, $\angle C$의 크기를 구하시오.

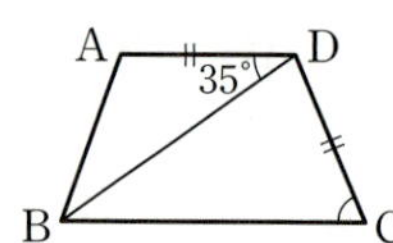

40

24883-0251

오른쪽 그림과 같이 $\overline{AD} /\!/ \overline{BC}$인 등변사다리꼴 ABCD에서 $\angle B = 60°$, $\overline{AB} = 5$ cm, $\overline{BC} = 11$ cm일 때, $\overline{AD}$의 길이를 구하시오.

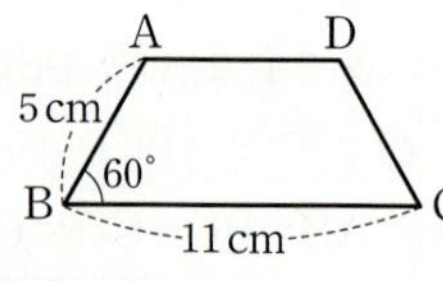

기출 유형 08-12

사각형 사이의 관계

다음 도형의 성질에 대한 설명으로 옳으면 ○표, 틀리면 ×표를 하시오.

(1) 두 대각선의 길이가 같은 평행사변형은 직사각형이다. (　　)

(2) 두 대각선이 서로 수직인 평행사변형은 마름모이다. (　　)

(3) 한 내각의 크기가 90°인 마름모는 직사각형이다.
　　　　　　　　　　　　　　　　　　　　(　　)

(4) 이웃하는 두 변의 길이가 같은 직사각형은 정사각형이다. (　　)

| Step1 | 사각형 사이의 관계 이해하기

(1) 두 대각선의 길이가 같거나 한 내각이 직각인 평행사변형은 직사각형이다.

(2) 두 대각선이 서로 수직이거나 이웃하는 두 변의 길이가 같은 평행사변형은 마름모이다.

(3) 한 내각의 크기가 90°인 마름모는 정사각형이고, 정사각형은 직사각형이다.

(4) 이웃하는 두 변의 길이가 같거나 두 대각선이 서로 수직인 직사각형은 정사각형이다.

답 (1) ○　(2) ○　(3) ○　(4) ○

문제에서 개념 알기 ➡ 50일 수학 유형 연결하기: 유형 08-17

41　⟳24883-0252

다음 **보기** 중에서 두 대각선의 길이가 항상 같은 사각형인 것만을 모두 고르시오.

| 보기 |

ㄱ. 평행사변형　　ㄴ. 등변사다리꼴　　ㄷ. 직사각형
ㄹ. 마름모　　　　ㅁ. 정사각형

42　⟳24883-0253

다음 **보기** 중에서 항상 옳은 것만을 모두 고른 것은?

| 보기 |

ㄱ. 마름모의 두 쌍의 대각의 크기는 각각 같다.
ㄴ. 평행사변형의 두 대각선은 서로 수직이다.
ㄷ. 정사각형의 두 대각선의 길이는 같다.

① ㄴ　　　　② ㄷ　　　　③ ㄱ, ㄴ
④ ㄱ, ㄷ　　⑤ ㄱ, ㄴ, ㄷ

43　⟳24883-0254

다음 조건을 모두 만족시키는 사각형을 모두 고르면?

(정답 2개)

- 두 대각선이 서로 수직이다.
- 두 대각선이 서로 다른 것을 이등분한다.
- 대각선이 한 내각을 이등분한다.

① 평행사변형　　　　② 등변사다리꼴
③ 직사각형　　　　　④ 마름모
⑤ 정사각형

기출 유형 08-13

평행선과 넓이

오른쪽 그림과 같이
$\overline{AD} \,/\!/\, \overline{BC}$이고
$\triangle ABC = 19 \text{ cm}^2$일 때,
$\triangle DBC$의 넓이를 구하시오.

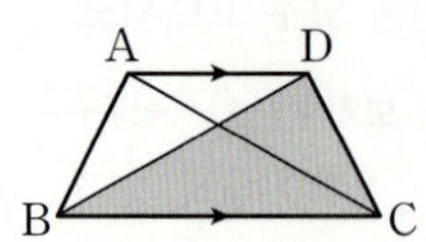

| **Step1** | 평행선과 삼각형의 넓이 이해하기

밑변의 길이와 높이가 각각 같은 두 삼각형의 넓이는 서로 같다.

| **Step2** | $\triangle DBC$의 넓이 구하기

따라서 $\triangle DBC = \triangle ABC = 19 \text{ cm}^2$

답 19 cm^2

문제에서 개념 알기 ➡ 50일 수학 유형 연결하기: 유형 08-18

1. $l \,/\!/\, m$이면
$$\triangle PAB = \triangle QAB$$

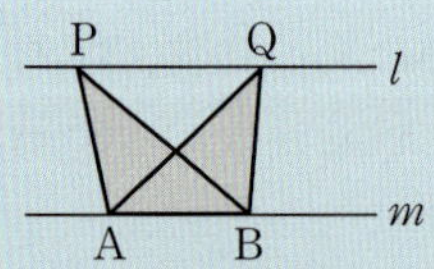

2. $\overline{AC} \,/\!/\, \overline{DE}$이므로
$$\triangle ACD = \triangle ACE$$
$$\square ABCD = \triangle ABC + \triangle ACD$$
$$= \triangle ABC + \triangle ACE$$
$$= \triangle ABE$$

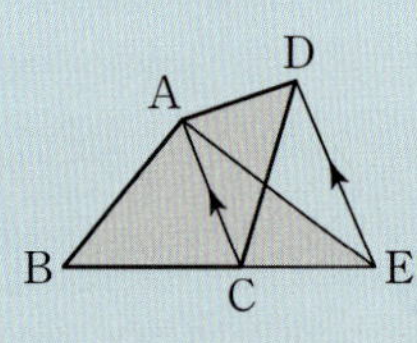

44
24883-0255

오른쪽 그림에서 $l \,/\!/\, m$이고
$\triangle ABC = 11 \text{ cm}^2$일 때, $\triangle ABD$의 넓이를 구하시오.

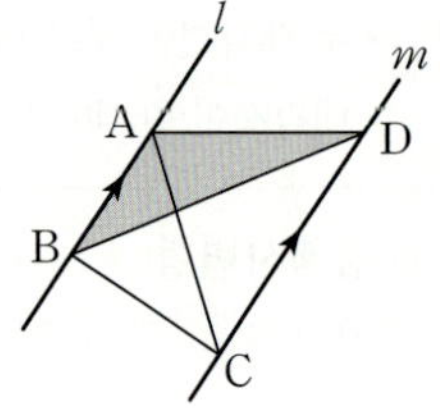

45
24883-0256

오른쪽 그림과 같은 평행사변형 ABCD에서 점 E는 $\overline{CD}$ 위의 점이고 $\square ABCD = 42 \text{ cm}^2$일 때, $\triangle ABE$의 넓이를 구하시오.

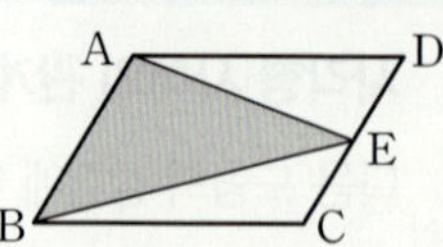

46
24883-0257

오른쪽 그림과 같이 $\overline{AD} \,/\!/\, \overline{BC}$인 사다리꼴 ABCD에서
$\triangle DBC = 37 \text{ cm}^2$,
$\triangle OBC = 23 \text{ cm}^2$일 때, $\triangle ABO$의 넓이를 구하시오.

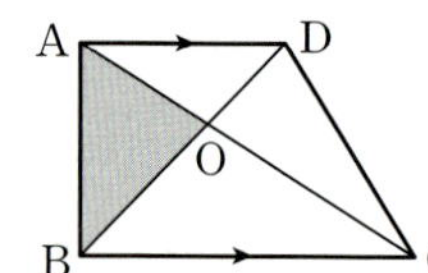

47
24883-0258

오른쪽 그림과 같은 $\square ABCD$에서 직선 BC 위의 점 E에 대하여 $\overline{AE} \,/\!/\, \overline{DB}$이고 $\square ABCD$의 넓이가 29 cm^2일 때, $\triangle DEC$의 넓이를 구하시오.

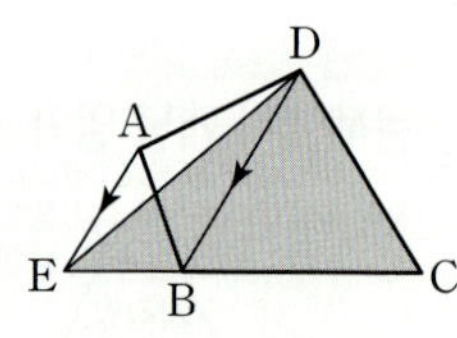

기출 유형 **08-14**

삼각형의 닮음

오른쪽 그림에서 $\overline{DE}$의 길이
를 구하시오.

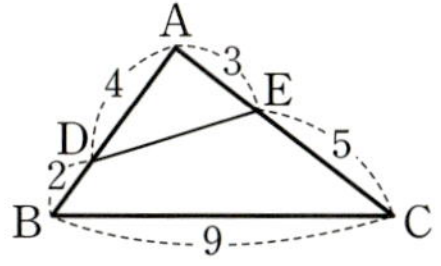

| **Step1** | 삼각형의 닮음 이해하기

$\triangle ABC$와 $\triangle AED$에서

$\overline{AB} : \overline{AE} = 6 : 3 = 2 : 1,$

$\overline{AC} : \overline{AD} = 8 : 4 = 2 : 1,$

$\angle A$는 공통이므로

$\triangle ABC \backsim \triangle AED$ (SAS 닮음)

| **Step2** | $\overline{DE}$의 길이 구하기

$\overline{AB} : \overline{AE} = \overline{BC} : \overline{ED}$이므로

$6 : 3 = 9 : \overline{ED}, \ \overline{DE} = \dfrac{9}{2}$

답 $\dfrac{9}{2}$

문제에서 개념 알기 ➡ 50일 수학 유형 연결하기: 유형 08-21

1. 삼각형의 닮음 조건

 ① 세 쌍의 대응변의 길이의 비가 각각 같을 때 (SSS 닮음)

 ② 두 쌍의 대응변의 길이의 비가 각각 같고 그 끼인각의 크기가 같
   을 때 (SAS 닮음)

 ③ 두 쌍의 대응각의 크기가 각각 같을 때 (AA 닮음)

예
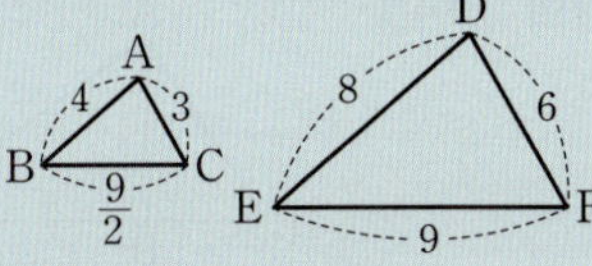

 $\triangle ABC$와 $\triangle DEF$에서

 $\overline{AB} : \overline{DE} = 4 : 8 = 1 : 2$

 $\overline{BC} : \overline{EF} = \dfrac{9}{2} : 9 = 1 : 2$

 $\overline{CA} : \overline{FD} = 3 : 6 = 1 : 2$

 이므로 세 쌍의 대응변의 길이의 비가 각각 같다.

 따라서 $\triangle ABC \backsim \triangle DEF$ (SSS 닮음)

48

⊃24883-0259

오른쪽 그림에서
$\angle BAC = \angle DEC$일 때, $\overline{BE}$의 길
이를 구하시오.

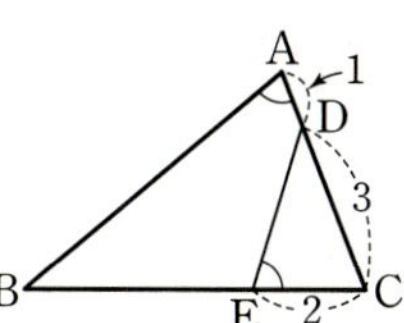

49

⊃24883-0260

오른쪽 그림에서 $\overline{AD}$의 길이를
구하시오.

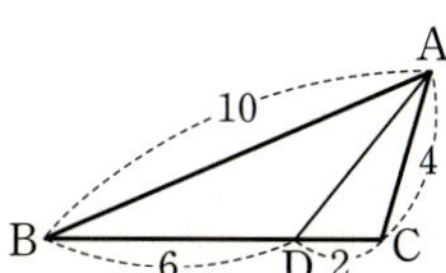

50

⊃24883-0261

오른쪽 그림에서
$\angle ABD = \angle ACB$일 때, $\overline{CD}$의 길
이를 구하시오.

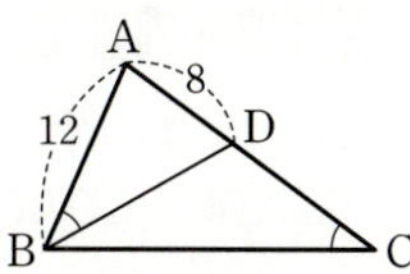

기출 유형 08-15

직각삼각형에서의 닮음

오른쪽 그림에서 x, y, z의 값
을 각각 구하시오.

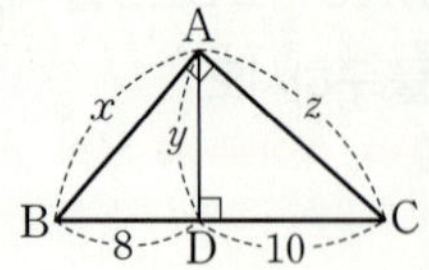

|Step1| 직각삼각형의 닮음을 이용하여 x의 값 구하기

$\triangle ABC$와 $\triangle DBA$에서 $\overline{AB} : \overline{DB} = \overline{BC} : \overline{BA}$이므로

$\overline{AB}^2 = \overline{BD} \times \overline{BC}$

$x^2 = 8 \times 18 = 144$

$x > 0$이므로 $x = 12$

|Step2| 직각삼각형의 닮음을 이용하여 y의 값 구하기

$\triangle DBA$와 $\triangle DAC$에서 $\overline{BD} : \overline{AD} = \overline{AD} : \overline{CD}$이므로

$\overline{AD}^2 = \overline{BD} \times \overline{DC}$

$y^2 = 8 \times 10 = 80$

$y > 0$이므로 $y = 4\sqrt{5}$

|Step3| 직각삼각형의 닮음을 이용하여 z의 값 구하기

$\triangle ABC$와 $\triangle DAC$에서 $\overline{BC} : \overline{AC} = \overline{AC} : \overline{DC}$이므로

$\overline{AC}^2 = \overline{CD} \times \overline{CB}$

$z^2 = 10 \times 18 = 180$

$z > 0$이므로 $z = 6\sqrt{5}$

답 $x = 12$, $y = 4\sqrt{5}$, $z = 6\sqrt{5}$

문제에서 개념 알기 ➡ 50일 수학 유형 연결하기: 유형 08-22

1. 직각삼각형의 닮음

$\triangle ABC \backsim \triangle DAC \backsim \triangle DBA$이므로

① $\overline{AB}^2 = \overline{BD} \times \overline{BC}$

② $\overline{AC}^2 = \overline{CD} \times \overline{CB}$

③ $\overline{AD}^2 = \overline{BD} \times \overline{DC}$

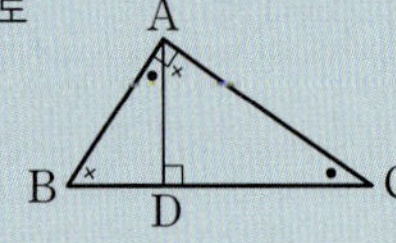

51

○24883-0262

오른쪽 그림에서 $\overline{BD}$의 길이를 구
하시오.

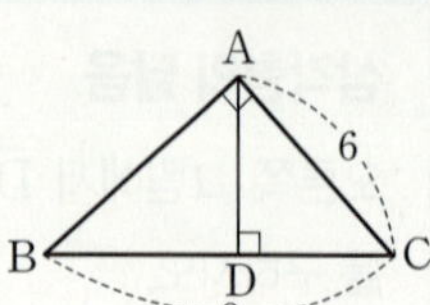

52

○24883-0263

오른쪽 그림에서 $\overline{CD}$의 길이를 구
하시오.

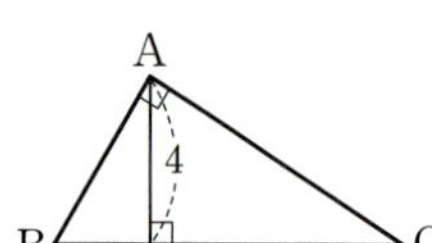

53

○24883-0264

오른쪽 그림에서 $\overline{AD}$의 길이를
구하시오.

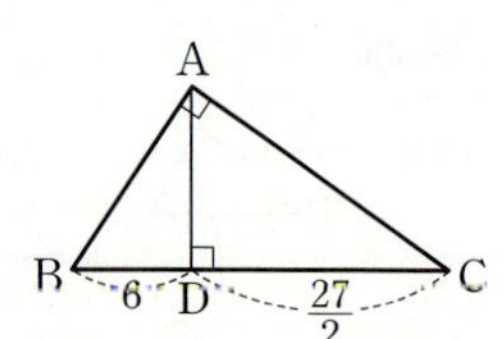

기출 유형 08-16

삼각형과 평행선

오른쪽 그림에서 $\overline{BC} /\!/ \overline{DE}$일 때, xy의 값을 구하시오.

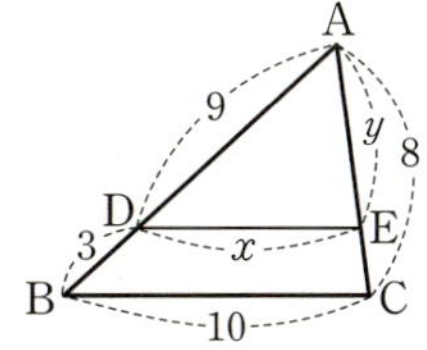

| Step1 | x의 값 구하기

$\overline{AB} : \overline{AD} = \overline{BC} : \overline{DE}$이므로

$12 : 9 = 10 : x$, $x = \dfrac{15}{2}$

| Step2 | y의 값 구하기

$\overline{AB} : \overline{AD} = \overline{AC} : \overline{AE}$이므로

$12 : 9 = 8 : y$, $y = 6$

| Step3 | xy의 값 구하기

따라서 $xy = \dfrac{15}{2} \times 6 = 45$

답 45

문제에서 개념 알기 ➡ 50일 수학 유형 연결하기: 유형 08-23

1. 삼각형과 평행선

$\overline{BC} /\!/ \overline{DE}$일 때

① $\overline{AB} : \overline{AD} = \overline{AC} : \overline{AE} = \overline{BC} : \overline{DE}$

② $\overline{AD} : \overline{DB} = \overline{AE} : \overline{EC}$

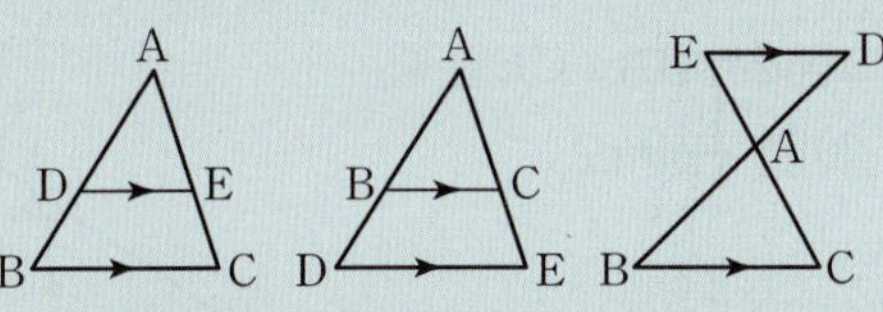

예 오른쪽 그림에서

$\overline{BC} /\!/ \overline{DE}$일 때,

$\overline{AD} : \overline{DB} = \overline{AE} : \overline{EC}$이므로

$3 : x = 4 : 8$

$4x = 24$

$x = 6$

54

24883-0265

오른쪽 그림에서 $\overline{BC} /\!/ \overline{DE}$일 때, $x + y$의 값을 구하시오.

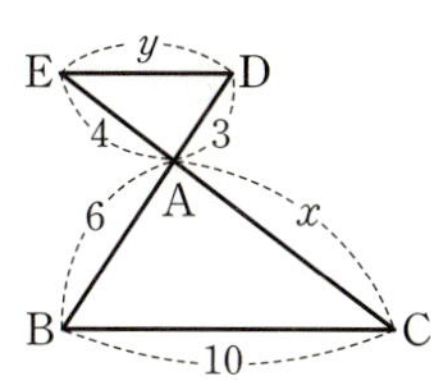

55

24883-0266

오른쪽 그림에서 $l /\!/ m /\!/ n$일 때, x의 값을 구하시오.

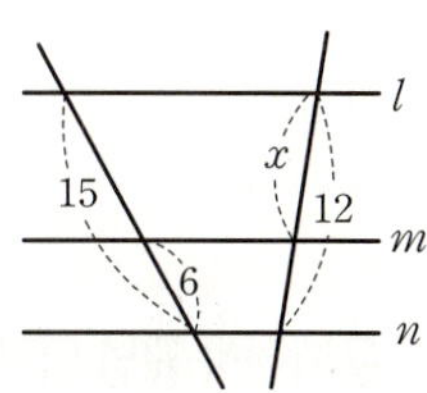

56

24883-0267

오른쪽 그림에서 $l /\!/ m /\!/ n$일 때, xy의 값을 구하시오.

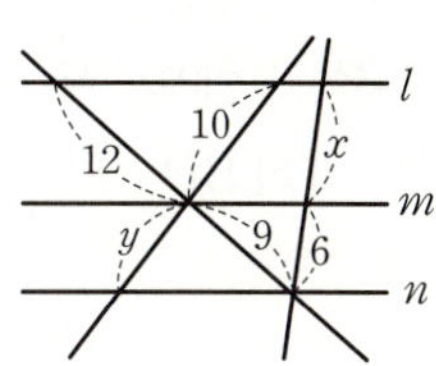

각의 이등분선과 선분의 길이의 비

오른쪽 그림에서 $\overline{BD}$의 길이를 구하시오.

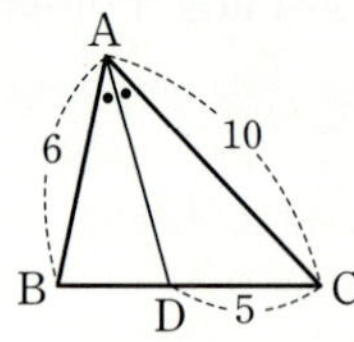

|Step1| 각의 이등분선의 성질 이해하기

$\overline{AD}$가 $\angle A$의 이등분선이므로

$$\overline{AB} : \overline{AC} = \overline{BD} : \overline{DC}$$

|Step2| $\overline{BD}$의 길이 구하기

$$6 : 10 = \overline{BD} : 5$$

따라서 $\overline{BD} = 3$

답 3

문제에서 개념 알기 ➡ 50일 수학 유형 연결하기: 유형 08-25

1. 각의 이등분선과 선분의 길이의 비
$$\overline{AB} : \overline{AC} = \overline{BD} : \overline{DC}$$

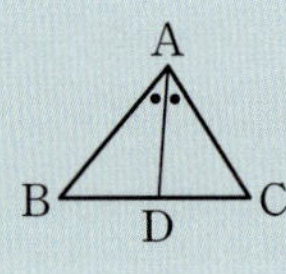 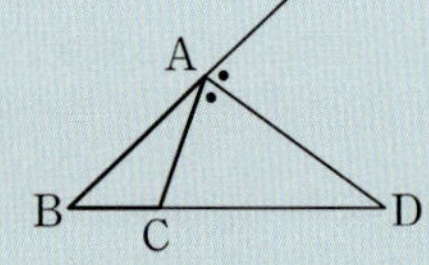

57

오른쪽 그림에서 두 선분 BD, DC의 길이의 비 $\overline{BD} : \overline{DC}$를 구하시오.

24883-0268

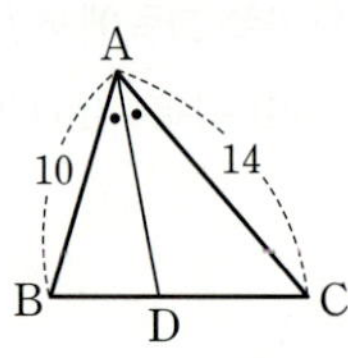

58

24883-0269

오른쪽 그림에서 $\overline{BC}$의 길이를 구하시오.

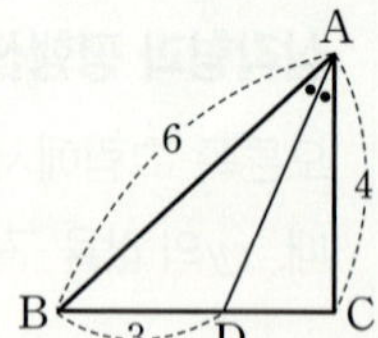

59

24883-0270

오른쪽 그림에서 x의 값을 구하시오.

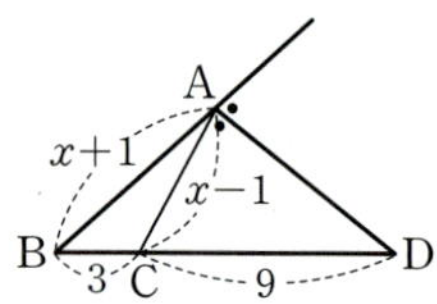

60

24883-0271

오른쪽 그림에서 $\overline{DA} /\!/ \overline{CE}$일 때, $\overline{AE}$의 길이를 구하시오.

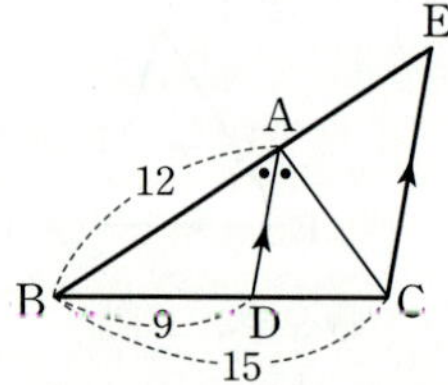

기출 유형 08-18

삼각형의 중점을 연결한 도형의 성질

오른쪽 그림에서 $\overline{BC}\,/\!/\,\overline{MN}$일 때, x, y의 값을 각각 구하시오.

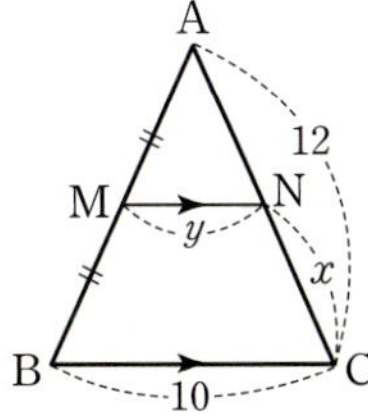

| Step1 | 삼각형의 중점을 연결한 도형의 성질을 이용하여 x의 값 구하기

$\overline{BC}\,/\!/\,\overline{MN}$이고 $\overline{AM}=\overline{MB}$이므로 $\overline{AN}=\overline{NC}$이다.

따라서 $x=\dfrac{1}{2}\overline{AC}=\dfrac{1}{2}\times 12=6$

| Step2 | 삼각형의 중점을 연결한 도형의 성질을 이용하여 y의 값 구하기

삼각형의 두 변의 중점을 연결한 도형의 성질에 의하여

$y=\dfrac{1}{2}\overline{BC}=\dfrac{1}{2}\times 10=5$

답 $x=6,\ y=5$

문제에서 개념 알기 ➡ 50일 수학 유형 연결하기: 유형 08-26

1. 삼각형의 두 변의 중점을 연결한 선분은 나머지 한 변과 평행하고, 그 길이는 나머지 한 변의 길이의 $\dfrac{1}{2}$과 같다.

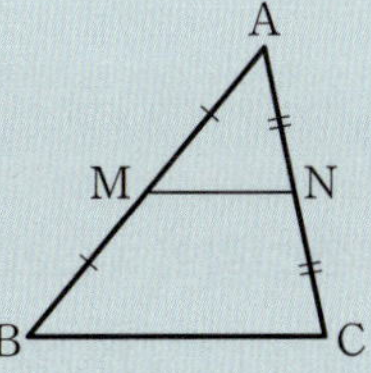

① $\overline{BC}\,/\!/\,\overline{MN}$

② $\overline{MN}=\dfrac{1}{2}\overline{BC}$

61
⊃24883-0272

오른쪽 그림에서 $x+y$의 값을 구하시오.

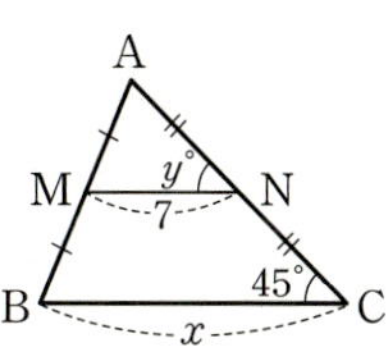

62
⊃24883-0273

오른쪽 그림에서 $\triangle DEF$의 둘레의 길이를 구하시오.

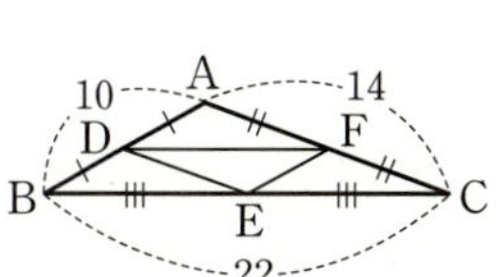

63
⊃24883-0274

오른쪽 그림에서 $\overline{BF}\,/\!/\,\overline{DG}$일 때, $\overline{BE}$의 길이를 구하시오.

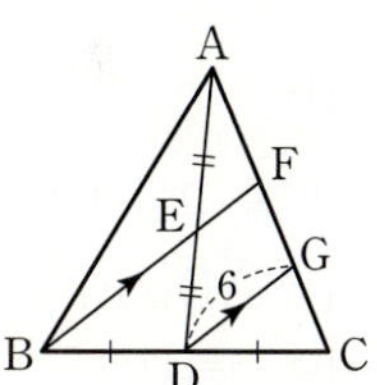

기출 유형 08-19

사다리꼴과 평행선

오른쪽 그림과 같이 $\overline{AD} /\!/ \overline{BC}$ 인 사다리꼴 ABCD에서 x의 값을 구하시오.

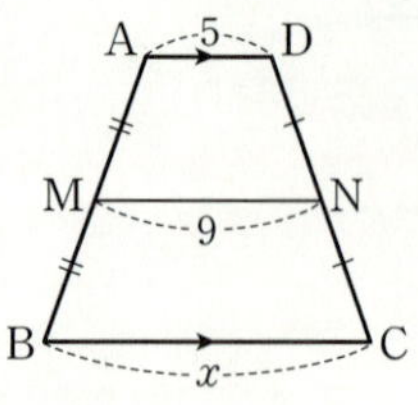

| Step1 | 사다리꼴과 평행선 이해하기

$\overline{MN} = \dfrac{1}{2}(\overline{AD} + \overline{BC})$이므로

| Step2 | x의 값 구하기

$9 = \dfrac{1}{2}(5 + x),\ 18 = 5 + x$

따라서 $x = 13$

답 13

문제에서 개념 알기 ➡ 50일 수학 유형 연결하기: 유형 08-27

1. $\overline{AD} /\!/ \overline{BC}$인 사다리꼴 ABCD에서
$\overline{AM} = \overline{BM},\ \overline{DN} = \overline{CN}$이면
① $\overline{AD} /\!/ \overline{MN} /\!/ \overline{BC}$
② $\overline{MN} = \dfrac{1}{2}(\overline{AD} + \overline{BC})$
③ $\overline{PQ} = \dfrac{1}{2}(\overline{BC} - \overline{AD})$

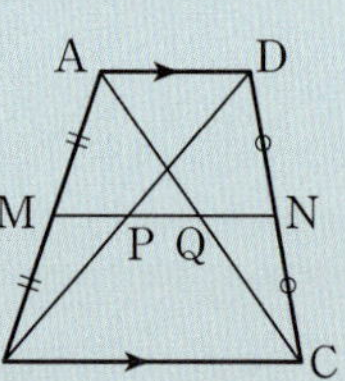

64

24883-0275

오른쪽 그림의 사다리꼴 ABCD에서 $\overline{AD} /\!/ \overline{EF} /\!/ \overline{BC}$일 때, x의 값을 구하시오.

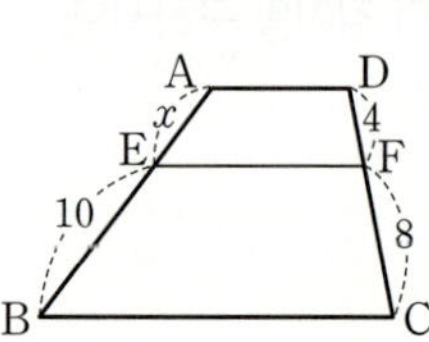

65

24883-0276

오른쪽 그림의 사다리꼴 ABCD에서 $\overline{AD} /\!/ \overline{EF} /\!/ \overline{BC}$이고 $\overline{AE} : \overline{EB} = 3 : 2$일 때, $\overline{MN}$의 길이를 구하시오.

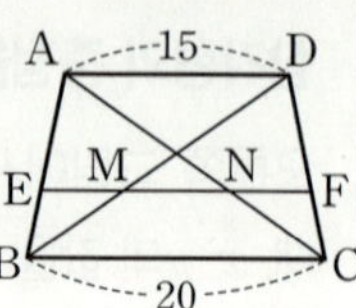

66

24883-0277

오른쪽 그림의 사다리꼴 ABCD에서 $\overline{AD} /\!/ \overline{EF} /\!/ \overline{BC}$이고 $\overline{AE} : \overline{EB} = 3 : 4$일 때, $\overline{EF}$의 길이를 구하시오.

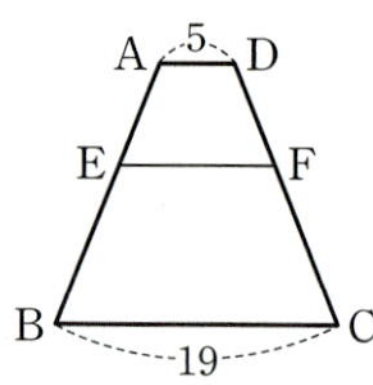

67

24883-0278

오른쪽 그림의 사다리꼴 ABCD에서 $\overline{AD} /\!/ \overline{EF} /\!/ \overline{BC}$일 때, $\overline{GF}$의 길이를 구하시오.

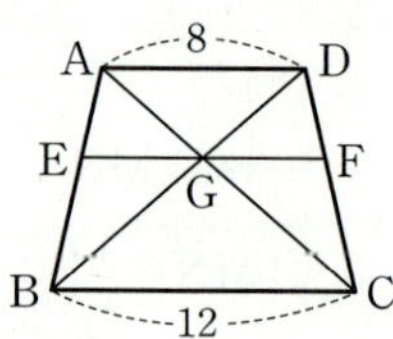

기출 유형 08-20

삼각형의 무게중심

오른쪽 그림에서 점 G가 △ABC의 무게중심일 때, x, y의 값을 각각 구하시오.

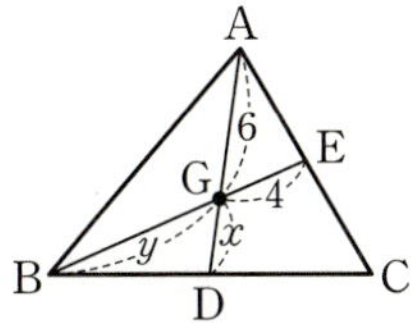

| Step1 | 삼각형의 무게중심의 성질을 이용하여 x의 값 구하기

점 G가 △ABC의 무게중심이면

$\overline{AG} : \overline{GD} = 2 : 1$이므로

$6 : x = 2 : 1$

따라서 $x = 3$

| Step2 | 삼각형의 무게중심의 성질을 이용하여 y의 값 구하기

또, $\overline{BG} : \overline{GE} = 2 : 1$이므로

$y : 4 = 2 : 1$

따라서 $y = 8$

답 $x = 3$, $y = 8$

문제에서 개념 알기 ➡ 50일 수학 유형 연결하기: 유형 08-28~08-30

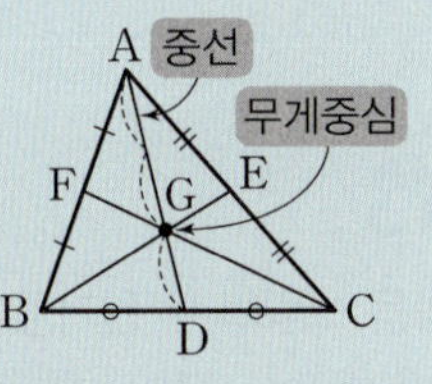

1. 삼각형의 중선 : 삼각형에서 한 꼭짓점과 그 대변의 중점을 연결한 선분
2. 삼각형의 중선의 성질 : 삼각형의 한 중선은 그 삼각형의 넓이를 이등분한다.
3. 삼각형의 무게중심 : 삼각형의 세 중선의 교점
   $\overline{AG} : \overline{GD} = \overline{BG} : \overline{GE} = \overline{CG} : \overline{GF} = 2 : 1$
4. 삼각형의 세 중선에 의해 나누어지는 6개의 삼각형의 넓이는 모두 같다.
   $$\triangle GAF = \triangle GFB = \triangle GBD = \triangle GDC$$
   $$= \triangle GCE = \triangle GEA = \frac{1}{6}\triangle ABC$$

68
⊃24883-0279

오른쪽 그림에서 두 점 G, G′은 각각 △ABC, △GBC의 무게중심일 때, $\overline{GG'}$의 길이를 구하시오.

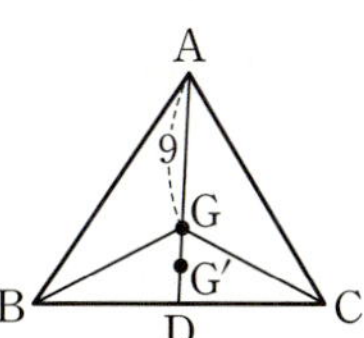

69
⊃24883-0280

오른쪽 그림과 같이 점 G가 △ABC의 무게중심이고 △ABC의 넓이가 $36\ \text{cm}^2$일 때, □GDCE의 넓이를 구하시오.

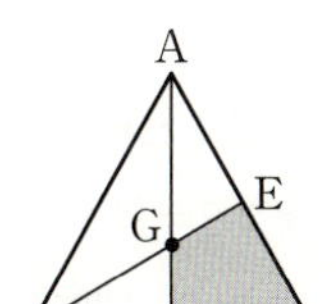

70
⊃24883-0281

오른쪽 그림의 평행사변형 ABCD에서 □ABCD의 넓이가 $48\ \text{cm}^2$일 때, △EBM의 넓이를 구하시오.

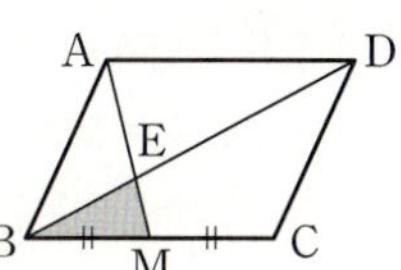

평면도형과 입체도형에서의 닮음

다음 그림에서 □ABCD∽□EFGH일 때, x, y의 값을 각각 구하시오.

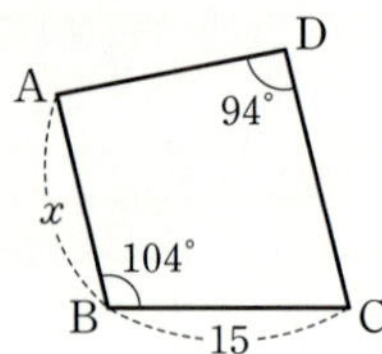
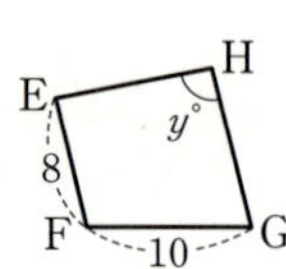

| Step1 | 대응변의 길이의 비를 이용하여 x의 값 구하기

두 사각형이 서로 닮음일 때 대응변의 길이의 비는 일정하므로

$\overline{BC} : \overline{FG} = 15 : 10 = 3 : 2$

$\overline{AB} : \overline{EF} = 3 : 2$

$x : 8 = 3 : 2$, $x = 12$

| Step2 | 대응각의 크기를 이용하여 y의 값 구하기

대응각의 크기는 같으므로 $\angle D = \angle H$

$\angle H = 94°$, $y = 94$

🖪 $x = 12$, $y = 94$

문제에서 개념 알기 ➡ 50일 수학 유형 연결하기: 유형 08-31, 08-32

1. 닮은 두 평면도형에서
   ① 대응변의 길이의 비는 일정하다.
   ② 대응각의 크기는 각각 같다.
2. 닮은 두 입체도형에서
   ① 대응하는 모서리의 길이의 비는 일정하다.
   ② 대응하는 면은 닮은 도형이다.
3. 두 닮은 도형에서 닮음비가 $m : n$이면 넓이의 비는 $m^2 : n^2$
4. 두 닮은 도형에서 닮음비가 $m : n$이면 부피의 비는 $m^3 : n^3$

71
⊃24883-0282

다음 그림의 두 닮은 직육면체에서 x, y의 값을 각각 구하시오.

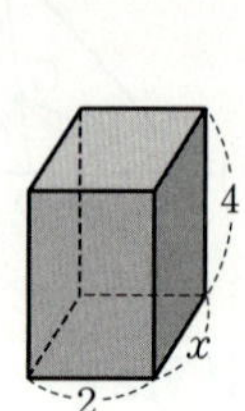
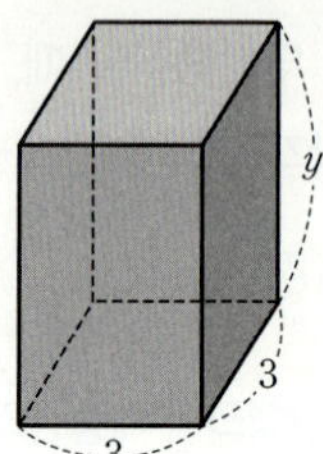

72
⊃24883-0283

다음 그림에서 △ABC∽△DEF이고 △ABC의 넓이가 100 cm^2일 때, △DEF의 넓이를 구하시오.

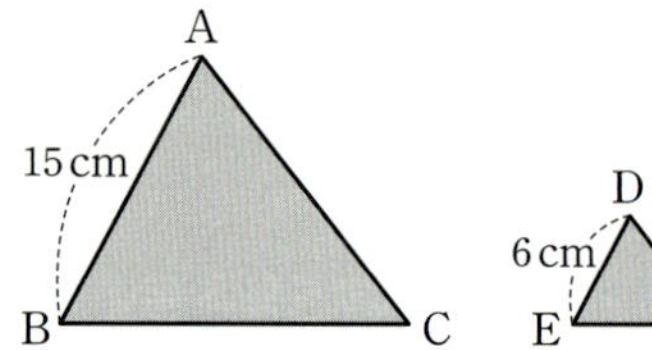

73
⊃24883-0284

다음 그림의 두 원기둥 A, B는 서로 닮은 도형이다. 원기둥 B의 부피가 $128\pi \text{ cm}^3$일 때, 원기둥 A의 부피를 구하시오.

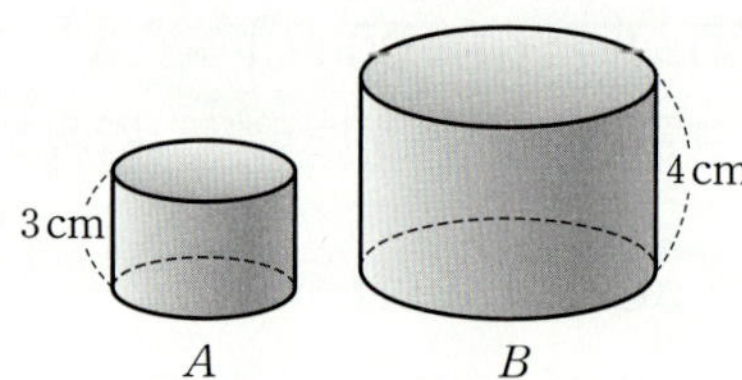

기출 유형 08-22

피타고라스 정리 (1)

오른쪽 그림에서 x, y의 값을 각각 구하시오.

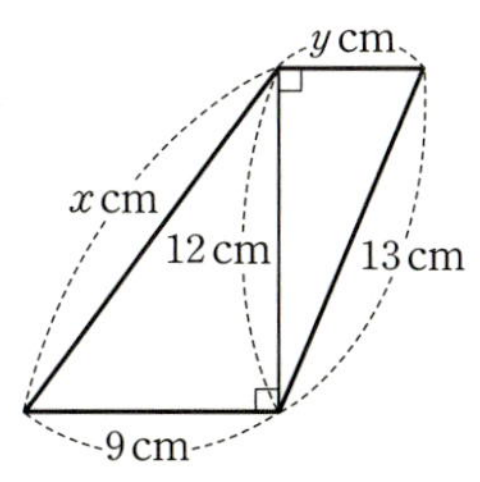

| Step1 | 피타고라스 정리를 이용하여 x의 값 구하기

피타고라스 정리에 의하여

$9^2+12^2=x^2$, $x^2=225$

$x>0$이므로 $x=15$

| Step2 | 피타고라스 정리를 이용하여 y의 값 구하기

$y^2+12^2=13^2$, $y^2=25$

$y>0$이므로 $y=5$

탑 $x=15$, $y=5$

문제에서 개념 알기 ➡ 50일 수학 유형 연결하기: 유형 08-33

1. 피타고라스 정리

세 변의 길이가 a, b, c인 직각삼각형 ABC에서 빗변의 길이가 c일 때,

$$a^2+b^2=c^2$$

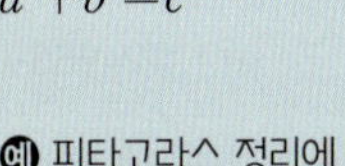

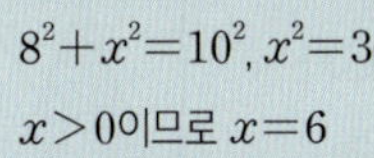

예 피타고라스 정리에 의하여

$8^2+x^2=10^2$, $x^2=36$

$x>0$이므로 $x=6$

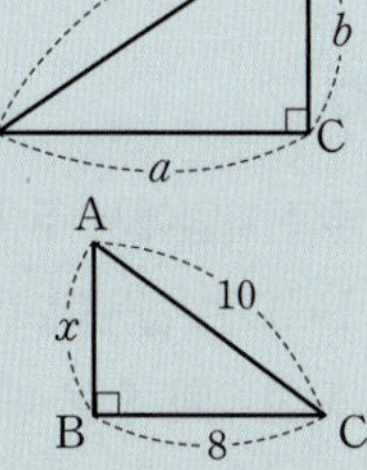

2. 직각삼각형이 되는 조건

세 변의 길이가 a, b, c인 삼각형 ABC에서 $a^2+b^2=c^2$이면 삼각형 ABC는 빗변의 길이가 c인 직각삼각형이다.

74

⤷24883-0285

오른쪽 그림과 같은 삼각형이 직각삼각형이 되기 위한 x의 값을 구하시오.

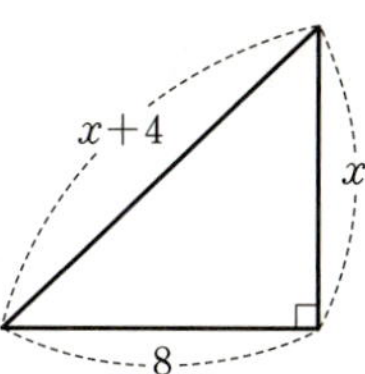

75

⤷24883-0286

오른쪽 그림은 직각삼각형 ABC에서 각 변을 한 변으로 하는 세 정사각형을 그린 것이다. □FGBA의 넓이를 구하시오.

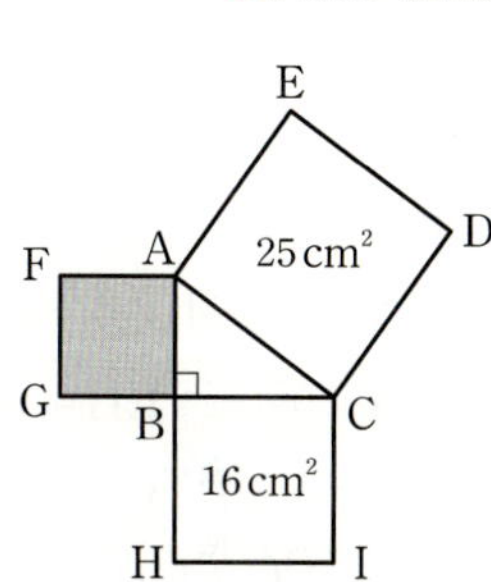

76

2024학년도 고1 학평 3월 4번

⤷24883-0287

오른쪽 그림과 같이 $\angle B=90°$인 직각삼각형 ABC에서 $\overline{AB}=3$, $\overline{BC}=2$일 때, 선분 AC를 한 변으로 하는 정사각형의 넓이는?

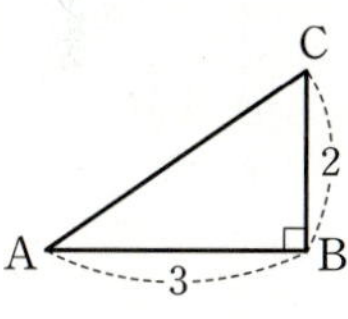

① 11 　　② 12 　　③ 13

④ 14 　　⑤ 15

기출 유형 08-23

피타고라스 정리 (2)

다음 그림과 같이 정사각형 ABCD에서
$\overline{AH}=\overline{DG}=\overline{CF}=\overline{BE}=4$ cm, $\overline{AE}=2$ cm일 때,
□EFGH의 둘레의 길이를 구하시오.

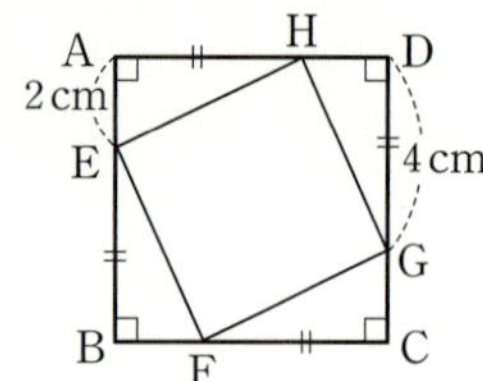

| Step1 | 피타고라스 정리 이해하기

직각삼각형 AEH에서
$$\overline{EH}^2=\overline{AE}^2+\overline{AH}^2$$
$$=2^2+4^2=4+16=20$$
$\overline{EH}>0$이므로 $\overline{EH}=2\sqrt{5}$ (cm)

| Step2 | □EFGH의 둘레의 길이 구하기

$\overline{EF}=\overline{FG}=\overline{GH}=\overline{HE}$이고, □EFGH는 정사각형이므
로 □EFGH의 둘레의 길이는
$$4\times2\sqrt{5}=8\sqrt{5}\text{(cm)}$$
답 $8\sqrt{5}$ cm

문제에서 개념 알기 ➡ 50일 수학 유형 연결하기: 유형 08-35

피타고라스 정리의 증명
□ABCD
$=$□EFGH$+4\triangle$CGF
이므로
$$(a+b)^2=c^2+4\times\frac{1}{2}ab$$
$$\Rightarrow a^2+b^2=c^2$$

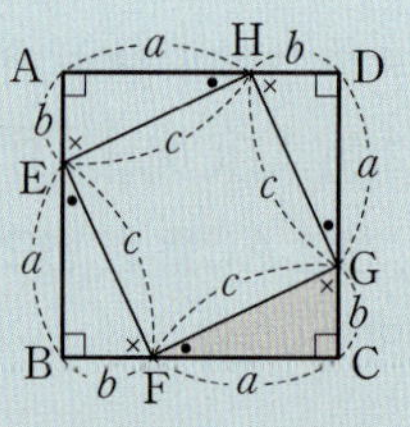

77
⊃24883-0288

오른쪽 그림에서 4개의 직각삼각형 ABF, BCG, CDH, DAE는 모두 합동이고 □EFGH의 넓이가 4 cm²일 때, □ABCD의 넓이를 구하시오.

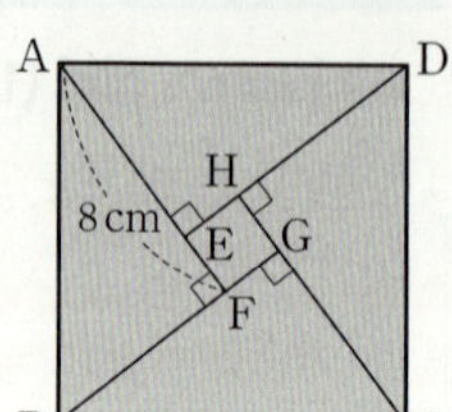

78
⊃24883-0289

오른쪽 그림에서 □ABCD와 □GCEF는 정사각형이고 세 점 B, C, E가 한 직선 위에 있을 때, $\overline{CE}$의 길이를 구하시오.

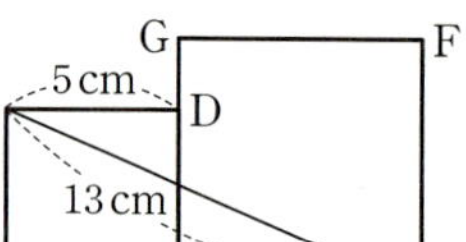

79
⊃24883-0290

오른쪽 그림에서 두 직각삼각형 EAB와 BCD는 합동이고 세 점 A, B, C가 한 직선 위에 있을 때, $\triangle$EBD의 넓이를 구하시오.

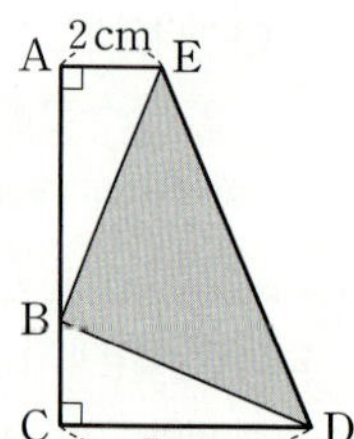

특수한 각의 직각삼각형

다음 그림의 직각삼각형에서 x, y의 값을 각각 구하시오.

(1) 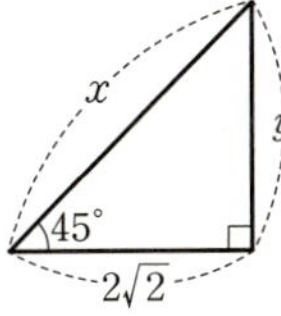 (2) 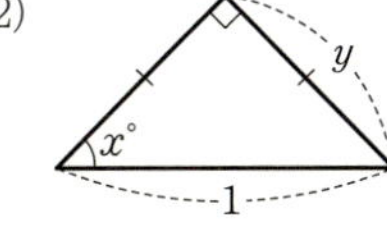

(1) | **Step1** | 직각이등변삼각형 이해하기

직각이등변삼각형이므로

$$x : 2\sqrt{2} : y = \sqrt{2} : 1 : 1$$

| **Step2** | x, y의 값 구하기

$x : 2\sqrt{2} = \sqrt{2} : 1$에서 $x = 4$

$2\sqrt{2} : y = 1 : 1$에서 $y = 2\sqrt{2}$

(2) | **Step1** | 직각이등변삼각형 이해하기

직각이등변삼각형이므로

$$x° = \frac{1}{2} \times 90° = 45°$$에서 $x = 45$

$1 : y = \sqrt{2} : 1$에서 $y = \dfrac{\sqrt{2}}{2}$

目 (1) $x = 4$, $y = 2\sqrt{2}$ (2) $x = 45$, $y = \dfrac{\sqrt{2}}{2}$

문제에서 개념 알기 ➡ 50일 수학 유형 연결하기: 유형 08-39, 08-40

1. 직각이등변삼각형 ABC에서
$$\overline{AB} : \overline{BC} : \overline{CA} = \sqrt{2} : 1 : 1$$

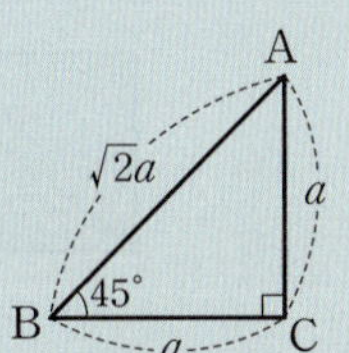

2. 한 내각의 크기가 60°인 직각삼각형
ABC에서
$$\overline{AB} : \overline{BC} : \overline{CA} = 2 : 1 : \sqrt{3}$$

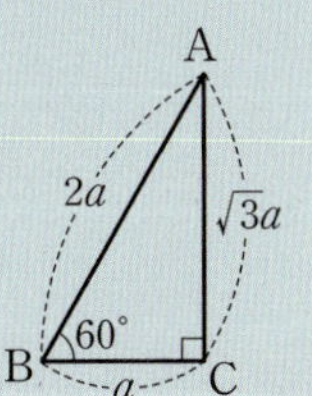

80

○24883-0291

빗변의 길이가 $3\sqrt{2}$이고 나머지 두 변의 길이가 같은 직각삼각형의 넓이를 구하시오.

81

○24883-0292

다음 그림의 직각삼각형에서 x, y의 값을 각각 구하시오.

(1) 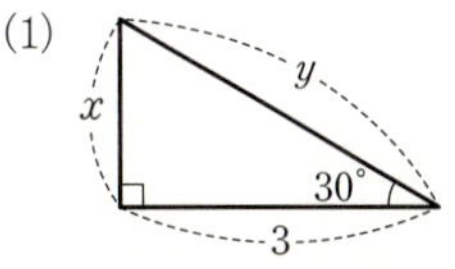 (2) 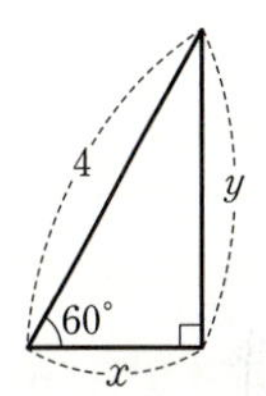

82

○24883-0293

오른쪽 그림과 같이 빗변의 길이가 8인 직각삼각형 ABC에서 $\angle A = 30°$일 때, $\angle C$의 대변의 길이를 구하시오.

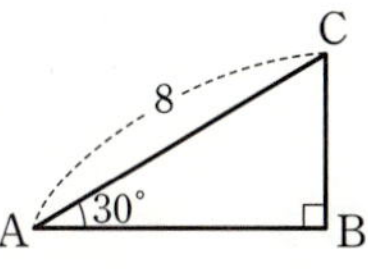

직사각형과 정사각형의 대각선의 길이

다음 그림에서 x, y의 값을 각각 구하시오.

(1) 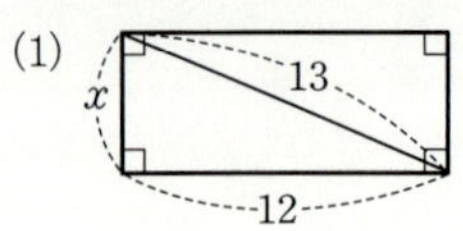 (2) 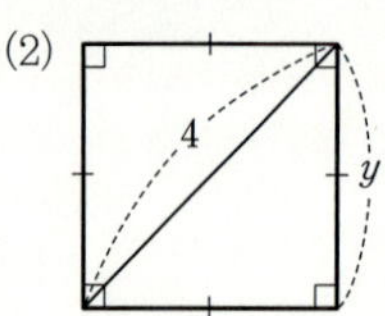

(1) | **Step1** | 직사각형의 세로의 길이 구하기

$$x=\sqrt{13^2-12^2}=\sqrt{25}=5$$

(2) | **Step1** | 정사각형의 한 변의 길이 구하기

$1:\sqrt{2}=y:4$에서

$$y=4\times\frac{\sqrt{2}}{2}=2\sqrt{2}$$

답 (1) 5 (2) $2\sqrt{2}$

문제에서 개념 알기 ➡ 50일 수학 유형 연결하기: 유형 08-41

1. 직사각형의 대각선의 길이

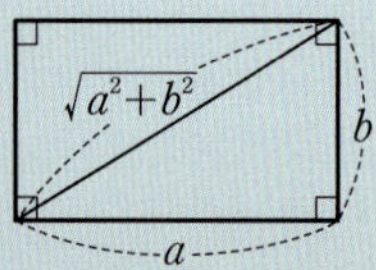

2. 정사각형의 대각선의 길이

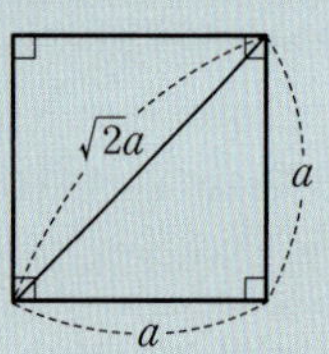

83

⊃24883-0294

가로의 길이가 4 cm이고 대각선의 길이가 $\sqrt{65}$ cm인 직사각형의 넓이를 구하시오.

84

⊃24883-0295

오른쪽 그림과 같은 직사각형의 세로의 길이가 2 cm이고 넓이가 10 cm²일 때, 이 직사각형의 대각선의 길이를 구하시오.

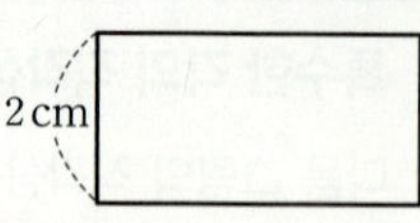

85

⊃24883-0296

대각선의 길이가 $5\sqrt{2}$ cm인 정사각형의 넓이를 구하시오.

86

⊃24883-0297

다음 그림의 직사각형과 정사각형의 넓이가 같을 때, 정사각형의 한 변의 길이를 구하시오.

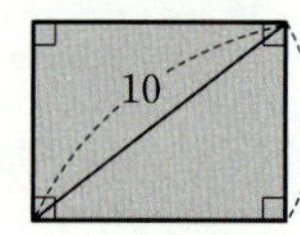 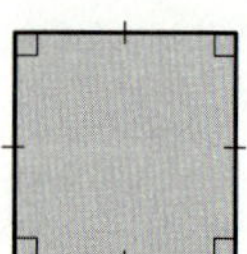

기출 유형 08-26

정삼각형의 높이와 넓이

오른쪽 그림과 같이 한 변의 길이
가 4 cm인 정삼각형 ABC의 높
이와 넓이를 각각 구하시오.

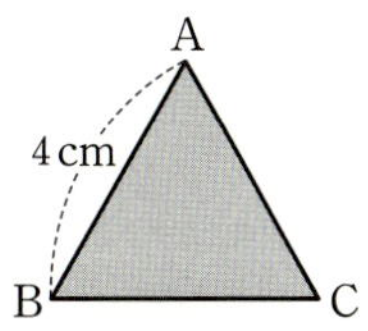

| Step1 | 정삼각형의 높이 구하기

한 변의 길이가 4 cm인 정삼각형 ABC의 높이는

$$\frac{\sqrt{3}}{2} \times 4 = 2\sqrt{3}\,(\text{cm})$$

| Step2 | 정삼각형의 넓이 구하기

한 변의 길이가 4 cm인 정삼각형 ABC의 넓이는

$$\frac{\sqrt{3}}{4} \times 4^2 = 4\sqrt{3}\,(\text{cm}^2)$$

답 (높이) $= 2\sqrt{3}$ cm, (넓이) $= 4\sqrt{3}$ cm^2

문제에서 개념 알기 ➡ 50일 수학 유형 연결하기: 유형 08-42

1. 정삼각형의 높이와 넓이

   한 변의 길이가 a인 정삼각형에서

   (높이) $= \dfrac{\sqrt{3}}{2}a$

   (넓이) $= \dfrac{\sqrt{3}}{4}a^2$

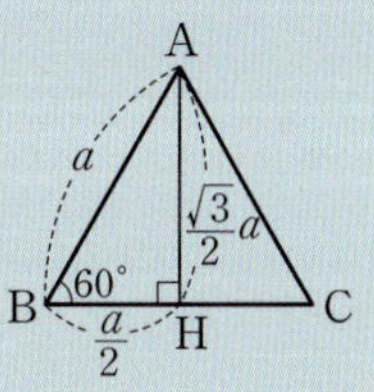

87
⟲24883-0298

오른쪽 그림과 같이 한 변의 길이가
2 cm인 정삼각형 ABC에 대하여 삼
각형 ABH의 둘레의 길이를 구하시오.

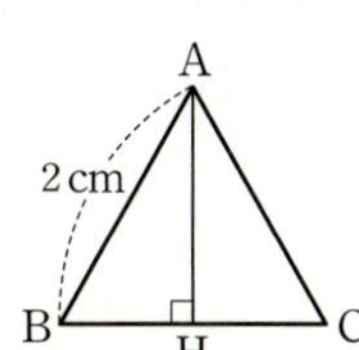

88
⟲24883-0299

오른쪽 그림과 같이 높이가 3인 정삼
각형 ABC의 한 변의 길이 x를 구하
시오.

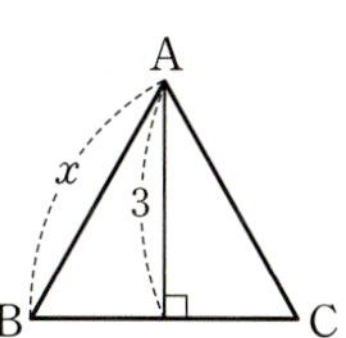

89
⟲24883-0300

높이가 6 cm인 정삼각형의 넓이를 구하시오.

90
⟲24883-0301

넓이가 $\dfrac{9\sqrt{3}}{4}$인 정삼각형의 한 변의 길이를 a, 높이를 h라 할
때, a와 h의 값을 각각 구하시오.

기출 유형 08-27

좌표평면 위의 두 점 사이의 거리와 최단 거리

다음 두 점 사이의 거리를 구하시오.

(1) $A(-4, 3)$, $B(-1, 7)$

(2) $A(6, 1)$, $B(0, -2)$

| Step1 | 두 점 사이의 거리 구하기

(1) $\overline{AB} = \sqrt{\{-1-(-4)\}^2 + (7-3)^2}$
$\qquad = \sqrt{3^2 + 4^2}$
$\qquad = \sqrt{25} = 5$

(2) $\overline{AB} = \sqrt{(0-6)^2 + (-2-1)^2}$
$\qquad = \sqrt{(-6)^2 + (-3)^2}$
$\qquad = \sqrt{45} = 3\sqrt{5}$

답 (1) 5 (2) $3\sqrt{5}$

문제에서 개념 알기 ➡ 50일 수학 유형 연결하기: 유형 08-43, 08-44

1. 좌표평면 위의 두 점 사이의 거리

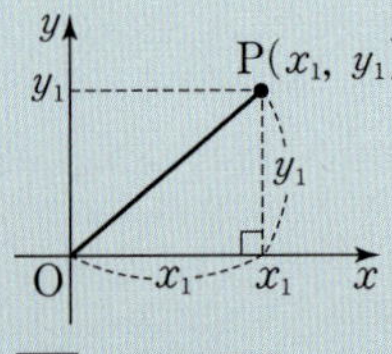

$$\overline{OP} = \sqrt{x_1{}^2 + y_1{}^2} \qquad \overline{AB} = \sqrt{(x_2 - x_1)^2 + (y_2 - y_1)^2}$$

2. 좌표평면 위에서의 최단 거리

좌표평면에서 두 점 A, B가 x축에 대하여 같은 쪽에 있을 때, x축 위의 점을 P, 점 B를 x축에 대하여 대칭이동한 점을 B'이라 하면

$$(\overline{AP} + \overline{BP}\text{의 최솟값}) = \overline{AB'}$$

예 좌표평면 위의 두 점 $O(0, 0)$, $P(5, 4)$ 사이의 거리를 구하면
$\overline{OP} = \sqrt{5^2 + 4^2} = \sqrt{41}$

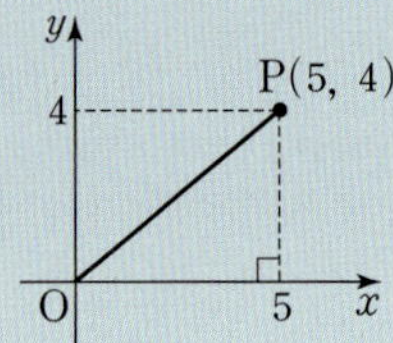

91

⊃24883-0302

세 점 $A(1, 2)$, $B(-4, 5)$, $C(-2, -3)$을 꼭짓점으로 하는 삼각형 ABC는 어떤 삼각형인지 구하시오.

92

⊃24883-0303

x축 위의 한 점 P와 두 점 $A(0, 3)$, $B(5, 2)$에 대하여 $\overline{AP} + \overline{BP}$의 최솟값을 구하시오.

93

⊃24883-0304

y축 위의 한 점 P와 두 점 $A(4, 1)$, $B(6, 3)$에 대하여 $\overline{AP} + \overline{BP}$의 최솟값을 구하시오.

기출 유형 08-28

직육면체의 대각선의 길이

다음 그림에서 $\overline{AG}$의 길이를 구하시오.

(1) 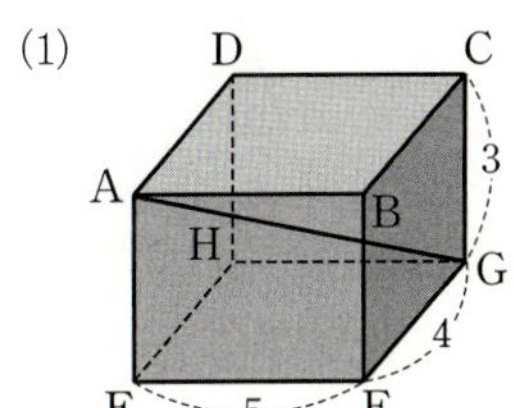
(2) 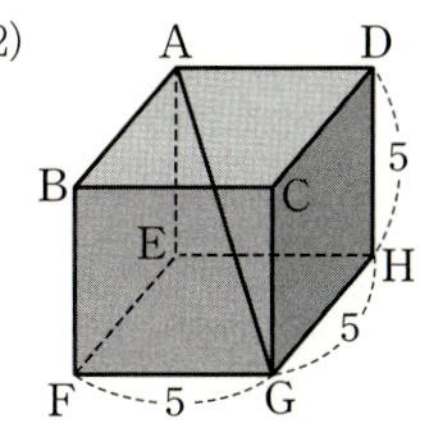

(1) | Step1 | 직육면체의 대각선의 길이 구하기

$$\overline{AG}=\sqrt{5^2+4^2+3^2}$$
$$=\sqrt{50}=5\sqrt{2}$$

(2) | Step2 | 정육면체의 대각선의 길이 구하기

$$\overline{AG}=\sqrt{5^2+5^2+5^2}$$
$$=\sqrt{75}=5\sqrt{3}$$

답 (1) $5\sqrt{2}$　(2) $5\sqrt{3}$

문제에서 개념 알기 ➡ 50일 수학 유형 연결하기: 유형 08-45

1. 직육면체의 대각선의 길이
$$l=\sqrt{a^2+b^2+c^2}$$

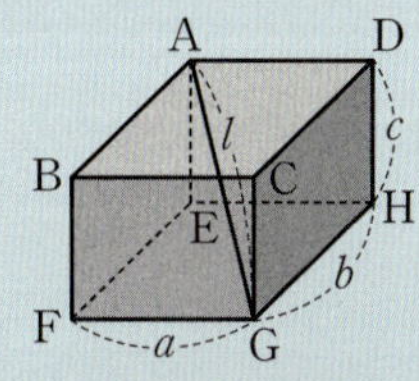

2. 정육면체의 대각선의 길이
$$l=\sqrt{3}a$$

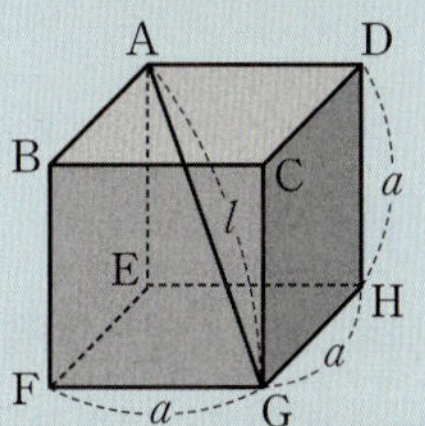

예 오른쪽 그림에서 직육면체의 대각선의 길이는

$$\overline{BH}=\sqrt{2^2+2^2+3^2}$$
$$=\sqrt{4+4+9}=\sqrt{17}$$

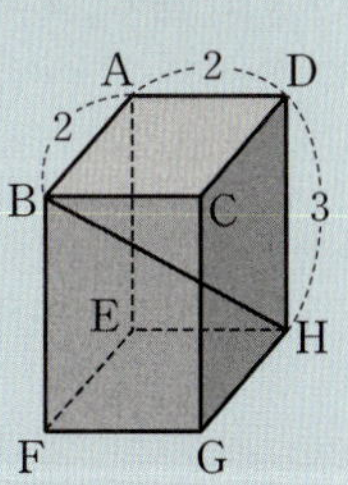

94　　⟳24883-0305

대각선의 길이가 6인 정육면체의 한 변의 길이를 구하시오.

95　　⟳24883-0306

오른쪽 그림의 직육면체에서 x의 값을 구하시오.

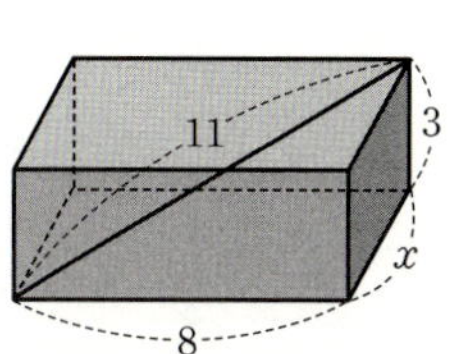

96　　⟳24883-0307

가로의 길이와 세로의 길이가 각각 4, 5인 직육면체의 대각선의 길이가 8일 때, 이 직육면체의 높이를 구하시오.

기출 유형 08-29

원뿔의 높이와 부피

오른쪽 그림과 같은 원뿔에 대하여 다음을 구하시오.

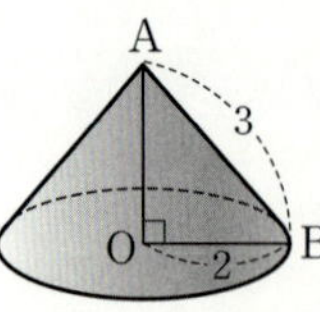

(1) 밑면의 넓이

(2) 높이

(3) 부피

(1) | Step1 | 원뿔의 밑면의 넓이 구하기

밑면의 넓이는 $\pi \times 2^2 = 4\pi$

(2) | Step1 | 원뿔의 높이 구하기

높이는 $\sqrt{3^2 - 2^2} = \sqrt{5}$

(3) | Step1 | 원뿔의 부피 구하기

부피는 $\dfrac{1}{3} \times 4\pi \times \sqrt{5} = \dfrac{4\sqrt{5}}{3}\pi$

답 (1) 4π (2) $\sqrt{5}$ (3) $\dfrac{4\sqrt{5}}{3}\pi$

문제에서 개념 알기 ➡ 50일 수학 유형 연결하기: 유형 08-46

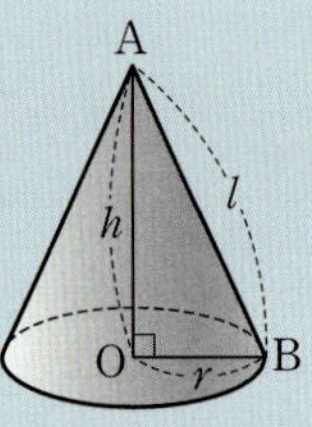

1. 원뿔의 높이와 부피

① 높이: $h = \sqrt{l^2 - r^2}$

② 부피: $V = \dfrac{1}{3}\pi r^2 h$

$\qquad = \dfrac{1}{3}\pi r^2 \sqrt{l^2 - r^2}$

97

24883-0308

원뿔의 밑면의 둘레의 길이가 6π이고 높이가 7일 때, 이 원뿔의 부피를 구하시오.

98

24883-0309

오른쪽 그림과 같은 원뿔에서 높이 h의 값을 구하시오.

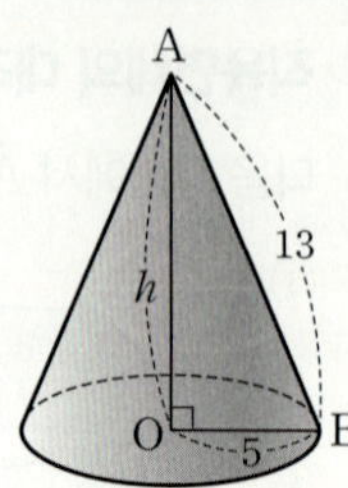

99

24883-0310

오른쪽 그림과 같은 원뿔에서 밑면의 넓이를 구하시오.

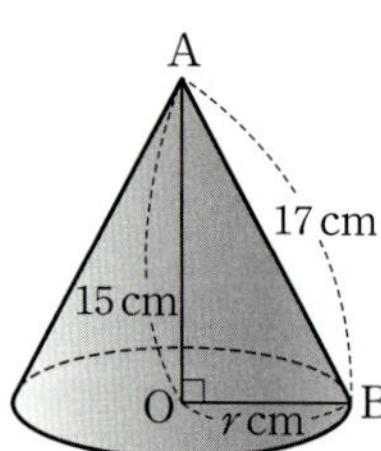

100

24883-0311

오른쪽 그림과 같은 원뿔의 부피가 $48\pi \text{ cm}^3$일 때, x의 값을 구하시오.

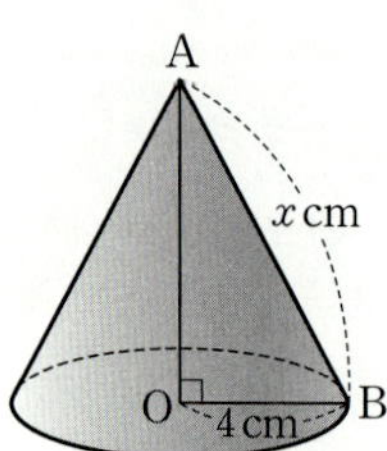

기출 유형 08-30

정사각뿔의 높이와 부피

오른쪽 그림과 같은 정사각뿔에 대하여 다음을 구하시오.

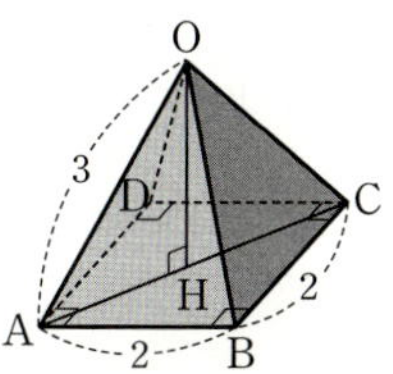

(1) 밑면의 넓이

(2) 높이

(3) 부피

---

(1) | **Step1** | 정사각뿔의 밑면의 넓이 구하기

밑면의 넓이는 $2 \times 2 = 4$

(2) | **Step1** | $\triangle \mathrm{OAH}$에서 정사각뿔의 높이 구하기

$\overline{\mathrm{AC}} = 2\sqrt{2}$이므로

$\overline{\mathrm{AH}} = \dfrac{1}{2}\overline{\mathrm{AC}} = \dfrac{1}{2} \times 2\sqrt{2} = \sqrt{2}$

직각삼각형 OAH에서

$\overline{\mathrm{OH}} = \sqrt{3^2 - (\sqrt{2})^2} = \sqrt{7}$

따라서 높이는 $\sqrt{7}$이다.

(3) | **Step1** | 정사각뿔의 부피 구하기

부피는 $\dfrac{1}{3} \times 4 \times \sqrt{7} = \dfrac{4\sqrt{7}}{3}$

답 (1) 4　(2) $\sqrt{7}$　(3) $\dfrac{4\sqrt{7}}{3}$

문제에서 개념 알기 ➡ 50일 수학 유형 연결하기: 유형 08-47

1. 정사각뿔의 높이와 부피

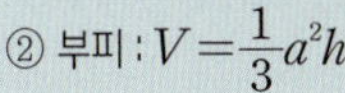

① 높이 : $h = \sqrt{l^2 - \left(\dfrac{\sqrt{2}}{2}a\right)^2}$

$\qquad = \sqrt{l^2 - \dfrac{a^2}{2}}$

② 부피 : $V = \dfrac{1}{3}a^2 h$

$\qquad = \dfrac{1}{3}a^2\sqrt{l^2 - \dfrac{a^2}{2}}$

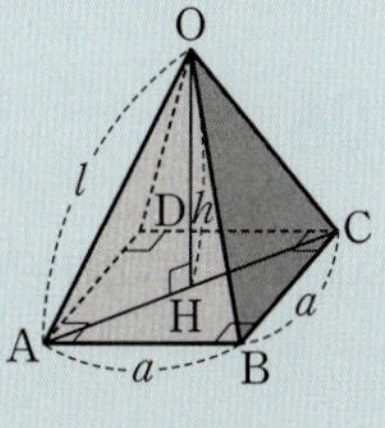

101

⤳24883-0312

오른쪽 그림과 같은 정사각뿔에서 높이 h의 값을 구하시오.

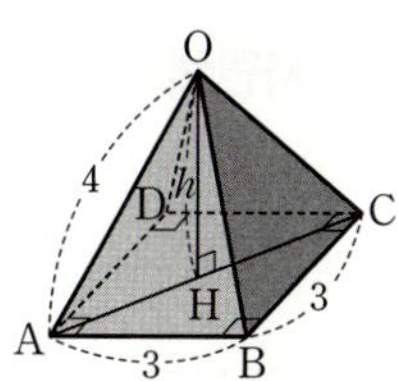

102

⤳24883-0313

오른쪽 그림과 같은 정사각뿔에서 밑면의 넓이를 구하시오.

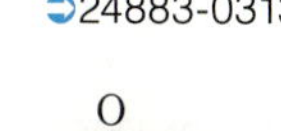
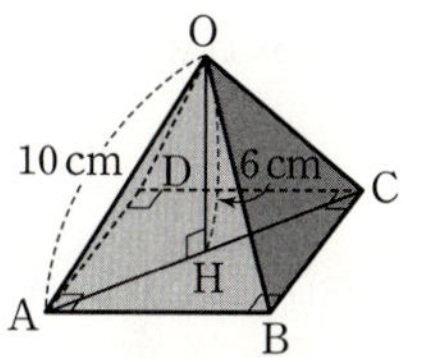

103

⤳24883-0314

오른쪽 그림과 같은 정사각뿔의 부피가 $108\ \mathrm{cm}^3$일 때, x의 값을 구하시오.

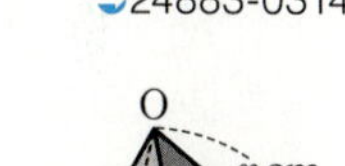
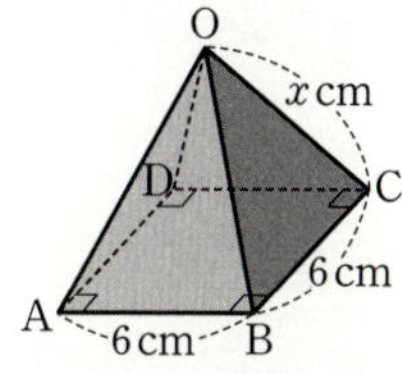

기출 유형 08-31

정사면체의 높이와 부피

오른쪽 그림과 같은 정사면체에 대하여 다음을 구하시오.

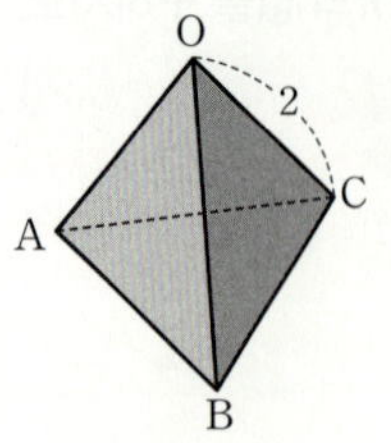

(1) 한 면의 넓이

(2) 높이

(3) 부피

---

(1) | Step1 | 정사면체의 한 면의 넓이 구하기

한 면의 넓이는 한 변의 길이가 2인 정삼각형의 넓이이므로

$$\frac{\sqrt{3}}{4} \times 2^2 = \sqrt{3}$$

(2) | Step1 | 정사면체의 높이 구하기

한 모서리의 길이가 2인 정사면체의 높이는

$$\frac{\sqrt{6}}{3} \times 2 = \frac{2\sqrt{6}}{3}$$

(3) | Step1 | 정사면체의 부피 구하기

한 모서리의 길이가 2인 정사면체의 부피는

$$\frac{\sqrt{2}}{12} \times 2^3 = \frac{2\sqrt{2}}{3}$$

답 (1) $\sqrt{3}$ (2) $\dfrac{2\sqrt{6}}{3}$ (3) $\dfrac{2\sqrt{2}}{3}$

문제에서 개념 알기 ➡ 50일 수학 유형 연결하기: 유형 08-48

1. 정사면체의 높이와 부피

한 모서리의 길이가 a인 정사면체에서

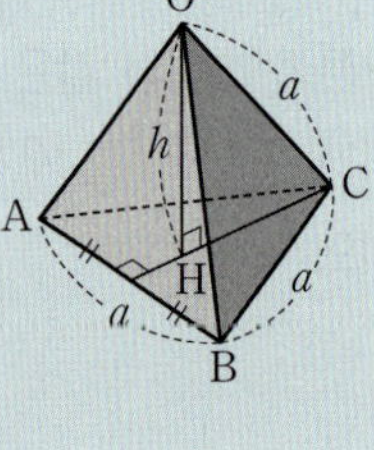

① 높이 : $h = \dfrac{\sqrt{6}}{3}a$

② 부피 : $V = \dfrac{1}{3} \times \dfrac{\sqrt{3}}{4}a^2 \times \dfrac{\sqrt{6}}{3}a$

$= \dfrac{\sqrt{2}}{12}a^3$

104

○24883-0315

오른쪽 그림과 같은 한 모서리의 길이가 6인 정사면체에서 높이 h의 값을 구하시오.

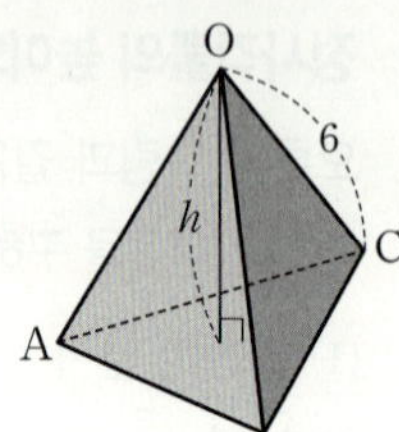

105

○24883-0316

오른쪽 그림과 같은 높이가 $2\sqrt{3}$인 정사면체에서 밑면의 넓이를 구하시오.

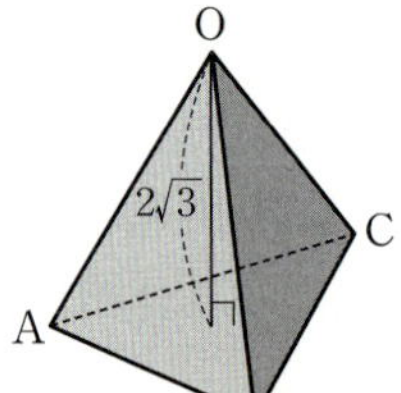

106

○24883-0317

정사면체의 부피가 $\dfrac{16\sqrt{2}}{3}$ cm³일 때, 높이를 구하시오.

기출 유형 08-32

직육면체와 원기둥에서의 최단 거리

오른쪽 그림과 같이 직육면체의 겉면을 따라 꼭짓점 D에서 모서리 CG를 지나 꼭짓점 F에 이르는 최단 거리를 구하시오.

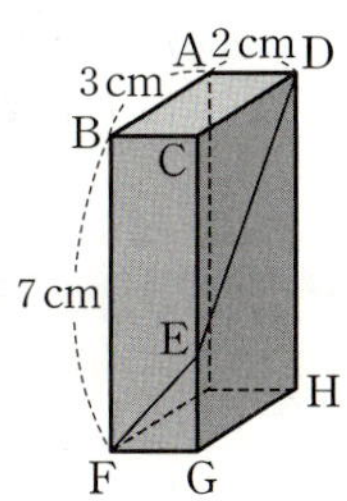

| Step1 | 전개도를 이용하여 최단 거리 찾기

다음 전개도에서 구하는 최단 거리는 $\overline{\mathrm{DF}}$의 길이와 같다.

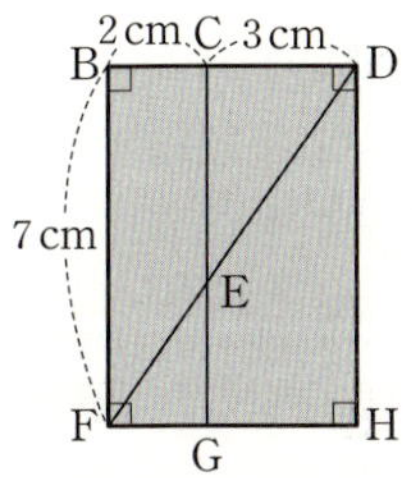

| Step2 | 피타고라스 정리 이용하기

직각삼각형 BFD에서

$$\overline{\mathrm{DF}}=\sqrt{7^2+(2+3)^2}=\sqrt{74}\,(\mathrm{cm})$$

따라서 구하는 최단 거리는 $\sqrt{74}\,\mathrm{cm}$이다.

답 $\sqrt{74}\,\mathrm{cm}$

문제에서 개념 알기 ➡ 50일 수학 유형 연결하기: 유형 08-49, 08-50

1. 직육면체에서의 최단 거리

   직육면체의 한 꼭짓점에서 겉면을 따라 다른 꼭짓점에 이르는 최단 거리를 구할 때에는 선이 지나는 면의 전개도를 그려서 구한다.

2. 원기둥에서의 최단 거리

   원기둥의 한 꼭짓점에서 옆면을 따라 다른 꼭짓점에 이르는 최단 거리를 구할 때에는 원기둥의 옆면의 전개도를 그려서 구한다.

107

○24883-0318

오른쪽 그림과 같은 원기둥의 A 지점에서 원기둥의 옆면을 따라 B 지점까지 이르는 최단 거리를 구하시오.

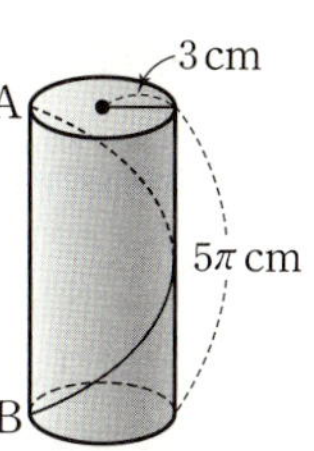

108

○24883-0319

오른쪽 그림과 같이 직육면체의 겉면을 따라 꼭짓점 A에서 모서리 BC를 지나 꼭짓점 G에 이르는 최단 거리가 $6\sqrt{2}\,\mathrm{cm}$일 때, x의 값을 구하시오.

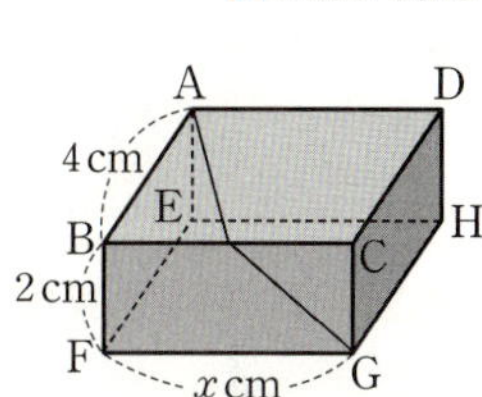

109

○24883-0320

오른쪽 그림과 같이 높이가 $15\pi\,\mathrm{cm}$인 원기둥의 A 지점에서 원기둥의 옆면을 따라 B 지점까지 이르는 최단 거리가 $17\pi\,\mathrm{cm}$이다. 원기둥의 밑면의 넓이를 구하시오.

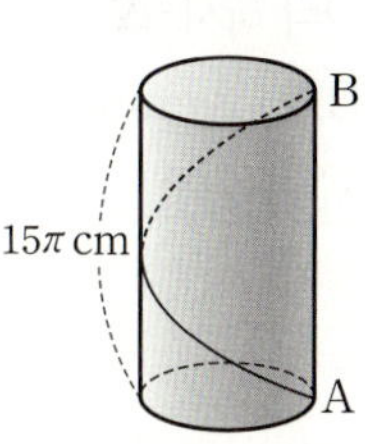

미니 모의고사

제한 시간 : 30분 / 점수 :　　/ 30

01
24883-0321

오른쪽 그림과 같이 한 변의 길이가 2 cm인 정삼각형의 넓이는? [2점]

① 1 cm^2　　② $\sqrt{2} \text{ cm}^2$

③ $\sqrt{3} \text{ cm}^2$　　④ 2 cm^2

⑤ $\sqrt{5} \text{ cm}^2$

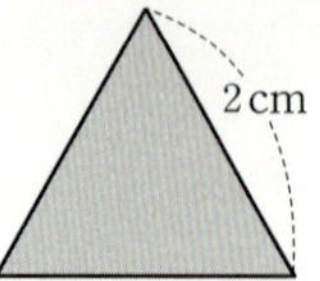

02
24883-0322

오른쪽 그림과 같이 $\triangle ABC$에서 $\angle A$의 이등분선이 $\overline{BC}$와 만나는 점을 D라 하자. $\overline{AB}=\overline{AC}=7$ cm, $\overline{BD}=3$ cm일 때, $\overline{BC}$의 길이를 구하시오. [2점]

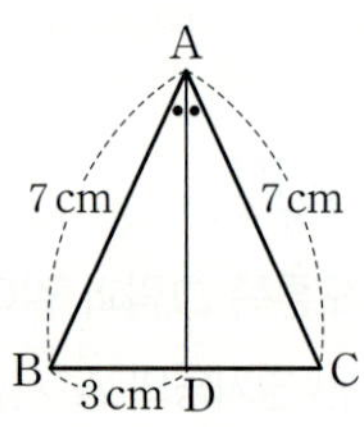

03
2022학년도 고1 3월 학평 6번　　24883-0323

오른쪽 그림과 같이 삼각형 ABC의 외심을 O라 하자. $\angle OBC=17°$, $\angle OCA=52°$일 때, $\angle OAB$의 크기는? [3점]

① $18°$　　② $19°$　　③ $20°$

④ $21°$　　⑤ $22°$

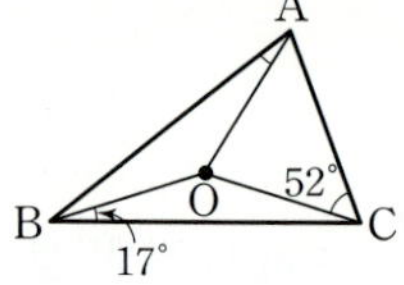

04
2024학년도 고1 3월 학평 25번　　24883-0324

오른쪽 그림과 같이 $\overline{AB}=\overline{AC}$, $\angle A<90°$인 이등변삼각형 ABC의 외심을 O라 하자. 점 O에서 선분 AB에 내린 수선의 발을 D라 하고, 직선 AO와 선분 BC의 교점을 E라 하자. $\overline{AO}=3\overline{OE}$이고 삼각형 ADO의 넓이가 6일 때, 삼각형 ABC의 넓이는? [3점]

① 26　　② 28　　③ 30

④ 32　　⑤ 34

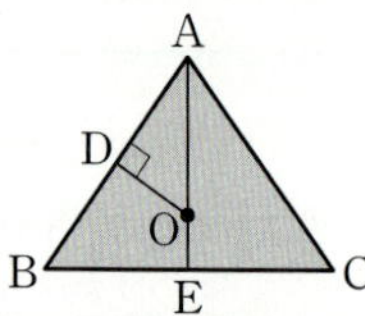

05

2019학년도 고1 3월 학평 13번 ⊃24883-0325

오른쪽 그림과 같이 정사각형 ABCD
에서 점 B를 중심으로 하는 부채꼴
BCA가 있다. 변 BC의 수직이등분선
이 호 CA와 만나는 점을 P라 할 때,
∠BPD의 크기는? [3점]

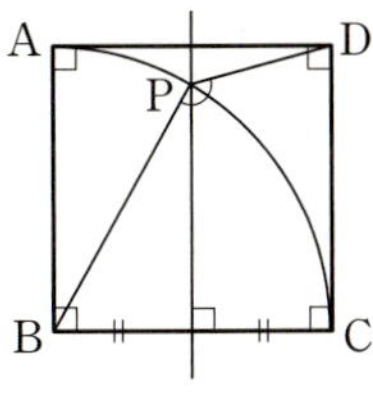

① 120° ② 125° ③ 130°
④ 135° ⑤ 140°

06

2019학년도 고1 3월 학평 12번 ⊃24883-0326

오른쪽 그림과 같이 반지름의 길이가
8이고 중심각의 크기가 90°인 부채꼴
OAB에서 선분 OA 위에 $\overline{OP}=6$이
되도록 점 P를 잡는다. 점 P를 지나고
선분 OA에 수직인 직선이 호 AB와
만나는 점을 Q라 할 때, 선분 AQ의 길이는? [3점]

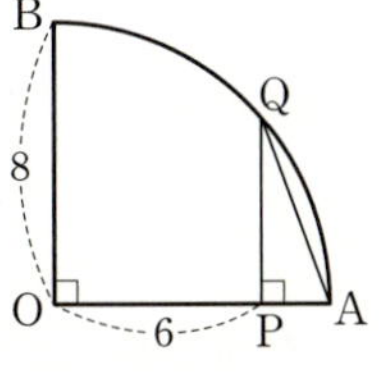

① $2\sqrt{7}$ ② $\sqrt{30}$ ③ $4\sqrt{2}$
④ $\sqrt{34}$ ⑤ 6

07

2022학년도 고1 3월 학평 11번 ⊃24883-0327

세 변의 길이가 각각 x, $x+1$, $x+3$인 삼각형이 직각삼각형
일 때, x의 값은? (단, $x>2$) [3점]

① $2\sqrt{3}$ ② $2+\sqrt{3}$ ③ $1+2\sqrt{3}$
④ $3\sqrt{3}$ ⑤ $2+2\sqrt{3}$

08

2018학년도 고1 3월 학평 25번 ⊃24883-0328

오른쪽 그림과 같이 $\overline{AB}=4$,
$\overline{BC}=6$인 평행사변형 ABCD의
넓이가 $6\sqrt{11}$이다. 점 A에서 변
BC에 내린 수선의 발을 H라 할
때, $\overline{BH}^2$의 값을 구하시오. (단, ∠B는 예각이다.) [3점]

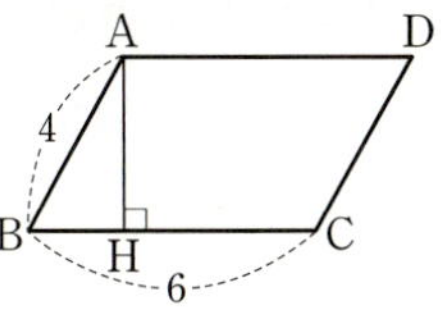

09

2018학년도 고1 3월 학평 15번 ⊃24883-0329

오른쪽 그림과 같이
∠B=∠C=90°인 사다리꼴
ABCD의 넓이가 36이다.
변 BC의 중점 M에서 변 AD에
내린 수선의 발을 H라 할 때,
$\overline{BM}=\overline{MH}=4$이다. 선분 AD의 길이는? [4점]

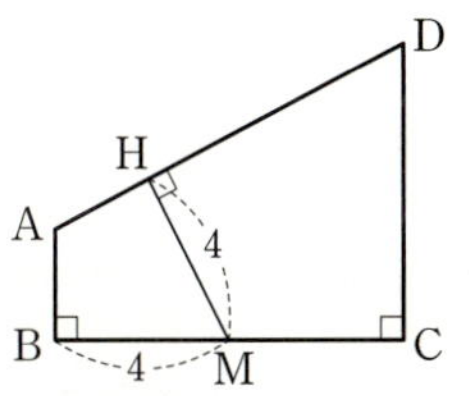

① 9 ② 10 ③ 11
④ 12 ⑤ 13

10

2019학년도 고1 3월 학평 26번 ⊃24883-0330

오른쪽 그림과 같이 삼각형 ABC
의 내심을 I라 하자. 점 I를 지나고
변 BC와 평행한 직선이 변 AC와
만나는 점을 D, 점 I에서 변 AC에
내린 수선의 발을 E라 하자. $\overline{ID}=5$, $\overline{IE}=3$일 때, 선분 CE
의 길이를 구하시오. [4점]

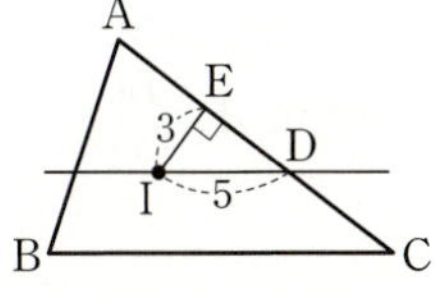

기출 유형 09-1

삼각비를 이용하여 선분의 길이 구하기

직각삼각형 ABC에서 $\angle C = 90°$일 때, 다음 중 항상 옳은 것은?

① $\sin A = \cos A$　　　② $\sin B = \cos B$

③ $\tan A = \tan B$　　　④ $\sin A = \tan B$

⑤ $\cos A = \sin B$

| Step1 | 삼각비의 뜻 이해하기

직각삼각형 ABC에서 $\overline{BC} = a$, $\overline{AC} = b$, $\overline{AB} = c$라 하면

$\sin A = \dfrac{a}{c}$, $\cos A = \dfrac{b}{c}$,

$\tan A = \dfrac{a}{b}$, $\sin B = \dfrac{b}{c}$,

$\cos B = \dfrac{a}{c}$, $\tan B = \dfrac{b}{a}$

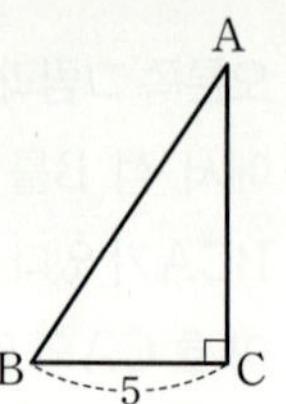

| Step2 | 항상 같은 삼각비의 값 찾기

따라서 $\cos A = \sin B = \dfrac{b}{c}$로 항상 같다.

답 ⑤

문제에서 개념 알기　➡ 50일 수학 유형 연결하기 : 유형 09-1

직각삼각형 ABC에서 $\angle B = 90°$일 때, $\angle A$의 삼각비는 다음과 같다.

(1) $\sin A = \dfrac{\overline{BC}}{\overline{AC}}$

(2) $\cos A = \dfrac{\overline{AB}}{\overline{AC}}$

(3) $\tan A = \dfrac{\overline{BC}}{\overline{AB}}$

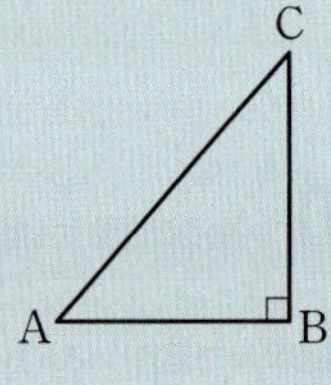

01　　　　　　　　　　　⊃24883-0331

오른쪽 그림과 같은 직각삼각형 ABC에서 $\overline{BC} = 5$이다. $\tan B = \dfrac{7}{5}$일 때, 선분 AC의 길이는?

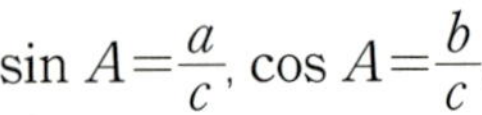

① 7　　　　　② $\dfrac{15}{2}$

③ 8　　　　　④ $\dfrac{17}{2}$

⑤ 9

02　2020학년도 고1 3월 학평 9번　　⊃24883-0332

오른쪽 그림과 같이 $\angle A = 90°$, $\overline{AB} = 10$인 직각삼각형 ABC가 있다. 변 AC 위의 한 점 D에서 변 BC에 내린 수선의 발을 H라 하고 $\angle CDH = x°$라 하자. $\cos x° = \dfrac{2}{3}$일 때, 변 BC의 길이는?

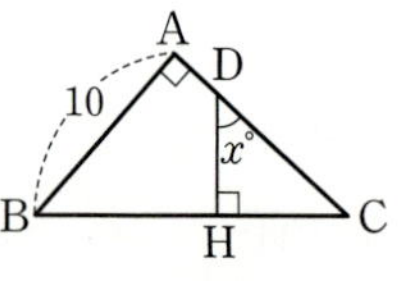

① 12　　　　② 13　　　　③ 14

④ 15　　　　⑤ 16

기출 유형 09-2

다른 삼각비의 값 구하기

오른쪽 그림과 같은 직각삼각형 ABC에서 $\sin A = \dfrac{3}{5}$일 때, $\tan A$의 값을 구하시오.

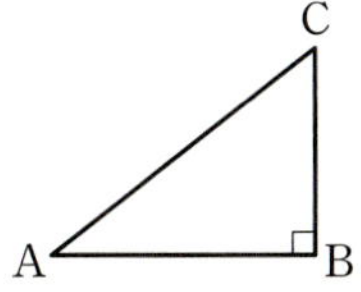

| Step1 | 두 선분 AC, BC의 길이 구하기

$\angle B = 90°$인 직각삼각형 ABC에서

$\sin A = \dfrac{\overline{BC}}{\overline{AC}} = \dfrac{3}{5}$이므로

$\overline{AC} = 5a\ (a > 0)$이라 하면 $\overline{BC} = 3a$이다.

| Step2 | 선분 AB의 길이 구하기

피타고라스 정리에 의하여

$\overline{AC}^2 = \overline{AB}^2 + \overline{BC}^2$에서

$\overline{AB} = \sqrt{\overline{AC}^2 - \overline{BC}^2} = \sqrt{(5a)^2 - (3a)^2}$
$\quad\ \ = \sqrt{25a^2 - 9a^2} = \sqrt{16a^2} = 4a$

| Step3 | $\tan A$의 값 구하기

따라서 $\tan A = \dfrac{\overline{BC}}{\overline{AB}} = \dfrac{3a}{4a} = \dfrac{3}{4}$

답 $\dfrac{3}{4}$

문제에서 개념 알기 ➡ 50일 수학 유형 연결하기: 유형 09-3

직각삼각형에서 한 삼각비의 값이 주어지면 피타고라스 정리를 이용하여 다른 두 삼각비의 값을 구할 수 있다.

---

03   ⊃24883-0333

오른쪽 그림과 같은 직각삼각형 ABC에서 $\tan A = \dfrac{5}{12}$일 때, $26 \times \sin A$의 값은?

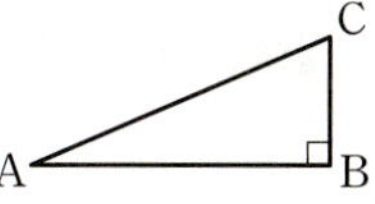

① 7   ② 8   ③ 9

④ 10   ⑤ 11

04   ⊃24883-0334

$\angle B = 90°$인 직각삼각형 ABC에서 $\cos A = \dfrac{1}{3}$일 때, $\sin A$의 값은?

① $\dfrac{2}{3}$ ② $\dfrac{\sqrt{5}}{3}$ ③ $\dfrac{\sqrt{6}}{3}$

④ $\dfrac{\sqrt{7}}{3}$ ⑤ $\dfrac{2\sqrt{2}}{3}$

05   2019학년도 고1 3월 학평 8번   ⊃24883-0335

$\angle B = 90°$인 직각삼각형 ABC에서 $\sin A = \dfrac{2\sqrt{2}}{3}$일 때, $\cos A$의 값은?

① $\dfrac{1}{6}$ ② $\dfrac{1}{3}$ ③ $\dfrac{1}{2}$

④ $\dfrac{2}{3}$ ⑤ $\dfrac{5}{6}$

09
삼각비와 원의 성질

입체도형에서의 삼각비

오른쪽 그림과 같이 가로의 길이, 세로의 길이, 높이가 각각 3, 3, 4 인 직육면체에서 $\cos x$의 값을 구하시오.

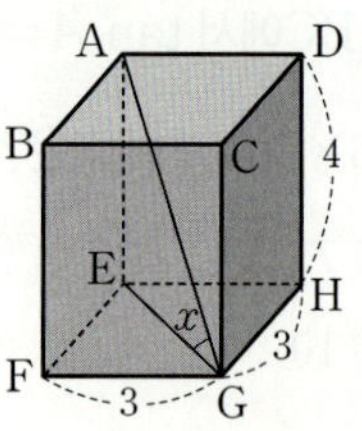

|Step1| 선분 **EG**의 길이 구하기

피타고라스 정리에 의하여

$$\overline{EG}=\sqrt{3^2+3^2}=3\sqrt{2}$$

|Step2| 선분 **AG**의 길이 구하기

피타고라스 정리에 의하여

$$\overline{AG}=\sqrt{3^2+3^2+4^2}=\sqrt{34}$$

|Step3| $\cos x$의 값 구하기

따라서 직각삼각형 **AEG**에서

$$\cos x=\frac{\overline{EG}}{\overline{AG}}=\frac{3\sqrt{2}}{\sqrt{34}}=\frac{3\sqrt{68}}{34}=\frac{6\sqrt{17}}{34}=\frac{3\sqrt{17}}{17}$$

답 $\dfrac{3\sqrt{17}}{17}$

문제에서 개념 알기 ➡ 50일 수학 유형 연결하기: 유형 09-4

직육면체에서 삼각비의 값을 구하기 위해 피타고라스 정리를 이용하여 직육면체의 대각선의 길이 등을 먼저 구한 후 삼각비의 값을 구할 수 있다.

06
➲24883-0336

오른쪽 그림과 같은 직육면체에서 $\tan x=\dfrac{6}{5}$일 때, h의 값은?

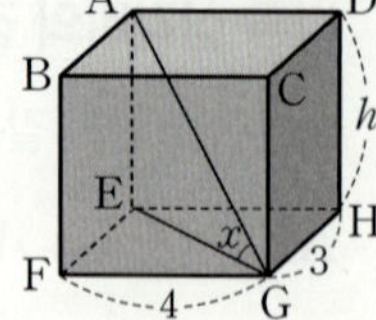

① 5

② $\dfrac{11}{2}$

③ 6

④ $\dfrac{13}{2}$

⑤ 7

07
➲24883-0337

오른쪽 그림과 같은 직육면체에서 $\sin x \times \cos x$의 값은?

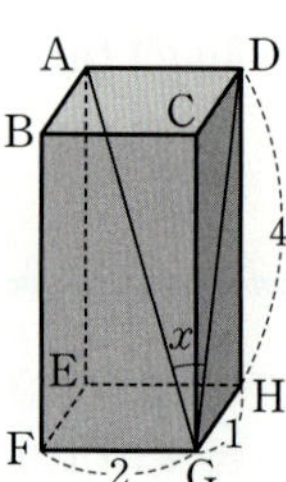

① $\dfrac{2\sqrt{17}}{21}$

② $\dfrac{\sqrt{17}}{7}$

③ $\dfrac{4\sqrt{17}}{21}$

④ $\dfrac{5\sqrt{17}}{21}$

⑤ $\dfrac{2\sqrt{17}}{7}$

기출 유형 09-4

특수한 각의 삼각비

$\sin 60° \times \sin 45° + \cos 45° \times \tan 30°$의 값을 구하시오.

| Step1 | 특수한 각의 삼각비의 값을 이용하여 식의 값 구하기

$\sin 60° \times \sin 45° + \cos 45° \times \tan 30°$

$= \dfrac{\sqrt{3}}{2} \times \dfrac{\sqrt{2}}{2} + \dfrac{\sqrt{2}}{2} \times \dfrac{\sqrt{3}}{3}$

$= \dfrac{\sqrt{6}}{4} + \dfrac{\sqrt{6}}{6} = \dfrac{5\sqrt{6}}{12}$

답 $\dfrac{5\sqrt{6}}{12}$

문제에서 개념 알기 ➡ 50일 수학 유형 연결하기: 유형 09-5

특수한 각의 삼각비의 값은 다음 표와 같다.

삼각비＼A	$0°$	$30°$	$45°$	$60°$	$90°$
$\sin A$	0	$\dfrac{1}{2}$	$\dfrac{\sqrt{2}}{2}$	$\dfrac{\sqrt{3}}{2}$	1
$\cos A$	1	$\dfrac{\sqrt{3}}{2}$	$\dfrac{\sqrt{2}}{2}$	$\dfrac{1}{2}$	0
$\tan A$	0	$\dfrac{\sqrt{3}}{3}$	1	$\sqrt{3}$	

| 참고 | $\tan 90°$의 값은 정의되지 않는다.

---

08 ⤴24883-0338

$\sqrt{3}\cos 30° + \dfrac{\sqrt{6}\sin 60° \times \cos 45°}{\sqrt{3}\tan 30°}$의 값을 구하시오.

09 ⤴24883-0339

이차방정식 $x^2 + ax - 3 = 0$의 한 근이 $\cos 60° + \sin 30°$일 때, 상수 a의 값은?

① 1 ② 2 ③ 3

④ 4 ⑤ 5

10 2023학년도 고1 3월 학평 3번 ⤴24883-0340

오른쪽 그림과 같이 $\overline{AC} = 8\sqrt{3}$, $\angle A = 30°$인 직각삼각형 ABC에서 선분 AB의 길이는?

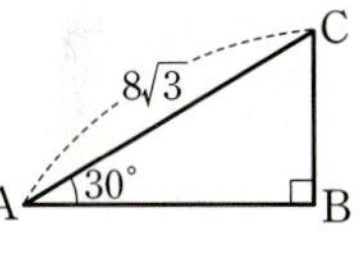

① 9 ② 10 ③ 11

④ 12 ⑤ 13

기출 유형 09-5

삼각비의 표를 이용하여 삼각비의 값 구하기

오른쪽 그림과 같이 반지름의 길이가 1인 사분원에서 길이가 $\sin x$인 선분은?

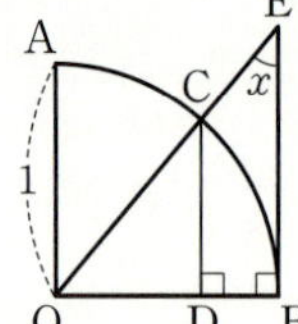

① $\overline{BD}$　　　② $\overline{CD}$
③ $\overline{BE}$　　　④ $\overline{OD}$
⑤ $\overline{OA}$

| Step1 | ∠OEB와 같은 크기의 각 찾기

$\overline{EB} /\!/ \overline{CD}$이므로 $\angle OCD = \angle x$ (동위각)이다.

| Step2 | 길이가 $\sin x$인 선분 찾기

따라서 $\sin x = \sin(\angle OCD) = \dfrac{\overline{OD}}{\overline{OC}} = \dfrac{\overline{OD}}{1} = \overline{OD}$

답 ④

문제에서 개념 알기　➡ 50일 수학 유형 연결하기: 유형 09-7, 09-8

1. 반지름의 길이가 1인 사분원에서

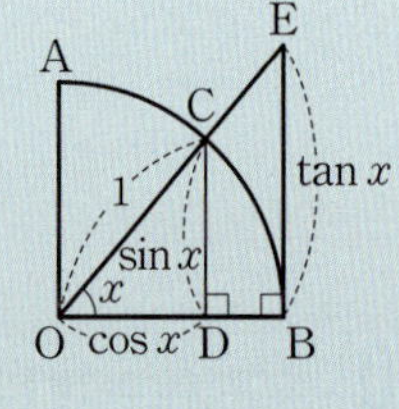

(1) $\sin x = \dfrac{\overline{CD}}{\overline{OC}} = \overline{CD}$

(2) $\cos x = \dfrac{\overline{OD}}{\overline{OC}} = \overline{OD}$

(3) $\tan x = \dfrac{\overline{BE}}{\overline{OB}} = \overline{BE}$

2. 삼각비의 표의 가로줄과 세로줄이 만나는 곳의 삼각비의 값을 구한다.

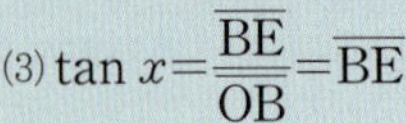

각도	사인($\sin$)	코사인($\cos$)	탄젠트($\tan$)
⋮	⋮	⋮	⋮
24°	0.4067	0.9135	0.4452
25°	0.4226	0.9063	0.4663
26°	0.4384	0.8988	0.4877
⋮	⋮	⋮	⋮

표에서 $\cos 25° = 0.9063$이다.

11　　24883-0341

$\sin x = 0.9569$, $\tan y = 3.2709$일 때, 다음 삼각비의 표를 이용하여 $\angle x + \angle y$의 값을 구하면?

각도	사인($\sin$)	코사인($\cos$)	탄젠트($\tan$)
72°	0.9511	0.3090	3.0777
73°	0.9563	0.2924	3.2709
74°	0.9613	0.2756	3.4874
75°	0.9569	0.2588	3.7321

① 145°　　　② 146°　　　③ 147°
④ 148°　　　⑤ 149°

12　　24883-0342

오른쪽 그림과 같이 $\angle C = 90°$인 삼각형 ABC가 있다. $\overline{AB} = 100$이고 $\angle B = 20°$일 때, 선분 AC의 길이를 구하시오. (단, $\sin 20° = 0.342$로 계산하시오.)

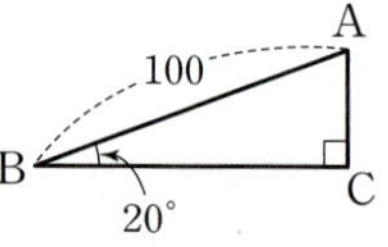

13　　24883-0343

오른쪽 그림과 같이 반지름의 길이가 2이고 중심각의 크기가 50°인 부채꼴 OAB가 있다. $\overline{OB} \perp \overline{AH}$일 때, 선분 BH의 길이를 구하시오.

(단, $\cos 50° = 0.65$로 계산하시오.)

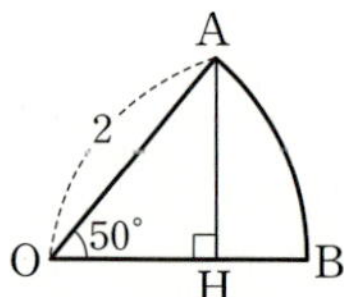

기출 유형 09-6

직선의 기울기와 삼각비

x축의 양의 방향과 이루는 각의 크기가 $30°$이고 y절편이 8인 직선의 방정식을 구하시오.

| **Step1** | **삼각비의 값으로 직선의 기울기 구하기**

x축의 양의 방향과 이루는 각의 크기가 $30°$이므로 직선의 기울기는 $\tan 30° = \dfrac{\sqrt{3}}{3}$이다.

| **Step2** | **직선의 방정식 구하기**

따라서 구하는 직선의 방정식은 $y = \dfrac{\sqrt{3}}{3}x + 8$

답 $y = \dfrac{\sqrt{3}}{3}x + 8$

문제에서 개념 알기 ➡ 50일 수학 유형 연결하기: 유형 09-9

일차함수 $y = ax + b \,(a > 0)$의 그래프가 x축과 이루는 예각의 크기가 θ일 때,

$$\tan \theta = \frac{\overline{BO}}{\overline{AO}} = a = (직선의 기울기)$$

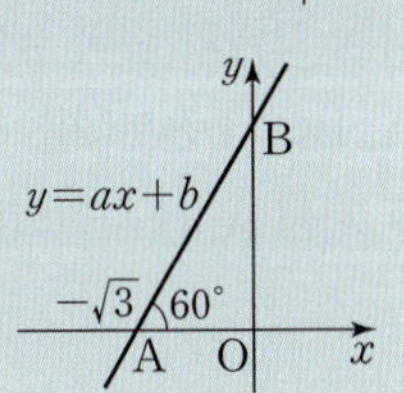

예 일차함수 $y = ax + b$의 그래프에서 기울기는 $a = \tan 60° = \sqrt{3}$이고, x절편이 $-\sqrt{3}$이므로

$$\sqrt{3} \times (-\sqrt{3}) + b = 0, \, b = 3$$

따라서 일차함수는 $y = \sqrt{3}x + 3$이다.

---

14 ⟳24883-0344

두 점 $(1, -1)$, $(4, 5)$를 지나는 직선이 x축의 양의 방향과 이루는 각의 크기를 θ라 하자. $\tan \theta$의 값은?

① 1　　　　② 2　　　　③ 3
④ 4　　　　⑤ 5

15 ⟳24883-0345

점 $(2, \sqrt{3})$을 지나고 x축의 양의 방향과 이루는 각의 크기가 $60°$인 직선의 y절편은?

① $-2\sqrt{3}$　　　② $-\sqrt{3}$　　　③ 0
④ $\sqrt{3}$　　　⑤ $2\sqrt{3}$

16 ⟳24883-0346

직선 $y = ax + b$가 x축의 양의 방향과 이루는 각의 크기가 $45°$이고 점 $(4, 6)$을 지날 때, $a + b$의 값은?

(단, a, b는 상수이다.)

① 1　　　　② 2　　　　③ 3
④ 4　　　　⑤ 5

09
삼각비와 원의 성질

기출 유형 09-7

삼각비의 실생활에서의 활용

다음 그림과 같이 30 m만큼 떨어진 두 건물 P, Q가 있다. P 건물 옥상에서 Q 건물을 올려다 본 각도는 30°, 내려다 본 각도는 45°일 때, Q 건물의 높이를 구하시오.

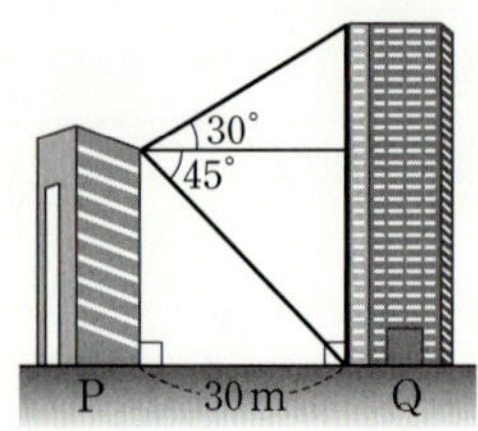

| Step1 | 그림에 문자 설정하기

다음 그림과 같이 네 점 A, B, C, D를 정하자.

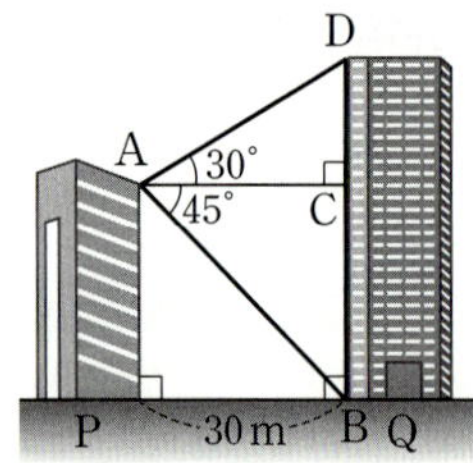

| Step2 | 두 선분 BC, CD의 길이 구하기

$\overline{AC}=30$ m이므로

$\overline{BC}=30 \tan 45°=30 \times 1=30\,(m)$

$\overline{CD}=30 \tan 30°=30 \times \dfrac{\sqrt{3}}{3}=10\sqrt{3}\,(m)$

| Step3 | 건물의 높이 구하기

따라서 $\overline{BD}=\overline{BC}+\overline{CD}=30+10\sqrt{3}\,(m)$이므로 건물의 높이는 $(30+10\sqrt{3})$ m이다.

답 $(30+10\sqrt{3})$ m

문제에서 개념 알기 ➡ 50일 수학 유형 연결하기: 유형 09-10

실생활에서 각의 크기와 변의 길이가 주어진 경우 삼각비의 값을 이용해 원하는 값을 얻을 수 있다. 단, 특수한 각이 아닌 경우 삼각비의 표를 이용한다.

17

24883-0347

오른쪽 그림과 같이 비행기가 활주로의 A 지점에서 28° 각도로 이륙하였다. 비행기가 이륙을 시작한 지점에서 10 km 떨어진 B 지점의 상공에 있을 때, 비행기의 높이를 아래 삼각비의 표를 이용하여 구하시오.

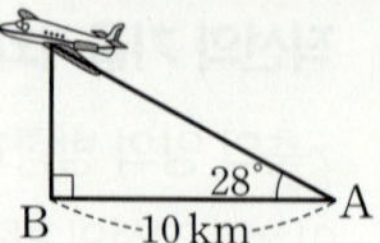

각도	사인(sin)	코사인(cos)	탄젠트(tan)
26°	0.4384	0.8988	0.4877
27°	0.4540	0.8910	0.5095
28°	0.4695	0.8829	0.5317

18

24883-0348

다음 그림과 같이 높이가 10 m인 전봇대가 있다. 두 지점 A, B에서 전봇대를 올려다 본 각도가 각각 30°, 45°일 때, 두 지점 A, B 사이의 거리는?

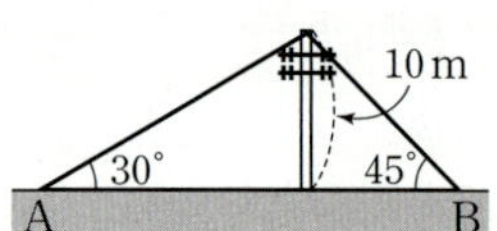

① $(8+8\sqrt{3})$ m 　② $(8+10\sqrt{3})$ m

③ $(10+8\sqrt{3})$ m 　④ $(10+9\sqrt{3})$ m

⑤ $(10+10\sqrt{3})$ m

기출 유형 09-8

삼각비와 삼각형의 넓이

오른쪽 그림과 같이 $\angle B = 60°$, $\overline{BC} = 9$인 삼각형 ABC가 있다. 삼각형 ABC의 넓이가 27일 때, 선분 AB의 길이를 구하시오.

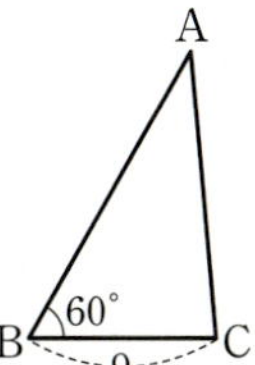

| Step1 | 삼각비를 이용하여 선분 AB의 길이 구하기

삼각형 ABC의 넓이가 27이므로

$$27 = \frac{1}{2} \times \overline{AB} \times 9 \times \sin 60°$$

$$= \frac{1}{2} \times \overline{AB} \times 9 \times \frac{\sqrt{3}}{2} = \frac{9\sqrt{3}}{4} \times \overline{AB}$$

따라서 $\overline{AB} = 27 \times \dfrac{4}{9\sqrt{3}} = \dfrac{12}{\sqrt{3}} = 4\sqrt{3}$

답 $4\sqrt{3}$

문제에서 개념 알기 ➡ 50일 수학 유형 연결하기: 09-11

삼각형의 두 변과 끼인각이 주어질 때, 삼각형의 넓이 S는 표와 같다.

예각삼각형	둔각삼각형
$S = \frac{1}{2} bc \sin A$	$S = \frac{1}{2} bc \sin(180° - A)$

19   ⊃24883-0349

오른쪽 그림과 같이 $\angle A = 60°$, $\overline{AB} = 8$, $\overline{AC} = 6$인 삼각형 ABC가 있다. 삼각형 ABC의 무게중심을 G라 할 때, 삼각형 GBC의 넓이는?

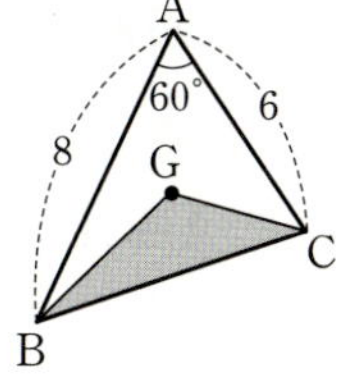

① $\dfrac{13}{4}$ ② $\dfrac{7}{2}$

③ $\dfrac{15}{4}$ ④ 4

⑤ $4\sqrt{3}$

20   2019학년도 고1 3월 학평 19번   ⊃24883-0350

오른쪽 그림과 같이 $\overline{AB} = 3\sqrt{2}$, $\angle ABC = 45°$, $\angle ACB = 60°$인 삼각형 ABC의 넓이는?

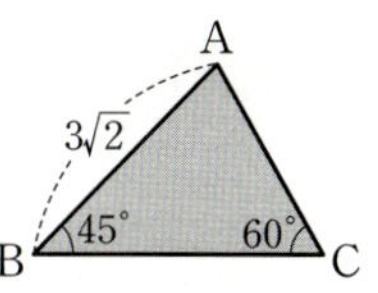

① $\dfrac{3}{2}(3 + \sqrt{3})$ ② $\dfrac{3}{2}(3 + 2\sqrt{3})$

③ $\dfrac{3}{2}(3 + 3\sqrt{3})$ ④ $\dfrac{3}{2}(4 + 3\sqrt{3})$

⑤ $\dfrac{3}{2}(5 + 3\sqrt{3})$

09
삼각비와 원의 성질

기출 유형 09-9

삼각비와 평행사변형의 넓이

오른쪽 그림과 같은 평행사변형 ABCD의 넓이를 구하시오.

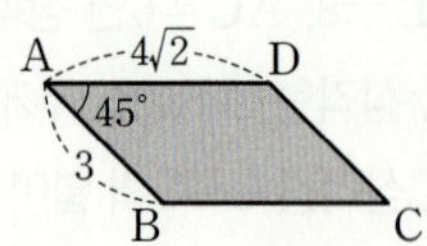

| **Step1** | 삼각비를 이용하여 평행사변형 ABCD의 넓이 구하기

평행사변형 ABCD의 넓이는

$$3 \times 4\sqrt{2} \times \sin 45° = 12\sqrt{2} \times \frac{\sqrt{2}}{2} = 12$$

답 12

문제에서 개념 알기 ➡ 50일 수학 유형 연결하기: 유형 09-13

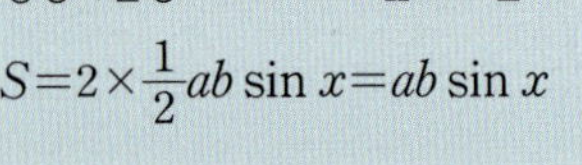

평행사변형 ABCD의 넓이 S는

$$S = 2 \times \frac{1}{2} ab \sin x = ab \sin x$$

예 평행사변형 ABCD의 넓이는

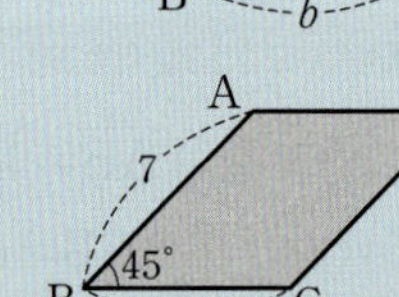

$7 \times 6 \times \sin 45°$

$= 7 \times 6 \times \dfrac{\sqrt{2}}{2}$

$= 21\sqrt{2}$

21

➲24883-0351

오른쪽 그림과 같은 평행사변형 ABCD의 넓이가 $70\sqrt{3}$일 때, 선분 CD의 길이는?

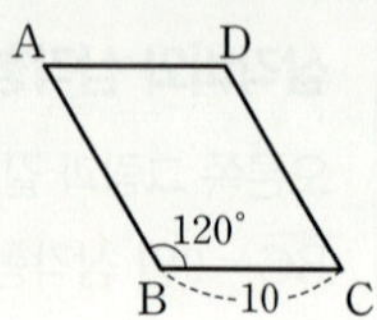

① 14 ② 15

③ 16 ④ 17 ⑤ 18

22

➲24883-0352

오른쪽 그림과 같이 $\angle C = 60°$인 마름모 ABCD가 있다. 마름모 ABCD의 넓이가 $8\sqrt{3}$일 때, 마름모의 둘레의 길이는?

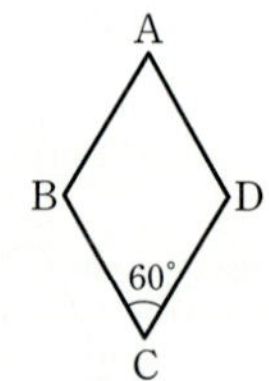

① 14 ② 15

③ 16 ④ 17

⑤ 18

기출 유형 09-10

삼각비와 사각형의 넓이

오른쪽 그림과 같이 $\overline{BD}=a$, $\overline{AC}=b$이고 $\angle AOB=\theta$인 $\square ABCD$가 있다. 다음은 $\square ABCD$의 넓이를 구하는 과정이다. (가), (나)에 알맞은 것을 써넣으시오.

$$\square ABCD$$
$$= \boxed{\text{(가)}} \times \square EFGH$$
$$= \boxed{\text{(나)}} \sin \theta$$

| Step1 | 두 사각형 ABCD, EFGH의 넓이 사이의 관계 이해하기

세 선분 EH, BD, FG가 서로 평행하고
세 선분 EF, AC, HG가 서로 평행하므로
사각형 EFGH는 평행사변형이다.
$\triangle OAB$와 $\triangle EBA$, $\triangle OBC$와 $\triangle FCB$,
$\triangle OCD$와 $\triangle GDC$, $\triangle ODA$와 $\triangle HAD$는 각각 ASA 합동이므로

$$\square ABCD = \frac{1}{2}\square EFGH$$

| Step2 | □ABCD의 넓이 구하기

평행사변형 EFGH의 넓이는 $ab \sin \theta$이므로

$$\square ABCD = \frac{1}{2}ab \sin \theta$$

답 (가) $\dfrac{1}{2}$ (나) $\dfrac{1}{2}ab$

문제에서 개념 알기 ➡ 50일 수학 유형 연결하기: 유형 09-14

사각형의 두 대각선의 길이와 두 대각선이 이루는 각의 크기를 알면 사각형의 넓이를 구할 수 있다.

23
⤳24883-0353

오른쪽 그림과 같이 $\overline{AC}=6$, $\overline{BD}=4$이고 $\angle BOC=x$인 $\square ABCD$가 있다. $\square ABCD$의 넓이가 $6\sqrt{3}$일 때, $\angle x$의 크기를 구하시오.

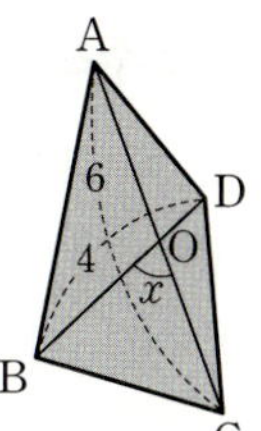

24
⤳24883-0354

오른쪽 그림과 같이 $\overline{AC}=4$, $\overline{BD}=5$인 $\square ABCD$가 있다. $\angle OBC=70°$, $\angle OCB=50°$일 때, $\square ABCD$의 넓이는?

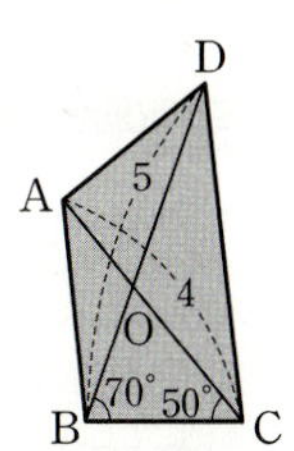

① $4\sqrt{3}$ ② $\dfrac{17\sqrt{3}}{4}$

③ $\dfrac{9\sqrt{3}}{2}$ ④ $\dfrac{19\sqrt{3}}{4}$ ⑤ $5\sqrt{3}$

기출 유형 09-11

현의 수직이등분선의 성질

오른쪽 그림과 같이 반지름의 길이가 4인 원 O에서 $\overline{OM}=2$일 때, 선분 AB의 길이를 구하시오.

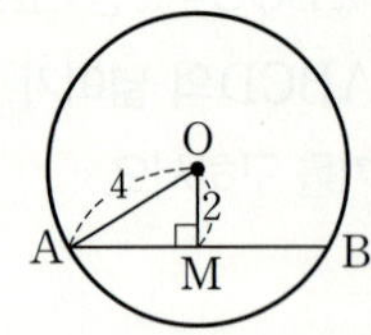

|Step1| 현의 수직이등분선의 성질을 이용하기

현의 성질에 의해 $\overline{OM}\perp\overline{AB}$이므로 점 M은 선분 AB의 중점이다.

|Step2| 선분 AB의 길이 구하기

직각삼각형 OAM에서
$$\overline{AM}=\sqrt{\overline{OA}^2-\overline{OM}^2}=\sqrt{4^2-2^2}=\sqrt{12}$$
$$=2\sqrt{3}$$

따라서 선분 AB의 길이는
$$2\overline{AM}=2\times2\sqrt{3}=4\sqrt{3}$$

답 $4\sqrt{3}$

문제에서 개념 알기 ➡ 50일 수학 유형 연결하기: 유형 09-15

1. 원의 중심과 현 사이에는 다음과 같은 성질이 있다.

① 원의 중심에서 현에 내린 수선은 그 현을 수직이등분한다.

② 현의 수직이등분선은 그 원의 중심을 지난다.

예 직각삼각형 OAM에서
$$\overline{AM}=\sqrt{6^2-4^2}=2\sqrt{5}$$
$$\overline{OM}\perp\overline{AB}이므로 \overline{AM}=\overline{BM}$$

따라서
$$x=2\overline{AM}$$
$$=2\times2\sqrt{5}=4\sqrt{5}$$

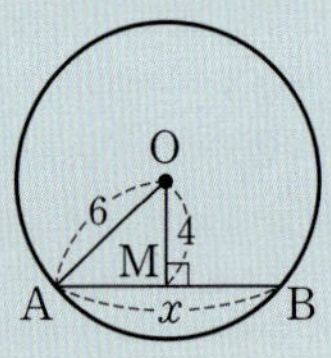

25
⊃24883-0355

오른쪽 그림과 같은 원 O에서 $\overline{AB}=10$, $\overline{OM}=4$일 때, r의 값은?

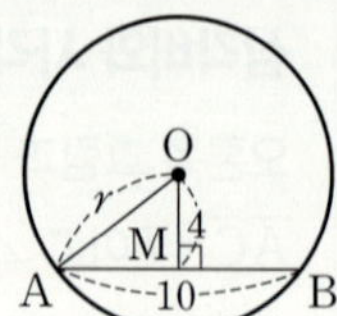

① $\sqrt{39}$ ② $2\sqrt{10}$

③ $\sqrt{41}$ ④ $\sqrt{42}$

⑤ $\sqrt{43}$

26
⊃24883-0356

오른쪽 그림의 원 O에서 $\overline{AB}=12$, $\overline{MB}=2$일 때, 선분 CD의 길이는?

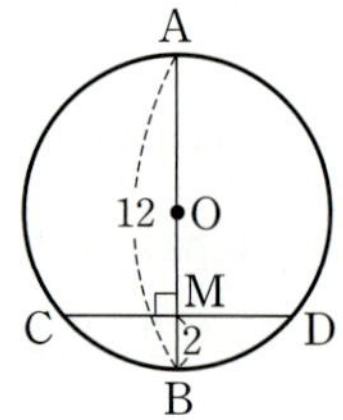

① $\sqrt{77}$ ② $\sqrt{78}$

③ $\sqrt{79}$ ④ $4\sqrt{5}$

⑤ 9

기출 유형 09-12

원의 중심에서 현까지의 거리

다음 그림의 원 O에서 x의 값을 구하시오.

(1) 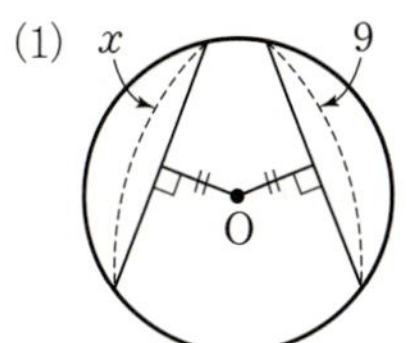　　(2) 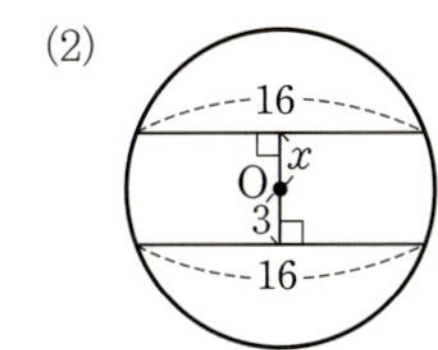

(1) | **Step1** | 원의 중심에서 같은 거리에 있는 두 현의 성질 이용하기

원의 중심에서 같은 거리에 있는 두 현의 길이는 같으므로

$x=9$

(2) | **Step1** | 길이가 같은 두 현의 성질 이용하기

길이가 같은 두 현은 원의 중심에서 같은 거리에 있으므로

$x=3$

답 (1) 9　(2) 3

문제에서 개념 알기　➡ 50일 수학 유형 연결하기: 유형 09-16

1. 원의 중심에서 현까지의 거리는 다음과 같은 성질이 있다.

① 원의 중심에서 같은 거리에 있는 두 현의 길이는 같다.

② 길이가 같은 두 현은 중심에서 같은 거리에 있다.

예 ① 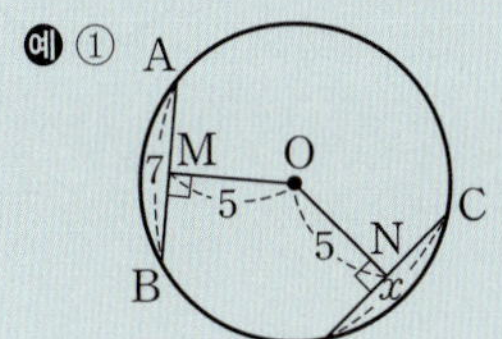　　② 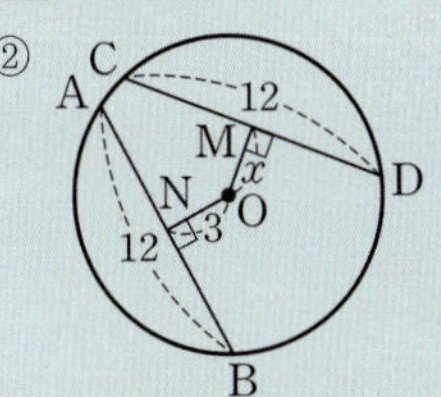

$\overline{OM}=\overline{ON}=5$이므로　　$\overline{AB}=\overline{CD}=12$이므로

$x=\overline{AB}=7$　　$x=\overline{ON}=3$

27

⮎24883-0357

오른쪽 그림과 같이 △ABC가 원 O에 내접하고 있다. 선분 AC의 길이와 ∠B의 크기를 차례대로 구하시오.

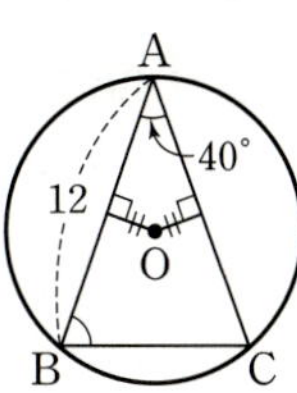

28　2019학년도 고1 3월 학평 21번

⮎24883-0358

오른쪽 그림과 같이 점 O를 중심으로 하고 반지름의 길이가 각각 1, 3인 두 원 O_1, O_2가 있다. 원 O_2 위의 한 점 A에서 원 O_1에 그은 접선이 원 O_2와 만나는 점 중에서 A가 아닌 점을 B라 하자. 선분 AB의 길이는?

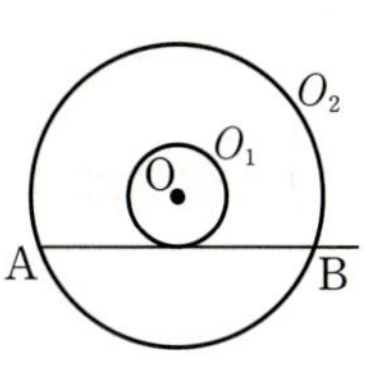

① $4\sqrt{2}$　　② $\sqrt{33}$　　③ $\sqrt{34}$

④ $\sqrt{35}$　　⑤ 6

기출 유형 09-13

원의 접선

오른쪽 그림에서 $\overline{PA}$, $\overline{PB}$는 원 O의 접선, 점 A, B는 접점이다. $\overline{OP}=7$, $\overline{PB}=6$일 때, $\overline{PA}+\overline{OA}$의 값을 구하시오.

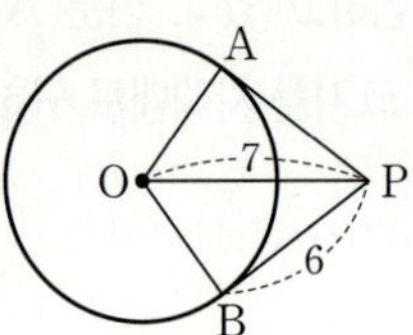

| Step1 | 원의 접선은 접점을 지나는 반지름과 수직임을 이용하여 선분 OA의 길이 구하기

$\overline{OB}\perp\overline{PB}$이므로 직각삼각형 POB에서

$$\overline{OA}=\overline{OB}=\sqrt{\overline{OP}^2-\overline{PB}^2}=\sqrt{7^2-6^2}=\sqrt{13}$$

| Step2 | 원 밖의 한 점에서 원에 그은 두 접선의 길이가 같음을 이용하여 $\overline{PA}+\overline{OA}$의 값 구하기

접선의 성질에 의해 $\overline{PA}=\overline{PB}=6$이므로

$$\overline{PA}+\overline{OA}=6+\sqrt{13}$$

답 $6+\sqrt{13}$

문제에서 개념 알기　➡ 50일 수학 유형 연결하기: 유형 09-17

1. 원과 접선 사이에는 다음과 같은 성질이 있다.

① 원의 접선과 접점을 지나는 반지름은 서로 수직이다.

② 원 밖의 한 점에서 원에 그은 두 접선의 길이는 같다.

예 원의 접선 PT, PT′에 대하여

$\angle OTP=90°$이므로

$\triangle OPT$는 직각삼각형이다.

$\overline{PT}=\sqrt{7^2-3^2}=2\sqrt{10}$

$\overline{PT'}=\overline{PT}=2\sqrt{10}$

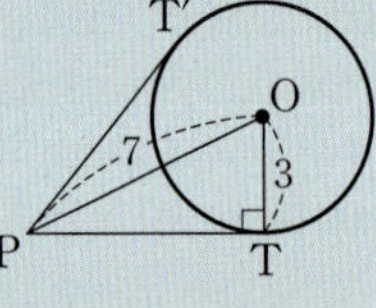

29　⊃24883-0359

오른쪽 그림의 원 O에서 $\overline{PT}$, $\overline{PT'}$은 원 O의 접선, 두 점 T, T′은 접점이다. $\overline{PT'}=5$일 때, $\square PT'OT$의 넓이는?

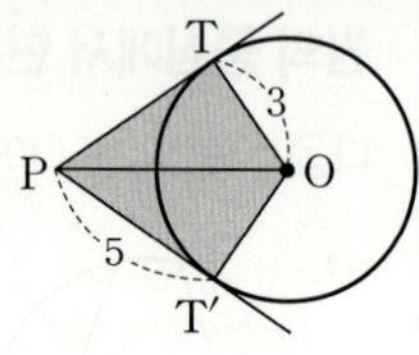

① 14　　　② 15　　　③ 16

④ 17　　　⑤ 18

30　⊃24883-0360

오른쪽 그림에서 $\overline{PA}$, $\overline{PB}$는 원 O의 접선, 두 점 A, B는 접점이다. $\overline{AB}=6$, $\angle APB=60°$일 때, $\triangle PAB$의 넓이는?

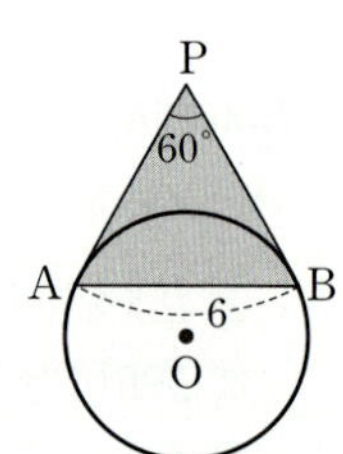

① $\dfrac{17\sqrt{3}}{2}$　　　② $9\sqrt{3}$

③ $\dfrac{19\sqrt{3}}{2}$　　　④ $10\sqrt{3}$

⑤ $\dfrac{21\sqrt{3}}{2}$

기출 유형 09-14

원에 외접하는 삼각형

오른쪽 그림에서 원 O가 △ABC의 내접원이고, 세 점 D, E, F는 접점일 때, 선분 BC의 길이를 구하시오.

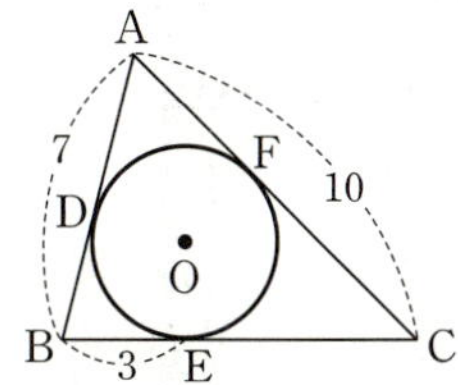

| Step1 | 접선의 성질을 이용하여 변의 길이 나타내기

$\overline{BD}=\overline{BE}=3$이므로

$\overline{AF}=\overline{AD}=7-3=4,$

$\overline{CE}=\overline{CF}=10-4=6$

| Step2 | 선분 BC의 길이 구하기

따라서 $\overline{BC}=\overline{BE}+\overline{EC}=3+6=9$

답 9

문제에서 개념 알기 ➡ 50일 수학 유형 연결하기: 유형 09-19

중심이 O인 원이 △ABC에 내접하고 세 점 D, E, F가 접점일 때

$\overline{AD}=\overline{AF}, \overline{BD}=\overline{BE},$

$\overline{CF}=\overline{CE}$

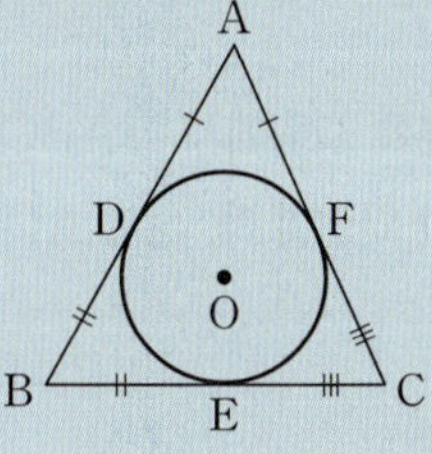

31

24883-0361

오른쪽 그림에서 원 O가 △ABC의 내접원이고, 세 점 D, E, F는 접점일 때, 선분 AF의 길이는?

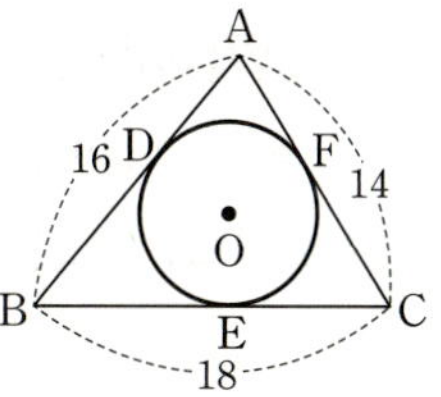

① $\dfrac{11}{2}$ ② $\dfrac{23}{4}$

③ 6   ④ $\dfrac{25}{4}$

⑤ $\dfrac{13}{2}$

32

24883-0362

오른쪽 그림에서 원 O가 △ABC의 내접원이고, 세 점 D, E, F는 접점이다. △ABC의 둘레의 길이가 30일 때, 선분 CF의 길이는?

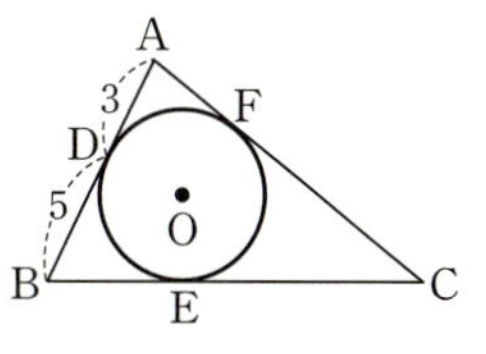

① $\dfrac{25}{4}$ ② $\dfrac{13}{2}$ ③ $\dfrac{27}{4}$

④ 7   ⑤ $\dfrac{29}{4}$

기출 유형 **09-15**

원에 외접하는 사각형

오른쪽 그림에서 □ABCD
가 원 O에 외접할 때, 선분
CD의 길이를 구하시오.

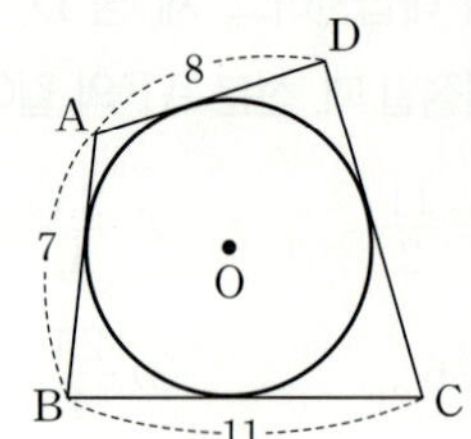

| **Step1** | 원에 외접하는 사각형의 성질 이해하기

원에 외접하는 □ABCD의 대변의 길이의 합은 서로 같으
므로

$8+11=7+\overline{\text{CD}}, \overline{\text{CD}}=12$

따라서 선분 CD의 길이는 12이다.

답 12

문제에서 개념 알기 ➡ 50일 수학 유형 연결하기: 유형 09-20

원에 외접하는 사각형의 대변의 길이의 합은 서로 같다.

33

⬢24883-0363

오른쪽 그림에서 □ABCD가 원
O에 외접하고 $\overline{\text{AD}} : \overline{\text{BC}} = 2 : 3$
일 때, 선분 AD의 길이는?

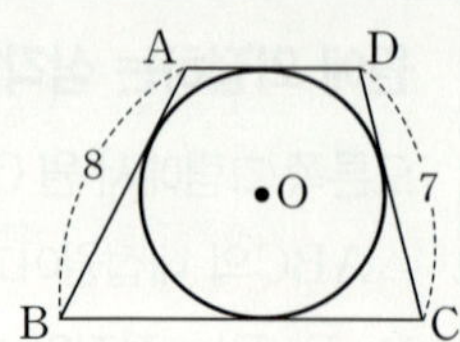

① $\dfrac{11}{2}$ ② $\dfrac{23}{4}$

③ 6 ④ $\dfrac{25}{4}$

⑤ $\dfrac{13}{2}$

34

⬢24883-0364

오른쪽 그림에서 □ABCD가 원
O에 외접할 때, 선분 AD의 길이
는?

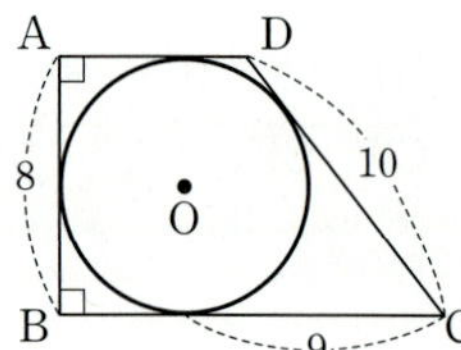

① $\dfrac{14}{3}$ ② 5

③ $\dfrac{16}{3}$ ④ $\dfrac{17}{3}$

⑤ 6

기출 유형 09-16

원주각과 중심각의 크기

오른쪽 그림의 원 O에서 선분 AC와 선분 BD가 만나는 점을 E라 하자. $\angle BDC = 63°$, $\angle BEC = 87°$일 때, $\angle x$의 크기를 구하시오.

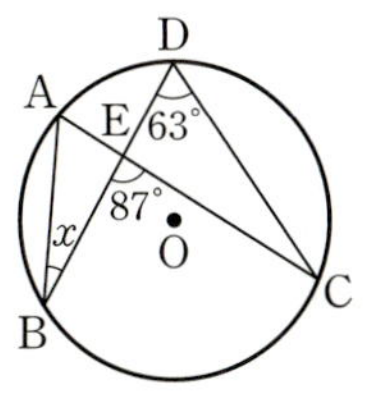

| Step1 | 한 호에 대한 원주각의 크기가 같음을 이해하기

$\angle BDC$, $\angle BAC$는 호 BC에 대한 원주각이므로

$\angle BDC = \angle BAC = 63°$

| Step2 | $\angle x$의 크기 구하기

$\triangle ABE$에서 $\angle E$의 외각의 크기는 다른 두 내각의 크기의 합과 같으므로

$\angle x = \angle B = \angle BEC - \angle BAE$
$\qquad = 87° - 63° = 24°$

답 $24°$

문제에서 개념 알기 ➡ 50일 수학 유형 연결하기: 유형 09-21, 09-22

원주각은 다음과 같은 성질을 가지고 있다.
① 한 호에 대한 중심각의 크기는 그 호에 대한 원주각의 크기의 2배이다.
② 한 호에 대한 원주각의 크기는 모두 같다.

35   ➲24883-0365

오른쪽 그림의 원 O에서 $\angle A = 50°$일 때, $\angle x$의 크기는?

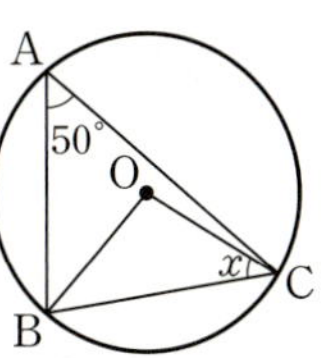

① $35°$ ② $40°$

③ $45°$ ④ $50°$

⑤ $55°$

36   2024학년도 고1 3월 학평 9번   ➲24883-0366

오른쪽 그림과 같이 원 위의 세 점 A, B, C와 원 밖의 한 점 P에 대하여 직선 PA와 직선 PB는 원의 접선이고, $\angle ACB = 65°$이다. $\angle BPA$의 크기는?

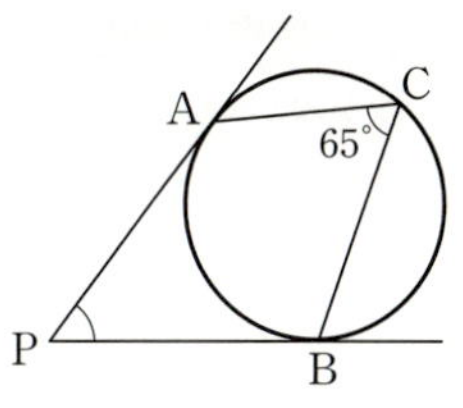

① $35°$ ② $40°$ ③ $45°$

④ $50°$ ⑤ $55°$

기출 유형 09-17

원주각의 크기와 호의 길이

오른쪽 그림의 원에서
$\angle\mathrm{CAD}=35°$, $\overline{\mathrm{BC}}=\overline{\mathrm{CD}}$일 때,
$\angle x$의 크기를 구하시오.

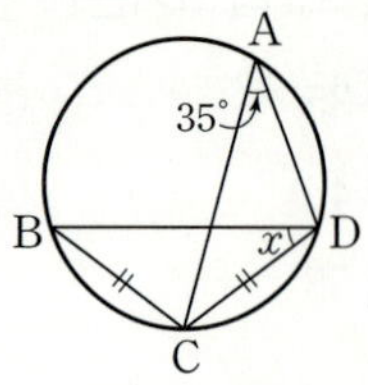

| Step1 | 호의 길이와 현의 길이 사이의 관계 이해하기
$\overline{\mathrm{BC}}=\overline{\mathrm{CD}}$이므로 $\overparen{\mathrm{BC}}=\overparen{\mathrm{CD}}$이다.

| Step2 | 원주각의 크기와 호의 길이 사이의 관계를 이용하여 $\angle x$의 크기 구하기
$\overparen{\mathrm{BC}}=\overparen{\mathrm{CD}}$이므로 $\angle\mathrm{BDC}=\angle\mathrm{CAD}$
따라서 $\angle x=35°$

답 $35°$

문제에서 개념 알기 ➡ 50일 수학 유형 연결하기: 유형 09-23

호의 길이와 원주각(또는 중심각) 사이에는 다음과 같은 관계가 있다.
① 호의 길이가 같으면 원주각(또는 중심각)의 크기가 같다.
② 원주각(또는 중심각)의 크기가 같으면 호의 길이가 같다.
③ 호의 길이가 같으면 현의 길이가 같다.

37
➪24883-0367

오른쪽 그림의 원에서 직선 AD와
직선 BC가 만나는 점을 P라 하자.
$\angle\mathrm{ADB}=70°$, $\overparen{\mathrm{AB}} : \overparen{\mathrm{CD}}=5 : 2$
일 때, $\angle x$의 크기는?

① 40° ② 41° ③ 42°
④ 43° ⑤ 44°

38
➪24883-0368

오른쪽 그림의 반원 O에서
$\overparen{\mathrm{AC}}=4\times\overparen{\mathrm{BC}}$일 때, $\angle x$의 크기를
구하시오.

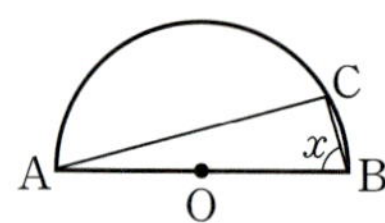

39
2023학년도 고1 3월 학평 6번
➪24883-0369

원 위의 두 점 A, B에 대하여 호 AB의 길이가 원의 둘레의
길이의 $\dfrac{1}{5}$일 때, 호 AB에 대한 원주각의 크기는?

① 36° ② 40° ③ 44°
④ 48° ⑤ 52°

기출 유형 09-18

네 점이 한 원 위에 있을 조건

오른쪽 그림과 같이 직선 AC와 직선 BD가 만나는 점을 P라 하자. 네 점 A, B, C, D가 한 원 위에 있도록 하는 $\angle x$의 크기를 구하시오.

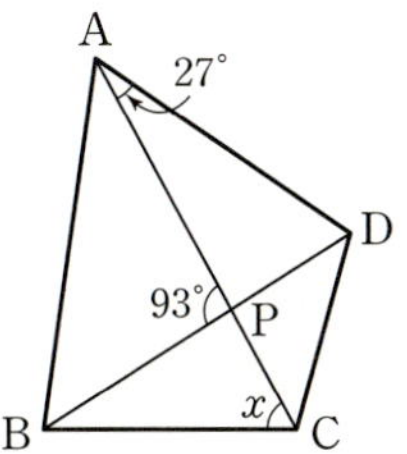

| Step1 | 네 점이 한 원 위에 있을 조건을 이용하여 $\angle$ADB의 크기 구하기

네 점 A, B, C, D가 한 원 위에 있으려면

$$\angle ACB = \angle ADB = \angle x$$

| Step2 | $\angle x$의 크기 구하기

$\triangle$APD에서

$$\angle APB = \angle ADP + \angle PAD$$
$$93° = \angle x + 27°$$

따라서 $\angle x = 66°$

답 $66°$

문제에서 개념 알기 ➡ 50일 수학 유형 연결하기: 유형 09-24

선분 BC에 대하여
$\angle BAC = \angle BDC$ (원주각)일 때, 네 점 A, B, C, D는 한 원 위에 있다.

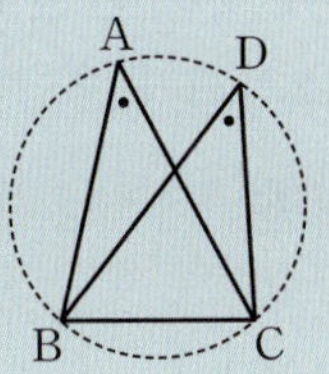

40

○24883-0370

오른쪽 그림과 같이 직선 AC와 직선 BD가 만나는 점을 P라 하자. 네 점 A, B, C, D가 한 원 위에 있도록 하는 $\angle x$의 크기를 구하시오.

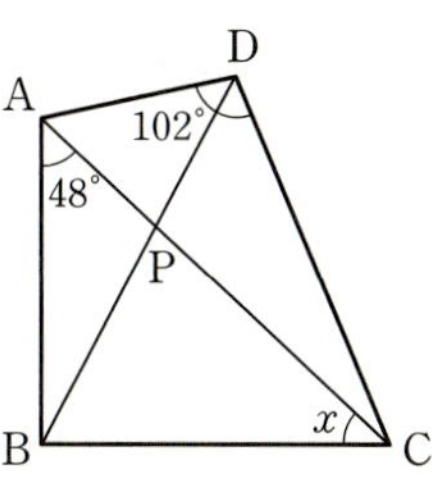

41

○24883-0371

오른쪽 그림과 같이 직선 AD와 직선 BC가 만나는 점을 P라 하자. 네 점 A, B, C, D가 한 원 위에 있도록 하는 $\angle x + \angle y$의 값은?

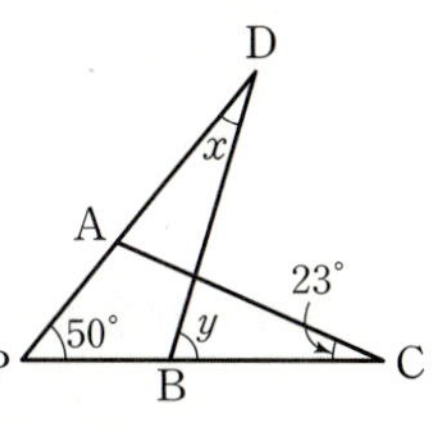

① 96° ② 97° ③ 98°
④ 99° ⑤ 100°

기출 유형 09-19

원에 내접하는 사각형의 성질과 조건

다음 그림과 같이 □ABCD가 원에 내접할 때, $\angle x$, $\angle y$의 크기를 각각 구하시오.

(1) 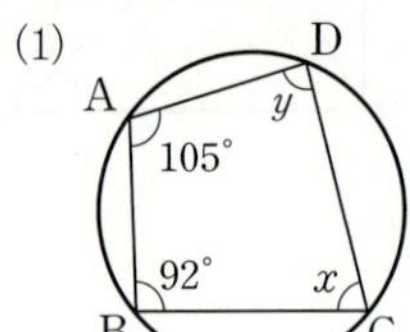

(2) 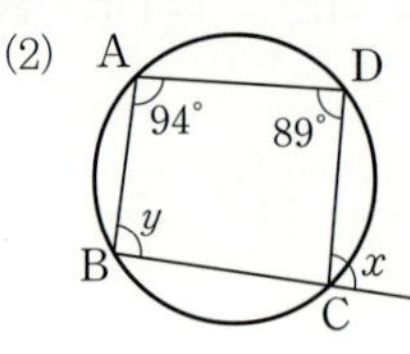

|Step1| 원에 내접하는 사각형의 대각의 크기의 합은 $180°$임을 이용하여 $\angle x$, $\angle y$의 크기 구하기

(1) 원에 내접하는 사각형 ABCD에 대하여

$\angle x + 105° = 180°$이므로 $\angle x = 75°$

$\angle y + 92° = 180°$이므로 $\angle y = 88°$

(2) 원에 내접하는 사각형 ABCD에 대하여

$(180° - \angle x) + 94° = 180°$이므로 $\angle x = 94°$

$\angle y + 89° = 180°$이므로 $\angle y = 91°$

답 (1) $\angle x = 75°$, $\angle y = 88°$ (2) $\angle x = 94°$, $\angle y = 91°$

문제에서 개념 알기 ➡ 50일 수학 유형 연결하기: 유형 09-25

원에 내접하는 사각형의 한 쌍의 대각의 크기의 합은 $180°$이다. 역으로 한 쌍의 대각의 크기의 합이 $180°$인 사각형의 네 꼭짓점은 한 원 위에 있다.

42
24883-0372

다음 그림의 □ABCD가 원에 내접하기 위한 $\angle x$의 크기를 구하시오.

(1) 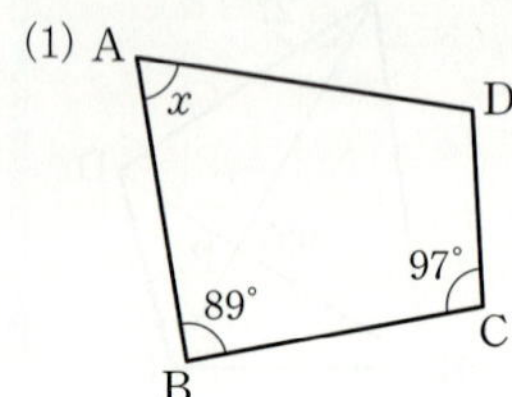

(2) 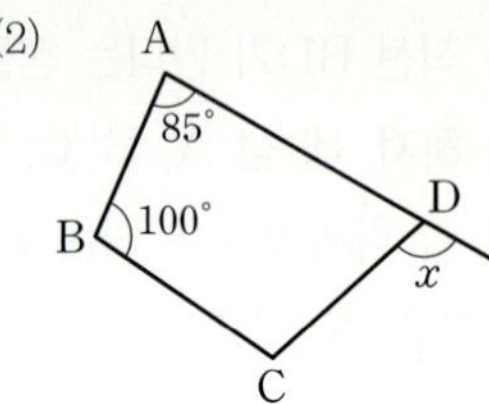

43
24883-0373

오른쪽 그림의 □ABCD에서 $\angle B : \angle C = 4 : 3$이고 $\angle D - \angle C = 40°$일 때, 네 점 A, B, C, D가 한 원 위에 있도록 하는 $\angle x$의 크기는?

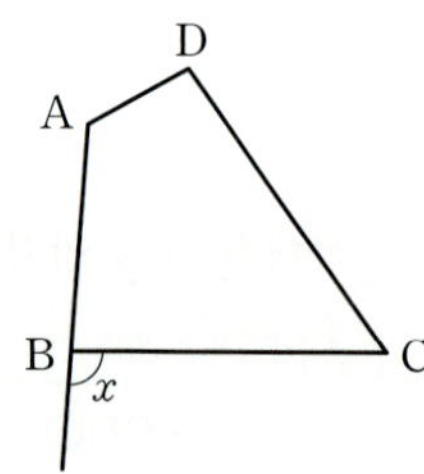

① $98°$　　　　② $99°$

③ $100°$　　　　④ $101°$

⑤ $102°$

접선과 현이 이루는 각

다음 그림에서 직선 CT는 원 O의 접선이고 점 C는 접점일 때, $\angle x$, $\angle y$의 크기를 각각 구하시오.

(1) 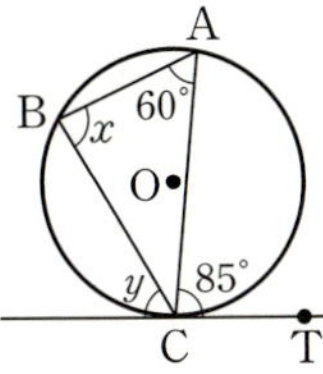

(2) 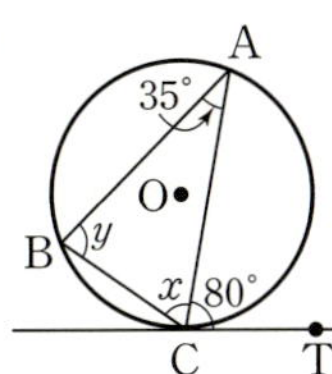

| Step1 | $\angle\mathrm{ACT}=\angle\mathrm{ABC}$임을 이용하여 $\angle x$, $\angle y$의 크기 구하기

(1) 접선과 현이 이루는 각의 크기는 그 각의 내부에 있는 호에 대한 원주각의 크기와 같으므로

$\angle\mathrm{ACT}=\angle\mathrm{ABC}$에서 $\angle x=85°$

$\angle y=\angle\mathrm{BAC}$에서 $\angle y=60°$

(2) 접선과 현이 이루는 각의 크기는 그 각의 내부에 있는 호에 대한 원주각의 크기와 같으므로

$\angle\mathrm{ACT}=\angle\mathrm{ABC}$에서 $\angle y=80°$

$\triangle\mathrm{ABC}$에서 $35°+80°+\angle x=180°$

따라서 $\angle x=65°$

답 (1) $\angle x=85°$, $\angle y=60°$ (2) $\angle x=65°$, $\angle y=80°$

문제에서 개념 알기 ➡ 50일 수학 유형 연결하기: 유형 09-27

접선과 현이 이루는 각의 크기는 그 각의 내부에 있는 호에 대한 원주각의 크기와 같다.

$\angle\mathrm{BAT}=\angle\mathrm{BCA}$,

$\angle\mathrm{CAT'}=\angle\mathrm{CBA}$

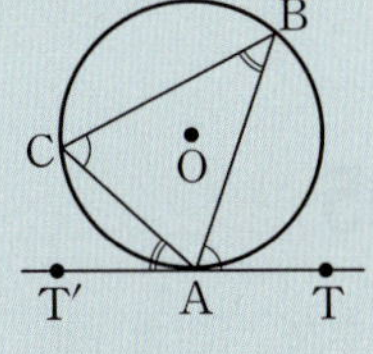

44

24883-0374

오른쪽 그림에서 직선 BT는 원의 접선이고 점 B는 접점이다.
$\overline{\mathrm{CB}}=\overline{\mathrm{CT}}$일 때, $\angle x$의 크기는?

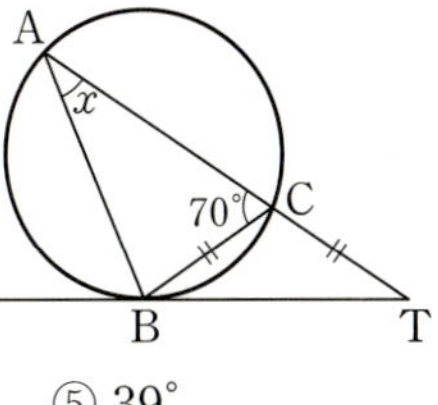

① 35°　　② 36°

③ 37°　　④ 38°

⑤ 39°

45

24883-0375

오른쪽 그림에서 직선 CT는 원의 접선이고, 점 C는 접점이다.
$\overset{\frown}{\mathrm{AB}}:\overset{\frown}{\mathrm{BC}}:\overset{\frown}{\mathrm{CA}}=3:2:3$일 때, $\angle\mathrm{BCT}$의 크기는?

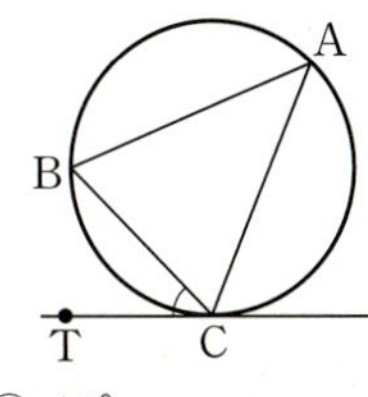

① 43°　　② 44°　　③ 45°

④ 46°　　⑤ 47°

미니 모의고사

제한 시간 : 30분 / 점수 :   / 30

01
24883-0376

$\tan 30° \times \tan 60°$의 값은? [2점]

① $\dfrac{1}{2}$　　　② $\dfrac{3}{4}$　　　③ 1

④ $\dfrac{5}{4}$　　　⑤ $\dfrac{3}{2}$

02
24883-0377

오른쪽 그림과 같은 직각삼각형 ABC 에서 $\overline{AC}=10$이다. $\sin A = \dfrac{7}{10}$일 때, 선분 BC의 길이를 구하시오. [2점]

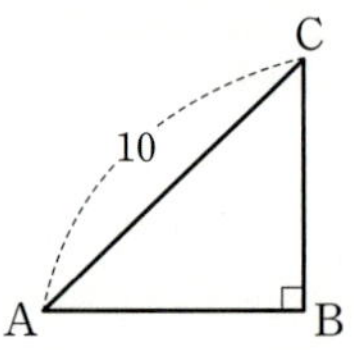

03
24883-0378

오른쪽 그림에서 원 O는 △ABC 의 내접원이고, 세 점 D, E, F는 접점일 때, 선분 BC의 길이는?

[3점]

① 8　　　② 9　　　③ 10

④ 11　　　⑤ 12

04
24883-0379

오른쪽 그림과 같은 원 O에서 $\angle BOC = 92°$일 때, $\angle x$의 크기는?

[3점]

① 43°　　　② 44°

③ 45°　　　④ 46°

⑤ 47°

05
24883 0380

오른쪽 그림과 같이 반지름의 길이가 5 인 원 O에서 $\overline{AB}=\overline{CD}=8$, $\overline{AB}/\!/\overline{CD}$ 일 때, 두 현 AB, CD 사이의 거리를 구 하시오. [3점]

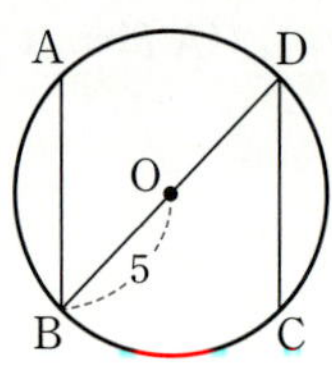

06
⮑24883-0381

오른쪽 그림에서
$\angle ABC = \angle BCD = 90°$,
$\angle BAC = 60°$, $\angle BDC = 45°$이고
$\overline{AB} = 3$일 때, 선분 BD의 길이는?

[3점]

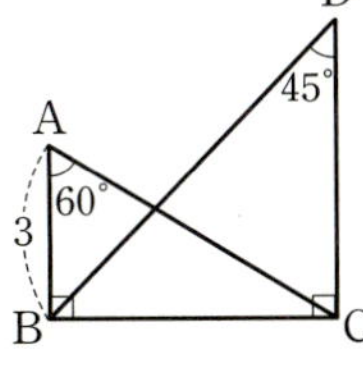

① $\dfrac{5}{2}\sqrt{6}$　　② $\dfrac{11}{4}\sqrt{6}$　　③ $3\sqrt{6}$

④ $\dfrac{13}{4}\sqrt{6}$　　⑤ $\dfrac{7}{2}\sqrt{6}$

07
⮑24883-0382

오른쪽 그림과 같이 반지름의 길이
가 6인 원 O에서 직선 PT는 원
의 접선이고, 점 T는 접점이다. 점
A는 선분 PO와 원의 교점이고
$\overline{PT} = 8$일 때, $\overline{PA}$의 길이는?

[3점]

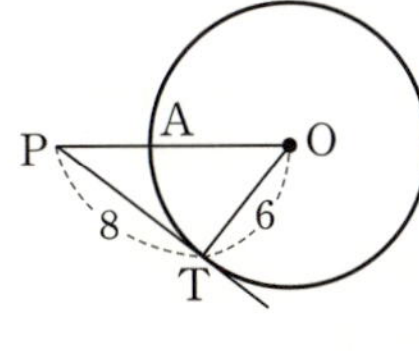

① 4　　② $\dfrac{33}{8}$　　③ $\dfrac{17}{4}$

④ $\dfrac{35}{8}$　　⑤ $\dfrac{9}{2}$

08
⮑24883-0383

오른쪽 그림과 같이 $\overline{AC} = 3$,
$\overline{BD} = 6$인 □ABCD가 있다.
두 대각선의 교점 O에 대하여
$\angle OAD = 65°$, $\angle ODA = 25°$일
때, □ABCD의 넓이는? [3점]

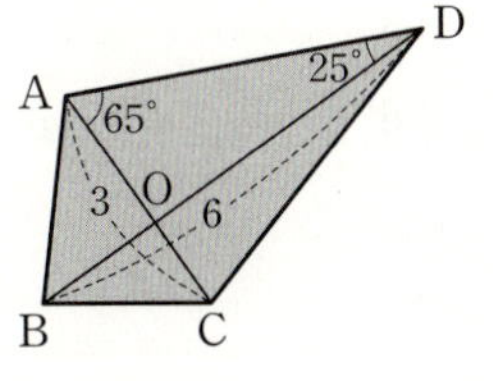

① 7　　② 8　　③ 9

④ 10　　⑤ 11

09
2018학년도 고1 3월 학평 14번　　⮑24883-0384

오른쪽 그림의 원에서 직선 PC는
원의 접선이고 점 C는 접점이다.
$\overline{AB} = \overline{AC}$, $\angle APC = 42°$일 때,
$\angle CAB$의 크기는? [4점]

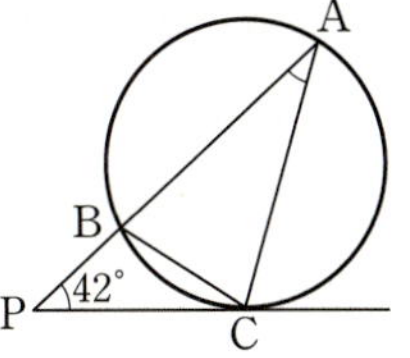

① $24°$　　② $26°$　　③ $28°$

④ $30°$　　⑤ $32°$

10
⮑24883-0385

오른쪽 그림과 같이 $\overline{AC} = 8$,
$\overline{BC} = 15$인 직각삼각형 ABC에
서 두 선분 AB, BC의 중점을 각
각 M, N이라 할 때, 선분 MN의
연장선 위에 $\overline{MD} = \overline{MB} = \overline{MA}$

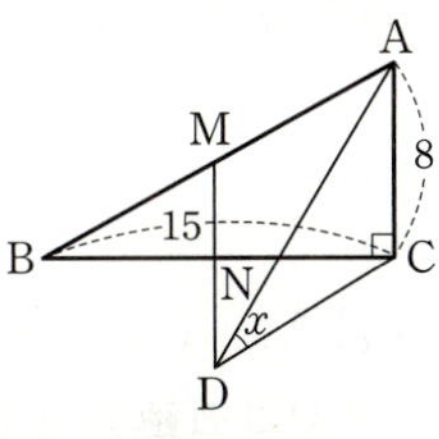

가 되도록 점 D를 잡는다. $\angle ADC = x$일 때, $30 \times \tan x$의
값을 구하시오. (단, $\overline{MD} > \overline{ND}$) [4점]

기출 유형 10-1

두 점 사이의 거리

두 점 $A(2, -2)$, $B(-1, -3)$으로부터 같은 거리에 있는 y축 위의 점 P의 좌표를 구하시오.

| Step1 | 두 점 사이의 거리 이해하기

$\overline{AP}=\overline{BP}$이므로 $\overline{AP}^2=\overline{BP}^2$이다.

| Step2 | a의 값 구하기

점 P는 y축 위의 점이므로 점 P의 좌표를 $(0, a)$라 하면

$(0-2)^2+(a+2)^2=(0+1)^2+(a+3)^2$

$a^2+4a+8=a^2+6a+10$

$-2a=2, a=-1$

| Step3 | 점 P의 좌표 구하기

따라서 구하는 점 P의 좌표는 $(0, -1)$이다.

답 $(0, -1)$

문제에서 개념 알기 ➡ 50일 수학 유형 연결하기: 유형 10-1

좌표평면 위의 두 점 $A(x_1, y_1)$, $B(x_2, y_2)$ 사이의 거리는

$\overline{AB}=\sqrt{(x_2-x_1)^2+(y_2-y_1)^2}$이다.

01

⤷24883-0386

두 점 $A(-1, 2)$, $B(3, 1)$로부터 같은 거리에 있는 x축 위의 점 P의 좌표를 $(a, 0)$이라 할 때, a의 값은?

① $\dfrac{5}{8}$　　② $\dfrac{3}{4}$　　③ $\dfrac{7}{8}$

④ 1　　⑤ $\dfrac{9}{8}$

02

⤷24883-0387

좌표평면 위의 두 점 $A(2, 2)$, $B(a, -3)$ 사이의 거리가 $\sqrt{26}$이 되도록 하는 모든 실수 a의 값의 합은?

① 2　　② 4　　③ 6

④ 8　　⑤ 10

03

⤷24883-0388

네 점 $A(a, 2)$, $B(1, -1)$, $C(0, 0)$, $D(3, 0)$에 대하여 $\overline{AB}=\sqrt{2}\times\overline{CD}$일 때, 양수 a의 값을 구하시오.

04

2022학년도 고1 9월 학평 4번　⤷24883-0389

좌표평면 위의 원점 O와 두 점 $A(5, -5)$, $B(1, a)$에 대하여 $\overline{OA}=\overline{OB}$를 만족시킬 때, 양수 a의 값은?

① 3　　② 4　　③ 5

④ 6　　⑤ 7

기출 유형 10-2

수직선 위의 선분의 내분점

수직선 위의 두 점 $A(7)$, $B(-3)$에 대하여 선분 AB를 $2:3$으로 내분하는 점 P의 좌표를 구하시오.

| Step1 | 수직선 위의 선분의 내분점 구하기

$\overline{AB}$를 $2:3$으로 내분하는 점 P의 좌표는

$$P\left(\frac{2\times(-3)+3\times7}{2+3}\right), \text{ 즉 } P(3)$$

달 $P(3)$

문제에서 개념 알기 ➡ 50일 수학 유형 연결하기: 유형 10-2

수직선 위의 두 점 $A(x_1)$, $B(x_2)$에 대하여 선분 AB를 $m:n\,(m>0, n>0)$으로 내분하는 점 P의 좌표는

$$P\left(\frac{mx_2+nx_1}{m+n}\right)\text{이다.}$$

예 두 점 $A(3)$, $B(8)$에 대하여 선분 AB를 $3:2$로 내분하는 점 P의 좌표는

$$P\left(\frac{3\times8+2\times3}{3+2}\right), \text{ 즉 } P(6)$$

---

05   ➲24883-0390

수직선 위의 세 점 $A(1)$, $B(x)$, $C(7)$에 대하여 선분 AB의 중점과 선분 AC를 $1:3$으로 내분하는 점이 같도록 하는 x의 값을 구하시오.

---

06   ➲24883-0391

수직선 위의 두 점 $A(x)$, $B(12)$에 대하여 선분 AB를 $1:2$로 내분하는 점이 $P(4)$가 되도록 하는 실수 x의 값은?

① -2 ② -1 ③ 0

④ 1 ⑤ 2

---

07   ➲24883-0392

수직선 위의 두 점 $A(-2)$, $B(6)$에 대하여 선분 AB를 $1:3$으로 내분하는 점을 P, $3:1$로 내분하는 점을 Q라 할 때, 선분 PQ의 길이는?

① 4 ② $\dfrac{9}{2}$ ③ 5

④ $\dfrac{11}{2}$ ⑤ 6

---

08   ➲24883-0393

수직선 위의 두 점 $A(-3)$, $B(11)$에 대하여 선분 AB를 $a:5$로 내분하는 점이 $P(1)$이 되도록 하는 양수 a의 값은?

① 1 ② 2 ③ 3

④ 4 ⑤ 5

10

도형의 방정식

기출 유형 10-3

좌표평면 위의 선분의 내분점

좌표평면 위의 두 점 $A(2, 5)$, $B(-8, 3)$에 대하여 선분 AB를 $3 : 2$로 내분하는 점 P의 좌표를 구하시오.

| Step1 | 좌표평면 위의 선분의 내분점 구하기

$\overline{AB}$를 $3 : 2$로 내분하는 점 P의 좌표는

$$P\left(\frac{3 \times (-8) + 2 \times 2}{3 + 2}, \frac{3 \times 3 + 2 \times 5}{3 + 2}\right)$$

즉, $P\left(-4, \dfrac{19}{5}\right)$

답 $P\left(-4, \dfrac{19}{5}\right)$

문제에서 개념 알기 ➡ 50일 수학 유형 연결하기: 유형 10-3

좌표평면 위의 두 점 $A(x_1, y_1)$, $B(x_2, y_2)$에 대하여 선분 AB를 $m : n \ (m > 0, n > 0)$으로 내분하는 점 P의 좌표는

$$P\left(\frac{mx_2 + nx_1}{m + n}, \frac{my_2 + ny_1}{m + n}\right)$$

이다.

09

⟲24883-0394

세 점 $A(3, 7)$, $B(-3, 3)$, $C(x, y)$에 대하여 선분 AB의 중점과 선분 AC를 $1 : 3$으로 내분하는 점이 일치할 때, xy의 값을 구하시오.

10

⟲24883-0395

두 점 $A(-5, 8)$, $B(10, -7)$에 대하여 선분 AB를 $3 : a$로 내분하는 점의 좌표가 $(4, -1)$일 때, 양수 a의 값은?

① 1   ② 2   ③ 3

④ 4   ⑤ 5

11

⟲24883-0396

두 점 $P(2, -6)$, $Q(-5, 1)$에 대하여 선분 PQ를 $2 : 5$로 내분하는 점이 직선 $x + y + k = 0$ 위에 있을 때, 실수 k의 값은?

① 1   ② 2   ③ 3

④ 4   ⑤ 5

12   2022학년도 고2 3월 학평 8번

⟲24883-0397

두 점 $A(a, 0)$, $B(2, -4)$에 대하여 선분 AB를 $3 : 1$로 내분하는 점이 y축 위에 있을 때, 선분 AB의 길이는?

① $2\sqrt{5}$ ② $3\sqrt{5}$ ③ $4\sqrt{5}$

④ $5\sqrt{5}$ ⑤ $6\sqrt{5}$

기출 유형 10-4

삼각형의 무게중심

좌표평면 위의 세 점 $A(-1, 3)$, $B(2, 7)$, $C(5, -1)$을 꼭짓점으로 하는 삼각형 ABC의 무게중심 G의 좌표를 구하시오.

| **Step1** | 삼각형의 무게중심의 좌표 구하기

삼각형 ABC의 무게중심 G의 좌표는

$$G\left(\frac{-1+2+5}{3}, \frac{3+7+(-1)}{3}\right), \ 즉\ G(2, 3)$$

답 $G(2, 3)$

문제에서 개념 알기 ➡ 50일 수학 유형 연결하기: 유형 10-4

좌표평면 위의 세 점 $A(x_1, y_1)$, $B(x_2, y_2)$, $C(x_3, y_3)$을 꼭짓점으로 하는 삼각형 ABC의 무게중심 G의 좌표는
$\left(\dfrac{x_1+x_2+x_3}{3}, \dfrac{y_1+y_2+y_3}{3}\right)$이다.

예 세 점 $A(2, -3)$, $B(-3, 6)$, $C(4, 0)$을 꼭짓점으로 하는 $\triangle ABC$의 무게중심 G의 좌표는

$$G\left(\frac{2-3+4}{3}, \frac{-3+6+0}{3}\right), \ 즉\ G(1, 1)$$

13
⊃24883-0398

좌표평면 위의 세 점 $A(1, 3)$, $B(4, -2)$, $C(1, 8)$에 대하여 선분 BC의 중점을 M이라 하자. 이때 선분 AM을 $2:1$로 내분하는 점의 좌표를 구하시오.

14
⊃24883-0399

좌표평면 위의 세 점 $A(-2, 3)$, $B(-3a, b)$, $C(5, 6)$을 꼭짓점으로 하는 삼각형 ABC의 무게중심의 좌표가 $(-1, 5)$일 때, $a+b$의 값은?

① 4　　　　② 5　　　　③ 6

④ 7　　　　⑤ 8

15
⊃24883-0400

좌표평면 위의 세 점 $O(0, 0)$, $A(x_1, y_1)$, $B(x_2, y_2)$에 대하여 삼각형 OAB의 무게중심의 좌표가 $\left(\dfrac{2}{3}, -2\right)$일 때, 선분 AB의 중점의 좌표를 (a, b)라 하자. $a+b$의 값은?

① -2　　　　② -3　　　　③ -4

④ -5　　　　⑤ -6

16　2021학년도 고1 11월 학평 24번
⊃24883-0401

좌표평면 위의 세 점 $A(2, 6)$, $B(4, 1)$, $C(8, a)$에 대하여 삼각형 ABC의 무게중심이 직선 $y=x$ 위에 있을 때, 상수 a의 값을 구하시오. (단, 점 C는 제1사분면 위의 점이다.)

10

도형의 방정식

기출 유형 10-5

한 점과 기울기가 주어진 직선의 방정식

점 $(3, -4)$를 지나고 기울기가 -2인 직선의 방정식을 구하시오.

| Step1 | 직선의 방정식 구하기

기울기가 -2이고 점 $(3, -4)$를 지나는 직선의 방정식은 $y-(-4)=-2(x-3)$이므로 $y=-2x+2$이다.

답 $y=-2x+2$

문제에서 개념 알기 ➡ 50일 수학 유형 연결하기: 유형 10-5

좌표평면 위의 한 점 $A(x_1, y_1)$을 지나고, 기울기가 m인 직선의 방정식은 $y-y_1=m(x-x_1)$이다.

예 점 $(2, -4)$를 지나고, 기울기가 2인 직선의 방정식은 $y+4=2(x-2)$이므로 $y=2x-8$이다.

17

24883-0402

점 $(-3, 5)$를 지나고 기울기가 5인 직선의 y절편을 구하시오.

18

24883-0403

직선 $x+ay+b=0$이 점 $(2, 9)$를 지나고 x축의 양의 방향과 이루는 각의 크기가 $45°$일 때, 상수 a, b에 대하여 $a+b$의 값은?

① 6　　　　② 7　　　　③ 8

④ 9　　　　⑤ 10

19

24883-0404

직선 $ax-y+b=0$은 직선 $4x-2y+3=0$과 기울기가 같고 점 $(2, 6)$을 지난다. 상수 a, b에 대하여 $a+b$의 값은?

① 1　　　　② 2　　　　③ 3

④ 4　　　　⑤ 5

20 2022학년도 고1 3월 학평 5번

24883-0405

점 $(2, 3)$을 지나고 직선 $3x+2y-5=0$과 평행한 직선의 y절편은?

① 6　　　　② 7　　　　③ 8

④ 9　　　　⑤ 10

THEME 10 도형의 방정식

기출 유형 10-6

두 점을 지나는 직선의 방정식

좌표평면 위의 두 점 $(1, -1)$, $(-2, -7)$을 지나는 직선이 점 $(a, 5)$를 지날 때, a의 값은?

① 1   ② 2   ③ 3

④ 4   ⑤ 5

| Step1 | 직선의 방정식 구하기

좌표평면 위의 두 점 $(1, -1)$, $(-2, -7)$을 지나는 직선의 방정식은

$$y+1=\frac{-7-(-1)}{-2-1}(x-1), \; y=2x-3$$

| Step2 | a의 값 구하기

점 $(a, 5)$가 직선 $y=2x-3$ 위의 점이므로

$x=a$, $y=5$를 대입하면

$5=2a-3$, $2a=8$

따라서 $a=4$

답 ④

문제에서 개념 알기 ➡ 50일 수학 유형 연결하기: 유형 10-6

좌표평면 위의 서로 다른 두 점 $A(x_1, y_1)$, $B(x_2, y_2)$를 지나는 직선의 방정식은

$$y-y_1=\frac{y_2-y_1}{x_2-x_1}(x-x_1) \text{이다. (단, } x_1 \neq x_2)$$

21

24883-0406

좌표평면 위의 두 점 $(1, 1)$, $(4, -5)$를 지나는 직선의 x절편은?

① $\dfrac{3}{2}$ ② 2   ③ $\dfrac{5}{2}$

④ 3   ⑤ $\dfrac{7}{2}$

22

24883-0407

오른쪽 그림과 같이 좌표평면 위의 네 점 $O(0, 0)$, $A(3, 0)$, $B(3, 3)$, $C(-1, 4)$를 꼭짓점으로 하는 사각형 OABC가 있다. 사각형 OABC의 두 대각선의 교점의 좌표를 (a, b)라 할 때, $a+b$의 값은?

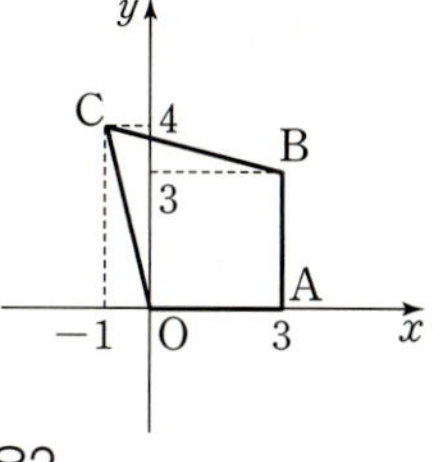

① 1   ② 2   ③ 3

④ 4   ⑤ 5

23

2020학년도 고1 9월 학평 11번

24883-0408

좌표평면 위의 서로 다른 세 점 $A(-1, a)$, $B(1, 1)$, $C(a, -7)$이 한 직선 위에 있도록 하는 양수 a의 값은?

① 5   ② 6   ③ 7

④ 8   ⑤ 9

일차방정식이 나타내는 그래프

두 일차방정식 $2x+y=5$, $x-y=-2$가 나타내는 도형의 교점과 원점을 지나는 직선의 방정식을 구하시오.

| Step1 | 일차방정식과 직선의 방정식 이해하기

두 일차방정식 $2x+y=5$, $x-y=-2$가 나타내는 도형은 각각 직선이므로 두 직선의 교점의 좌표는 연립방정식

$$\begin{cases} 2x+y=5 \\ x-y=-2 \end{cases}$$ 의 해이다.

그러므로 두 직선의 교점의 좌표는 $(1, 3)$이다.

| Step2 | 두 점을 지나는 직선의 방정식 구하기

따라서 두 점 $(1, 3)$, $(0, 0)$을 지나는 직선의 방정식은

$$y-0=\frac{3-0}{1-0}(x-0),\ y=3x$$

[답] $y=3x$

문제에서 개념 알기 ➡ 50일 수학 유형 연결하기: 유형 10-7

일차방정식 $ax+by+c=0\ (a\neq 0)$이 나타내는 도형은 다음과 같은 직선이다.

(1) $b\neq 0$일 때, $y=-\dfrac{a}{b}x-\dfrac{c}{b}$

(2) $b=0$일 때, $x=-\dfrac{c}{a}$

24

24883-0409

두 일차방정식 $-x+3y-11=0$, $3x-3y+9=0$이 나타내는 두 직선이 만나는 점의 좌표를 구하시오.

25

24883-0410

좌표평면 위에 다음 일차방정식이 나타내는 직선을 그리시오.

(1) $2x-y-2=0$

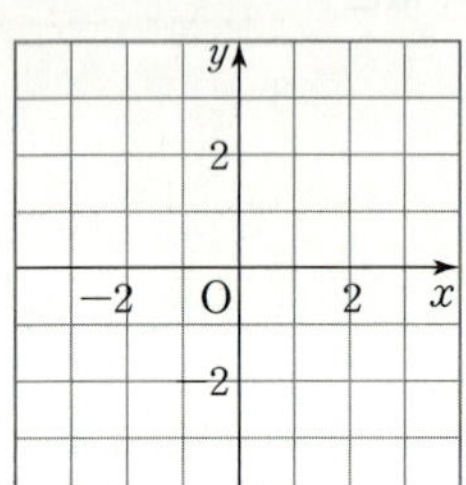

(2) $x+2=0$

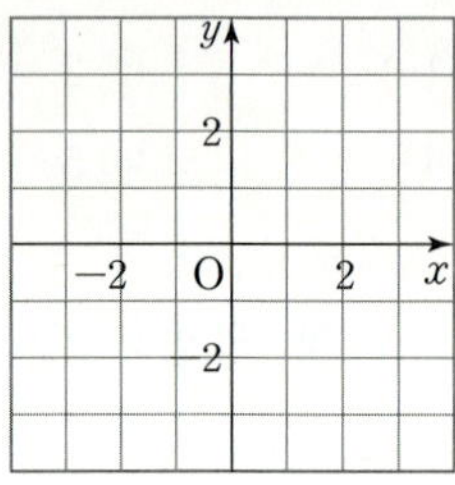

(3) $-3x+2y-6=0$

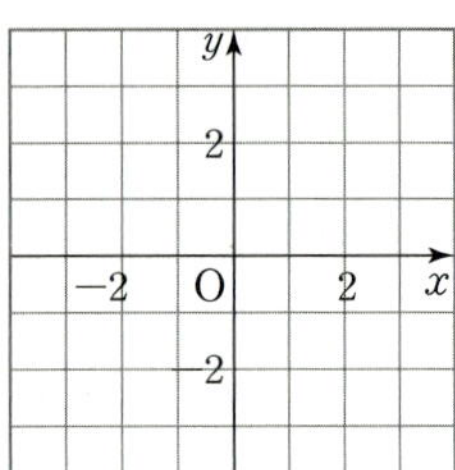

(4) $2y+4=0$

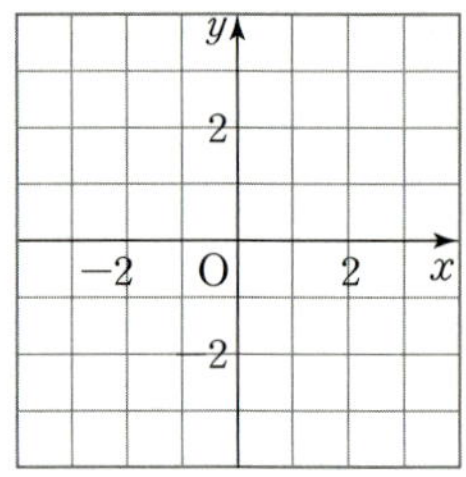

26

2022학년도 고1 9월 학평 9번

24883-0411

두 직선 $3x+2y-5=0$, $3x+y-1=0$의 교점을 지나고 직선 $2x-y+4=0$에 평행한 직선의 y절편은?

① 2   ② 3   ③ 4

④ 5   ⑤ 6

기출 유형 10-8

두 직선의 위치 관계

두 직선 $(k-2)x-3y+7=0$, $x+y-3=0$이 서로 수직이 되도록 하는 상수 k의 값을 구하시오.

| Step1 | 두 직선의 기울기 구하기

직선 $(k-2)x-3y+7=0$은 $y=\dfrac{k-2}{3}x+\dfrac{7}{3}$이므로

기울기는 $\dfrac{k-2}{3}$이고, 직선 $x+y-3=0$은 $y=-x+3$

이므로 기울기는 -1이다.

| Step2 | 두 직선이 수직일 조건 이용하여 k의 값 구하기

두 직선이 수직이려면 기울기의 곱이 -1이어야 하므로

$$\dfrac{k-2}{3}\times(-1)=-1,\ k-2=3$$

따라서 $k=5$

답 5

문제에서 개념 알기 ➜ 50일 수학 유형 연결하기: 유형 10-8

서로 다른 두 직선의 기울기가 같고 y절편이 다르면 두 직선은 서로 평행하고, 두 직선의 기울기의 곱이 -1이면 두 직선은 서로 수직이다.

27　24883-0412

두 점 $(1, -5)$, $(2, -4)$를 지나는 직선에 수직이고, y절편이 6인 직선의 방정식이 $ax+y+b=0$일 때, $a+b$의 값을 구하시오. (단, a, b는 상수이다.)

28　24883-0413

다음 두 직선이 서로 평행한지, 수직인지 쓰시오.

(1) $-2x+y-4=0$, $2x-y+3=0$

(2) $x-3y+7=0$, $y=-3x+1$

(3) $3x-5y-1=0$, $y=\dfrac{3}{5}x+9$

(4) $4x-3y=0$, $-3x-4y+1=0$

29　24883-0414

점 $(-1, 4)$를 지나는 직선 $y=ax+b$가 직선 $y=\dfrac{1}{3}x-\dfrac{5}{2}$에 수직일 때, 상수 a, b에 대하여 $a+b$의 값은?

① -8　　② -6　　③ -4

④ -2　　⑤ 0

30　2023학년도 고2 3월 학평 7번　24883-0415

점 $(6, a)$를 지나고 직선 $3x+2y-1=0$에 수직인 직선이 원점을 지날 때, a의 값은?

① 3　　② $\dfrac{7}{2}$　　③ 4

④ $\dfrac{9}{2}$　　⑤ 5

기출 유형 10-9

점과 직선 사이의 거리

점 $(1, 1)$과 직선 $3x-4y+11=0$ 사이의 거리를 구하시오.

|Step1| 점과 직선 사이의 거리 구하기

점 $(1, 1)$과 직선 $3x-4y+11=0$ 사이의 거리를 d라 하면

$$d=\frac{|3\times 1-4\times 1+11|}{\sqrt{3^2+(-4)^2}}=\frac{10}{5}=2$$

따라서 구하는 거리는 2이다.

답 2

문제에서 개념 알기 ➡ 50일 수학 유형 연결하기: 유형 10-9

점 (x_1, y_1)과 직선 $ax+by+c=0$ 사이의 거리를 d라 하면

$$d=\frac{|ax_1+by_1+c|}{\sqrt{a^2+b^2}}$$

이다.

31
○24883-0416

점 $(3, -4)$와 직선 $y=-x+3$ 사이의 거리를 구하시오.

32
○24883-0417

점 $(-1, -1)$과 직선 $ax-3y+1=0$ 사이의 거리가 1일 때, 상수 a의 값은?

① $\frac{1}{2}$　　　　② $\frac{5}{8}$　　　　③ $\frac{3}{4}$

④ $\frac{7}{8}$　　　　⑤ 1

33
○24883-0418

두 직선 $x-y=0$, $x-y+5=0$ 사이의 거리는?

① $2\sqrt{2}$　　　　② $\frac{5\sqrt{2}}{2}$　　　　③ $3\sqrt{2}$

④ $\frac{7\sqrt{2}}{2}$　　　　⑤ $4\sqrt{2}$

34
2020학년도 고2 3월 학평 17번 연계 ○24883-0419

원점과 점 $A(8, 6)$을 지나는 직선을 l이라 하자. x축 위의 점 $B(a, 0)$에 대하여 점 B와 직선 l 사이의 거리가 6일 때, 양수 a의 값을 구하시오.

원의 방정식 (1)

다음 방정식이 나타내는 원의 중심의 좌표와 반지름의 길이를 차례대로 구하시오.

$$x^2+y^2-4x+4y-8=0$$

|Step1| 원의 중심과 반지름의 길이 구하기

$x^2+y^2-4x+4y-8=0$에서

$x^2-4x+4+y^2+4y+4=16$

$(x-2)^2+(y+2)^2=4^2$

따라서 원 $x^2+y^2-4x+4y-8=0$은 중심의 좌표가 $(2,\,-2)$이고 반지름의 길이가 4이다.

답 $(2,\,-2),\,4$

문제에서 개념 알기 ➡ 50일 수학 유형 연결하기: 유형 10-10

중심이 $(a,\,b)$이고 반지름의 길이가 r인 원의 방정식은 $(x-a)^2+(y-b)^2=r^2$이다.

35
➲24883-0420

방정식 $x^2+y^2-6x+10y=0$이 나타내는 도형의 넓이는?

① 30π ② 31π ③ 32π

④ 33π ⑤ 34π

36
➲24883-0421

두 점 $A(-3,\,1)$과 $B(1,\,-2)$에 대하여 선분 AB를 지름으로 하는 원의 중심과 반지름의 길이를 차례대로 구한 것은?

① $(-1,\,-1),\,\dfrac{5}{2}$ ② $(-1,\,-1),\,3$

③ $\left(-1,\,-\dfrac{1}{2}\right),\,\dfrac{1}{2}$ ④ $\left(-1,\,-\dfrac{1}{2}\right),\,2$

⑤ $\left(-1,\,-\dfrac{1}{2}\right),\,\dfrac{5}{2}$

37
➲24883-0422

중심의 좌표가 $(3,\,-2)$이고 한 점 $(5,\,1)$을 지나는 원의 반지름의 길이는?

① $\sqrt{13}$ ② $\sqrt{14}$ ③ $\sqrt{15}$

④ 4 ⑤ $4\sqrt{2}$

38   2020학년도 고2 3월 학평 24번
➲24883-0423

원 $x^2+y^2-8x+6y=0$의 넓이는 $k\pi$이다. 양수 k의 값을 구하시오.

기출 유형 10-11

원의 방정식 (2)

중심이 $(5, 4)$이고 x축에 접하는 원의 방정식을 구하시오.

|Step1| x축에 접하는 원의 방정식 이해하기

중심이 $(5, 4)$인 원이 x축에 접하므로 반지름의 길이는 4이다.

|Step2| 원의 방정식 구하기

따라서 중심이 $(5, 4)$이고 반지름의 길이가 4인 원의 방정식은 $(x-5)^2+(y-4)^2=4^2$이다.

탑 $(x-5)^2+(y-4)^2=16$

문제에서 개념 알기 ➡ 50일 수학 유형 연결하기: 유형 10-11

(1) 중심이 (a, b)이고 x축에 접하는 원의 방정식은
$(x-a)^2+(y-b)^2=b^2$

(2) 중심이 (a, b)이고 y축에 접하는 원의 방정식은
$(x-a)^2+(y-b)^2=a^2$

39

➲24883-0424

x축과 y축에 동시에 접하고 넓이가 4π인 원의 방정식은 $x^2+y^2+ax+by+c=0$이다. 이때 $a+b+c$의 값을 구하시오. (단, 원의 중심은 제1사분면 위의 점이고 a, b, c는 상수이다.)

40

➲24883-0425

원 $x^2+y^2+4x-6y+k=0$이 y축에 접할 때, 상수 k의 값은?

① 5 　　② 6 　　③ 7

④ 8 　　⑤ 9

41

➲24883-0426

원의 중심이 제1사분면에 있는 원의 넓이가 9π이고 이 원이 점 $(2, 0)$에서 x축에 접할 때, 이 원의 중심의 y좌표는?

① 1 　　② 2 　　③ 3

④ 4 　　⑤ 5

42 　2022학년도 고1 3월 학평 25번 연계

➲24883-0427

곡선 $y=x^2$ 위의 점 중 제2사분면에 있는 점을 중심으로 하고, x축과 y축에 동시에 접하는 원의 방정식은 $x^2+y^2+ax+by+c=0$이다. 이때 $a+b+c$의 값을 구하시오. (단, a, b, c는 상수이다.)

기출 유형 10-12

이차방정식이 나타내는 도형

다음 방정식이 나타내는 도형 중 원이 <u>아닌</u> 것은?

① $x^2+y^2+x+y=0$

② $x^2+y^2-2x-2y+1=0$

③ $x^2+y^2+2x+2y-3=0$

④ $x^2+y^2-6x+4y+15=0$

⑤ $x^2+y^2-4x-4y-4=0$

| Step1 | 이차방정식과 도형의 관계 구하기

① $x^2+y^2+x+y=0$에서

$$\left(x+\frac{1}{2}\right)^2+\left(y+\frac{1}{2}\right)^2=\frac{1}{2}$$

② $x^2+y^2-2x-2y+1=0$에서

$$(x-1)^2+(y-1)^2=1$$

③ $x^2+y^2+2x+2y-3=0$에서

$$(x+1)^2+(y+1)^2=5$$

④ $x^2+y^2-6x+4y+15=0$에서

$$(x-3)^2+(y+2)^2=-2$$

⑤ $x^2+y^2-4x-4y-4=0$에서

$$(x-2)^2+(y-2)^2=12$$

따라서 원의 방정식이 아닌 것은 ④이다.

답 ④

문제에서 개념 알기 ➡ 50일 수학 유형 연결하기: 유형 10-12

이차방정식 $x^2+y^2+Ax+By+C=0$이 나타내는 도형은

$$\left(x+\frac{A}{2}\right)^2+\left(y+\frac{B}{2}\right)^2=\frac{A^2+B^2-4C}{4}$$이므로

$A^2+B^2-4C>0$이면 중심이 $\left(-\dfrac{A}{2},\ -\dfrac{B}{2}\right)$이고

반지름의 길이가 $\dfrac{\sqrt{A^2+B^2-4C}}{2}$인 원이 된다.

43

○24883-0428

방정식 $(x+3)^2+(y-2)^2=a^2-3a+2$가 나타내는 도형이 한 점이 되도록 하는 모든 실수 a의 값의 합은?

① 1 　　② 2 　　③ 3

④ 4 　　⑤ 5

44

○24883-0429

방정식 $x^2+2x+y^2-4y+k=0$이 나타내는 도형이 원이 되도록 하는 자연수 k의 개수를 구하시오.

45

2023학년도 고1 11월 학평 14번 연계　　○24883-0430

방정식 $x^2+y^2-2x-ay-2=0$이 나타내는 원의 중심이 직선 $y=2x-1$ 위에 있을 때, 원의 반지름의 길이를 r이라 하자. $a+r$의 값은? (단, a는 상수이다.)

① 1 　　② 2 　　③ 3

④ 4 　　⑤ 5

기출 유형 10-13

원과 직선의 위치 관계

원 $x^2+y^2=16$과 직선 $y=x+k$가 서로 다른 두 점에서 만날 때, 실수 k의 값의 범위를 구하시오.

| Step1 | 원과 직선이 서로 다른 두 점에서 만나는 조건 이해하기

원과 직선이 서로 다른 두 점에서 만나려면 원의 반지름의 길이가 원의 중심과 직선 사이의 거리보다 커야 한다.

| Step2 | 실수 k의 값의 범위 구하기

원의 중심과 직선 $x-y+k=0$ 사이의 거리를 d라 하면

$$d=\frac{|k|}{\sqrt{1^2+(-1)^2}}<4,\ |k|<4\sqrt{2}$$

따라서 실수 k의 값의 범위는

$$-4\sqrt{2}<k<4\sqrt{2}$$

답 $-4\sqrt{2}<k<4\sqrt{2}$

문제에서 개념 알기 ➡ 50일 수학 유형 연결하기: 유형 10-13

1. 원의 중심과 직선 사이의 거리를 d, 원의 반지름의 길이를 r이라 할 때,

① $d<r$이면 원과 직선은 서로 다른 두 점에서 만난다.

② $d=r$이면 원과 직선은 한 점에서 만난다(접한다).

③ $d>r$이면 원과 직선은 만나지 않는다.

46
24883-0431

원 $x^2+y^2=r^2$과 직선 $3x-4y+9=0$이 접하도록 하는 상수 r의 값을 구하시오.

47
24883-0432

원 $x^2+(y-5)^2=25$와 직선 $y=\sqrt{3}x+k$가 한 점에서 만날 때, 양수 k의 값을 구하시오.

48
24883-0433

원 $(x+2)^2+(y-1)^2=49$와 직선 $3x+4y+k=0$이 만나지 않도록 하는 자연수 k의 최솟값은?

① 32　　② 34　　③ 36

④ 38　　⑤ 40

49
2021학년도 고2 3월 학평 10번　24883-0434

직선 $x+2y+5=0$이 원 $(x-1)^2+y^2=r^2$에 접할 때, 양수 r의 값은?

① $\dfrac{7\sqrt{5}}{5}$　　② $\dfrac{6\sqrt{5}}{5}$　　③ $\sqrt{5}$

④ $\dfrac{4\sqrt{5}}{5}$　　⑤ $\dfrac{3\sqrt{5}}{5}$

기출 유형 10-14

기울기가 주어질 때 원의 접선의 방정식

직선 $2x-y-4=0$에 평행하고 원 $x^2+y^2=2$에 접하는 직선의 방정식을 모두 구하시오.

| Step1 | 기울기가 주어진 원의 접선의 방정식 구하기

직선 $2x-y-4=0$, 즉 $y=2x-4$에 평행한 직선의 기울기는 2이고, 원 $x^2+y^2=2$의 반지름의 길이는 $\sqrt{2}$이므로 구하는 접선의 방정식은

$y=2x\pm\sqrt{2}\times\sqrt{2^2+1}$, $y=2x\pm\sqrt{10}$

답 $y=2x+\sqrt{10}$, $y=2x-\sqrt{10}$

문제에서 개념 알기 ➡ 50일 수학 유형 연결하기: 유형 10-14

원 $x^2+y^2=r^2$에 접하고 기울기가 m인 접선의 방정식은 $y=mx\pm r\sqrt{m^2+1}$이다.

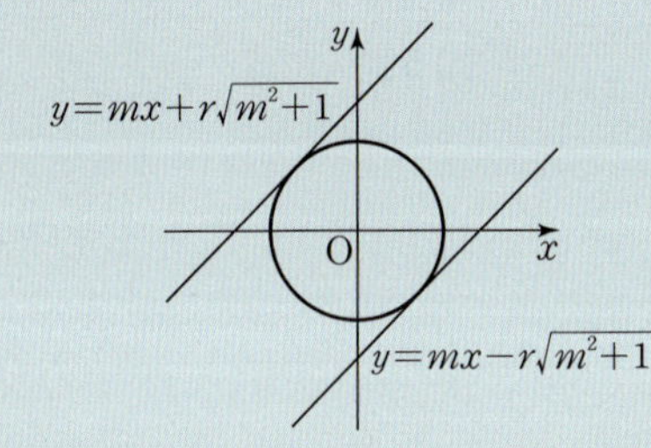

50
⤴24883-0435

원 $x^2+y^2=5$에 접하고 기울기가 -2인 직선 중 y절편이 양수인 직선의 방정식을 구하시오.

51
⤴24883-0436

원 $x^2+y^2=9$에 접하고 기울기가 3인 두 직선의 y절편의 곱은?

① -82 ② -84 ③ -86
④ -88 ⑤ -90

52
⤴24883-0437

직선 $x+3y=0$에 수직이고 원 $x^2+y^2=4$에 접하는 직선의 방정식이 $ax-y+b=0$일 때, a^2+b^2의 값을 구하시오.

(단, a, b는 상수이다.)

53
2020학년도 고2 3월 학평 11번　⤴24883-0438

좌표평면에서 기울기가 m이고 점 $(0,\ 3)$을 지나는 직선이 원 $x^2+y^2=1$과 한 점에서 만날 때, 양수 m의 값은?

① $\sqrt{2}$ ② $2\sqrt{2}$ ③ $3\sqrt{2}$
④ $4\sqrt{2}$ ⑤ $5\sqrt{2}$

10

도형의 방정식

기출 유형 10-15

원 위의 점에서의 접선의 방정식

원 $x^2+y^2=6$ 위의 점에서의 접선의 방정식을 구하시오.

(1) $(2, \sqrt{2})$　　　　(2) $(\sqrt{3}, \sqrt{3})$

| Step1 | 원 위의 점에서의 접선의 방정식 구하기

(1) 원 $x^2+y^2=6$ 위의 점 $(2, \sqrt{2})$에서의 접선의 방정식은 $2x+\sqrt{2}y=6$이다.

(2) 원 $x^2+y^2=6$ 위의 점 $(\sqrt{3}, \sqrt{3})$에서의 접선의 방정식은 $\sqrt{3}x+\sqrt{3}y=6$이다.

답 (1) $2x+\sqrt{2}y=6$　(2) $\sqrt{3}x+\sqrt{3}y=6$

문제에서 개념 알기 ➡ 50일 수학 유형 연결하기: 유형 10-15

원 $x^2+y^2=r^2$ 위의 점 (x_1, y_1)에서의 접선의 방정식은 $x_1x+y_1y=r^2$이다.

54

⟳24883-0439

원 $x^2+y^2=r^2$ 위의 점 $(-2, 3)$에서의 접선의 y절편을 구하시오.

55

⟳24883-0440

원 $x^2+y^2=10$ 위의 점 중 제1사분면에 있는 점 $(3, a)$에서의 접선이 점 $(b, 7)$을 지난다. $a+b$의 값은?

① 1　　　　② 2　　　　③ 3

④ 4　　　　⑤ 5

56

⟳24883-0441

원 $x^2+y^2=10$ 위의 점 중 제1사분면에 있는 점 (a, b)에서의 접선의 기울기가 -3일 때, $a+b$의 값은?

① 1　　　　② 2　　　　③ 3

④ 4　　　　⑤ 5

57　2021학년도 고1 9월 학평 10번

⟳24883-0442

원 $x^2+y^2=10$ 위의 점 $(1, 3)$에서의 접선의 x절편은?

① 6　　　　② 7　　　　③ 8

④ 9　　　　⑤ 10

기출 유형 **10-16**

원 밖의 한 점에서 원에 그은 접선의 방정식

점 $(2, 0)$에서 원 $x^2+y^2=1$에 그은 접선의 방정식을 모두 구하시오.

|Step1| 원 위의 점에서의 접선의 방정식 구하기

원 위의 접점을 (x_1, y_1)이라 하면 접선의 방정식은

$x_1 x+y_1 y=1$이다.

|Step2| 접점 구하기

접선이 점 $(2, 0)$을 지나므로

$x_1 \times 2+y_1 \times 0=1, \ x_1=\dfrac{1}{2}$

또, 점 (x_1, y_1)이 원 위의 점이므로 $x_1^2+y_1^2=1$

$\left(\dfrac{1}{2}\right)^2+y_1^2=1, \ y_1^2=\dfrac{3}{4}, \ y_1=\pm\dfrac{\sqrt{3}}{2}$

따라서 접선의 방정식은

$\dfrac{1}{2}x+\dfrac{\sqrt{3}}{2}y=1, \ \dfrac{1}{2}x-\dfrac{\sqrt{3}}{2}y=1$

답 $\dfrac{1}{2}x+\dfrac{\sqrt{3}}{2}y=1, \ \dfrac{1}{2}x-\dfrac{\sqrt{3}}{2}y=1$

문제에서 개념 알기 ➡ 50일 수학 유형 연결하기: 유형 10-16

1. 원 밖의 한 점에서 원에 그은 접선의 방정식

   (1) 원 위의 접점을 이용하는 경우

   　원 위의 접점을 (x_1, y_1)이라 두고 접선의 방정식을 구하고, x_1, y_1에 대한 연립방정식을 풀어 x_1, y_1의 값을 구한다.

   (2) 기울기가 m인 접선의 방정식을 이용하는 경우

   　기울기가 m인 접선의 방정식을 구하고, 접선에 원 밖의 한 점을 대입하여 기울기 m의 값을 구한다.

58　　⭕24883-0443

점 $(0, -3)$에서 원 $x^2+y^2=3$에 그은 접선의 방정식을 모두 구하시오.

59　　⭕24883-0444

점 $(3, 1)$에서 원 $(x-1)^2+(y-1)^2=1$에 그은 접선의 기울기의 곱을 k라 할 때, $27k^2$의 값을 구하시오.

（단, k는 상수이다.）

60　 2018학년도 고2 3월 학평 25번　⭕24883-0445

점 $(0, 3)$에서 원 $x^2+y^2=1$에 그은 접선이 x축과 만나는 점의 x좌표를 k라 할 때, $16k^2$의 값을 구하시오.

10

도형의 방정식

기출 유형 10-17

점과 도형의 평행이동

점 P를 x축의 방향으로 -4만큼, y축의 방향으로 3만큼 평행이동한 점을 P$'$이라 할 때, 선분 PP$'$의 길이를 구하시오.

| Step1 | 평행이동한 점의 좌표 구하기

P(x, y)라 하면 P$'(x-4, y+3)$이다.

| Step2 | 두 점 사이의 거리 구하기

따라서 선분 PP$'$의 길이는

$$\sqrt{(x-4-x)^2+(y+3-y)^2}$$
$$=\sqrt{(-4)^2+3^2}=5$$

답 5

문제에서 개념 알기 ➡ 50일 수학 유형 연결하기: 유형 10-17

(1) 점 P(x, y)를 x축의 방향으로 a만큼, y축의 방향으로 b만큼 평행이동한 점 P$'$의 좌표는 P$'(x+a, y+b)$이다.

(2) 방정식 $f(x, y)=0$이 나타내는 도형을 x축의 방향으로 a만큼, y축의 방향으로 b만큼 평행이동한 도형의 방정식은 $f(x-a, y-b)=0$이다.

61
⤷24883-0446

직선 $x+ay+a+1=0$을 x축의 방향으로 b만큼, y축의 방향으로 -5만큼 평행이동한 직선의 방정식이 $x+3y-6=0$일 때, $a+b$의 값은? (단, a, b는 상수이다.)

① 25 　　　 ② 26 　　　 ③ 27
④ 28 　　　 ⑤ 29

62
⤷24883-0447

점 $(-3, -1)$을 점 $(2, 4)$로 옮기는 평행이동에 의하여 점 $(1, 3)$을 평행이동한 점의 좌표는 (p, q)이다. $p+q$의 값은?

① 14 　　　 ② 15 　　　 ③ 16
④ 17 　　　 ⑤ 18

63
⤷24883-0448

직선 $x-2y+1=0$을 x축의 방향으로 a만큼, y축의 방향으로 a만큼 평행이동한 직선이 원 $(x-2)^2+(y-3)^2=36$의 넓이를 이등분할 때, 실수 a의 값은?

① 1 　　　 ② 2 　　　 ③ 3
④ 4 　　　 ⑤ 5

64
2021학년도 고2 3월 학평 8번　⤷24883-0449

원 $x^2+(y+4)^2=10$을 x축의 방향으로 -4만큼, y축의 방향으로 2만큼 평행이동하였더니 원 $x^2+y^2+ax+by+c=0$과 일치하였다. 이때 $a+b+c$의 값은? (단, a, b, c는 상수이다.)

① 14 　　　 ② 16 　　　 ③ 18
④ 20 　　　 ⑤ 22

기출 유형 **10-18**

점과 도형의 대칭이동

직선 $ax+y+1=0$을 y축에 대하여 대칭이동한 다음 원점에 대하여 대칭이동하였더니 점 $(1, 7)$을 지날 때, 상수 a의 값을 구하시오.

| **Step1** | y축에 대하여 대칭이동한 도형의 방정식 구하기

직선 $ax+y+1=0$을 y축에 대하여 대칭이동한 직선의 방정식은

$a \times (-x) + y + 1 = 0$

$-ax + y + 1 = 0$

| **Step2** | 원점에 대하여 대칭이동한 도형의 방정식 구하기

이 직선을 원점에 대하여 대칭이동한 직선의 방정식은

$-a \times (-x) + (-y) + 1 = 0$

$ax - y + 1 = 0$

| **Step3** | 상수 a의 값 구하기

이 직선이 점 $(1, 7)$을 지나므로 $x=1$, $y=7$을 대입하면

$a - 7 + 1 = 0$

따라서 $a = 6$

답 6

문제에서 개념 알기 ➡ 50일 수학 유형 연결하기: 유형 10-18

대칭이동은 다음과 같이 정리할 수 있다.

	점 (a, b)	도형 $f(x, y)=0$
x축	$(a, -b)$	$f(x, -y)=0$
y축	$(-a, b)$	$f(-x, y)=0$
원점	$(-a, -b)$	$f(-x, -y)=0$
$y=x$	(b, a)	$f(y, x)=0$

65
➲24883-0450

중심의 좌표가 $(-1, 1)$이고 반지름의 길이가 r인 원을 원점에 대하여 대칭이동하였더니 원점을 지났다. 이때 r의 값은?

① 1 　　② $\sqrt{2}$ 　　③ $\sqrt{3}$

④ 2 　　⑤ $\sqrt{5}$

66
➲24883-0451

포물선 $y=x^2-2x+a$를 y축에 대하여 대칭이동한 포물선의 꼭짓점이 직선 $y=2x+1$ 위에 있을 때, 상수 a의 값은?

① -2 　　② -1 　　③ 0

④ 1 　　⑤ 2

67
2022학년도 고2 3월 학평 23번 　➲24883-0452

점 $(5, 4)$를 직선 $y=x$에 대하여 대칭이동한 후, y축의 방향으로 1만큼 평행이동한 점의 좌표는 (a, b)이다. ab의 값을 구하시오.

미니 모의고사

제한 시간 : 30분 / 점수 : 　 / 30

01
⊃24883-0453

일차방정식 $4x-2y+5=0$이 나타내는 직선의 기울기는?

[2점]

① 1 ② 2 ③ 3
④ 4 ⑤ 5

02
⊃24883-0454

두 점 $\mathrm{A}(2, -3)$과 $\mathrm{B}(-4, 5)$를 지름의 양끝으로 하는 원의 반지름의 길이를 구하시오. [2점]

03
2021학년도 고1 9월 학평 25번 　⊃24883-0455

점 $(2, 5)$를 지나고 직선 $3x+2y-4=0$에 수직인 직선의 방정식이 $2x+ay+b=0$일 때, $a+b$의 값은?

(단, a, b는 상수이다.) [3점]

① 5 ② 6 ③ 7
④ 8 ⑤ 9

04
2023학년도 고1 11월 학평 9번 　⊃24883-0456

좌표평면 위에 두 점 $\mathrm{A}(2, 4)$, $\mathrm{B}(5, 1)$이 있다. 직선 $y=-x$ 위의 점 P에 대하여 $\overline{\mathrm{AP}}=\overline{\mathrm{BP}}$일 때, 선분 OP의 길이는? (단, O는 원점이다.) [3점]

① $\dfrac{\sqrt{2}}{4}$ ② $\dfrac{\sqrt{2}}{2}$ ③ $\sqrt{2}$
④ $2\sqrt{2}$ ⑤ $4\sqrt{2}$

05
⊃24883-0457

점 $(a, 0)$에서 두 직선 $x-3y-15=0$, $2x-\sqrt{6}y-6=0$에 이르는 거리가 같도록 하는 양수 a의 값을 구하시오.

[3점]

06
➲24883-0458

직선 $x-2y+a=0$이 원 $(x-3)^2+(y-1)^2=5$에 접할 때, 양수 a의 값은? [3점]

① 1　　　　② 2　　　　③ 3
④ 4　　　　⑤ 5

07
2022학년도 고2 3월 학평 8번　　➲24883-0459

두 점 $\mathrm{A}(3, -4)$, $\mathrm{B}(0, a)$에 대하여 선분 AB를 $2:3$으로 내분하는 점이 x축 위에 있을 때, 상수 a의 값은? [3점]

① 2　　　　② 4　　　　③ 6
④ 8　　　　⑤ 10

08
➲24883-0460

원 $x^2+y^2=8$ 위의 점 중 제1사분면의 점 (a, b)에서의 접선의 기울기가 -1일 때, $a+b$의 값은? [3점]

① 4　　　　② $\dfrac{9}{2}$　　　　③ 5
④ $\dfrac{11}{2}$　　　　⑤ 6

09
2020학년도 고1 11월 학평 26번　　➲24883-0461

좌표평면에서 이차함수 $y=x^2-8x+1$의 그래프와 직선 $y=2x+6$이 만나는 두 점을 각각 A, B라 하자. 삼각형 OAB의 무게중심의 좌표를 (a, b)라 할 때, $a+b$의 값은? (단, O는 원점이다.) [4점]

① 12　　　　② 13　　　　③ 14
④ 15　　　　⑤ 16

10
2021학년도 고2 3월 학평 15번　　➲24883-0462

좌표평면에서 세 점 $\mathrm{A}(1, 3)$, $\mathrm{B}(a, 5)$, $\mathrm{C}(b, c)$가 다음 조건을 만족시킨다.

> (가) 두 직선 OA, OB는 서로 수직이다.
> (나) 두 점 B, C는 직선 $y=x$에 대하여 서로 대칭이다.

직선 AC의 y절편을 k라 하자. $10k$의 값을 구하시오. (단, O는 원점이다.) [4점]

Memo

Memo

EBS
수학의 왕도
수학 공부의 핵심은
암기도, 양치기도 아닌
개|념|이|해
수학의 왕도
한눈에 쏙 들어오는 시각화 요소로
누구나 개념을 쉽게 이해하는
EBS 수학 기본서
공통수학1
공통수학2
대수
미적분 I
확률과 통계
고교 수학은
EBS 수학의 왕도로
한 번에 완성!
2022 개정 교육과정 완벽 적용 기본서
개념 이해가 쉬운 시각화 장치로 친절한 개념서
기초 문제부터 실력 문제까지 모두 포함된 종합서

50일 수학

정답과 풀이

실전 문제로 기초를 다지는 50일

기출 워크북 하

50일 수학

기출 워크북 하

정답과 풀이

THEME 06 함수

01 ③	**02** ②	**03** 풀이 참조	**04** ①
05 ②	**06** ③	**07** -1	**08** ③	**09** ①
10 ①	**11** 22	**12** ④	**13** 8	**14** ②
15 ①	**16** 5	**17** ⑤	**18** ②	**19** ④
20 ③	**21** 4	**22** ②	**23** 2	**24** ②
25 ②	**26** ③	**27** ④	**28** ⑤	**29** ②
30 ③	**31** ㄱ, ㄷ	**32** 3	**33** 2	**34** 16
35 ①	**36** 2개	**37** 7	**38** 5	**39** 6
40 ②	**41** ④	**42** ④	**43** 4	**44** ③
45 ②	**46** 1	**47** 8	**48** ④	**49** ④
50 24	**51** 10	**52** 4	**53** 4, 3	**54** ③
55 ②	**56** ㄴ, ㄹ	**57** ④	**58** 8	**59** ③
60 ②	**61** 3	**62** 6	**63** ④	**64** 27
65 ①	**66** (1) 풀이 참조 (2) 풀이 참조	**67** 4		
68 $\dfrac{2}{(x+1)(x+3)}$	**69** ③	**70** 7	**71** ③	
72 ⑤	**73** ④	**74** (1) 풀이 참조 (2) 풀이 참조		
75 14	**76** $2 \leq x \leq 5$	**77** ③	**78** ④	
79 9	**80** (1) 풀이 참조 (2) 풀이 참조	**81** ①		
82 ①	**83** ③	**84** ④	**85** 3	

01

| Step1 | a**의 값 구하기**

$f(x)=2x+a$에서

$f(a)=2a+a=3a=27$이므로

$a=9$

| Step2 | $f(2)$**의 값 구하기**

$f(x)=2x+9$이므로

$f(2)=2\times2+9=13$

02

| Step1 | a**의 값 구하기**

$f(x)=x+3$에서

$f(2)=2+3=5$이므로 $a=5$

| Step2 | b**의 값 구하기**

$f(b)=b+3=10$에서 $b=7$

| Step3 | $a+b$**의 값 구하기**

따라서 $a+b=5+7=12$

03

| Step1 | a**의 값 구하기**

$f(x)=-3x+9$에서

$f(2)=-3\times2+9=3$이므로

$a=3$

| Step2 | 점 $(f(a),\,g(a))$**의 좌표 구하기**

$f(a)=f(3)=-3\times3+9=0$

$g(a)=g(3)=\dfrac{1}{3}\times3-2=-1$

즉, 점 $(f(a),\,g(a))$는 점 $(0,\,-1)$이다.

| Step3 | 점 $(f(a),\,g(a))$**를 좌표평면에 나타내기**

따라서 점 $(f(a),\,g(a))$를 좌표평면에 나타내면 다음과 같다.

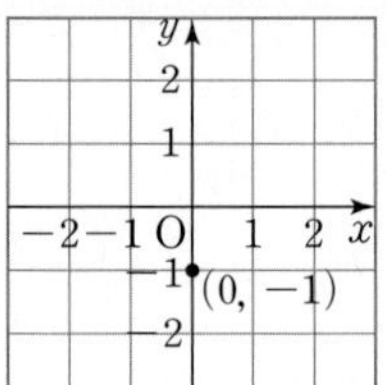

04

|Step1| 함숫값을 이용하여 a의 값 구하기

$f(x)=ax-9$에서 $f(3)=3$이므로

$f(3)=3a-9=3$

$3a=12,\ a=4$

|Step2| $f(4)$의 값 구하기

따라서 $f(x)=4x-9$이므로

$f(4)=4\times4-9=16-9=7$

05

|Step1| a의 값 구하기

$y=-4x+a$에

$y=0$을 대입하면 $0=-4x+a,\ x=\dfrac{a}{4}$

$x=0$을 대입하면 $y=-4\times0+a=a$

즉, x절편이 $\dfrac{a}{4}$, y절편이 a이므로

$\dfrac{a}{4}+a=\dfrac{5}{4}a=15,\ a=12$

|Step2| y절편 구하기

따라서 일차함수 $y=-4x+12$의 그래프의 y절편은 12이다.

06

|Step1| 일차함수가 되는 조건 이해하기

$ay-3x+bx^3=5$가 일차함수가 되려면 x^3의 계수는 0이고 y의 계수는 0이 아니어야 하므로 $a\neq0,\ b=0$

07

|Step1| x절편 구하기

$y=-\dfrac{4}{3}x+4$에 $y=0$을 대입하면

$0=-\dfrac{4}{3}x+4,\ x=3$이므로 x절편은 3

|Step2| y절편 구하기

$y=-\dfrac{4}{3}x+4$에 $x=0$을 대입하면

$y=-\dfrac{4}{3}\times0+4,\ y=4$이므로 y절편은 4

|Step3| $a-b$의 값 구하기

따라서 $a=3,\ b=4$이므로

$a-b=3-4=-1$

08

|Step1| x절편 구하기

$y=2x+6$에 $y=0$을 대입하면

$0=2x+6,\ x=-3$이므로 x절편은 -3

|Step2| y절편 구하기

$y=2x+6$에 $x=0$을 대입하면

$y=2\times0+6,\ y=6$이므로 y절편은 6

|Step3| x절편과 y절편의 합 구하기

따라서 x절편과 y절편의 합은 $-3+6=3$

09

|Step1| 두 점을 지나는 일차함수의 식 구하기

두 점 $(6,\ 0)$, $(0,\ -3)$을 지나는 직선을 그래프로 하는 일차함수의 식에서

$(기울기)=\dfrac{-3-0}{0-6}=\dfrac{1}{2}$이므로 구하는 일차함수의 식을

$y=\dfrac{1}{2}x+b$로 놓을 수 있다.

$x=0,\ y=-3$을 대입하면

$-3=\dfrac{1}{2}\times0+b,\ b=-3$

따라서 구하는 일차함수의 식은 $y=\dfrac{1}{2}x-3$이다.

|Step2| a의 값 구하기

일차함수 $y=\dfrac{1}{2}x-3$의 그래프가 점 $(-4a,\ a)$를 지나므로

$x=-4a,\ y=a$를 대입하면

$a=\dfrac{1}{2}\times(-4a)-3,\ 3a=-3,\ a=-1$

10

|Step1| 두 점을 지나는 일차함수의 식 구하기

두 점 $(-2,\ 0)$, $(2,\ -4)$를 지나는 직선을 그래프로 하는 일차함수의 식에서

(기울기)$=\dfrac{-4-0}{2-(-2)}=-1$이므로 구하려는 일차함수의 식을

$y=-x+b$로 놓을 수 있다.

$x=-2,\ y=0$을 대입하면

$0=2+b,\ b=-2$

즉, 구하는 일차함수의 식은 $y=-x-2$이다.

| Step2 | $m+n$의 값 구하기

따라서 $m=-1,\ n=-2$이므로

$m+n=-1+(-2)=-3$

11

| Step1 | 일차함수의 식 구하기

기울기가 4이므로 구하려는 일차함수의 식을 $y=4x+b$로 놓을 수 있다.

점 $(2,\ 30)$을 지나므로 $x=2,\ y=30$을 대입하면

$30=4\times2+b,\ b=22$

| Step2 | y절편 구하기

즉, 구하는 일차함수의 식은 $y=4x+22$이므로

$x=0$을 대입하면 $y=22$

따라서 구하는 y절편은 22이다.

12

| Step1 | 직선의 기울기 구하기

각 직선의 기울기는 다음과 같다.

① $\dfrac{1}{3}$ ② $\dfrac{3-0}{0-(-9)}=\dfrac{1}{3}$ ③ $\dfrac{1}{3}$

④ $\dfrac{-1-1}{3-(-3)}=-\dfrac{1}{3}$ ⑤ $\dfrac{1}{3}$

따라서 네 직선과 기울기가 다른 것은 ④이다.

13

| Step1 | a의 값 구하기

㈎에서 두 직선이 평행하므로 $a=5$

| Step2 | b의 값 구하기

㈏에서 두 직선이 일치하므로

$a-b=2b-4$

$3b=a+4,\ 3b=9$

따라서 $b=3$

| Step3 | $a+b$의 값 구하기

따라서 $a+b=5+3=8$

14

| Step1 | 기울기를 이용하여 a의 값 구하기

$y=ax+b$의 그래프는 $y=-\dfrac{2}{3}x$의 그래프와 평행하므로

$a=-\dfrac{2}{3}$

| Step2 | x절편을 이용하여 b의 값 구하기

$y=-\dfrac{2}{3}x+b$의 그래프의 x절편이 3이므로

$x=3,\ y=0$을 대입하면

$0=-\dfrac{2}{3}\times3+b,\ b=2$

| Step3 | $a+b$의 값 구하기

따라서 $a+b=-\dfrac{2}{3}+2=\dfrac{4}{3}$

15

| Step1 | 일차함수의 식으로 변형하기

$2x-3y+5k=0$에서

$-3y=-2x-5k,\ y=\dfrac{2}{3}x+\dfrac{5}{3}k$

| Step2 | x절편을 이용하여 k의 값 구하기

x절편이 $-\dfrac{5}{2}$이므로 $x=-\dfrac{5}{2},\ y=0$을 대입하면

$0=\dfrac{2}{3}\times\left(-\dfrac{5}{2}\right)+\dfrac{5}{3}k,\ k=1$

16

| Step1 | 두 점의 좌표를 대입하여 $a,\ b$의 값 구하기

$x=a,\ y=\dfrac{2}{3}$를 $2x+3y=4$에 대입하면

$2a+2=4,\ a=1$

$x=-4,\ y=b$를 $2x+3y=4$에 대입하면

$-8+3b=4,\ b=4$

| Step2 | $a+b$의 값 구하기

따라서 $a+b=1+4=5$

17

|Step1| **연립방정식의 해 구하기**

두 일차방정식의 그래프의 교점의 좌표는 x, y에 대한 연립방정식

$$\begin{cases} x-2y=7 & \cdots\cdots \text{㉠} \\ 2x+y=-1 & \cdots\cdots \text{㉡} \end{cases}$$ 의 해와 같다.

|Step2| **연립방정식의 해 구하기**

㉠$+2\times$㉡을 하면

$5x=5$, $x=1$

$x=1$을 ㉡에 대입하면

$2\times1+y=-1$, $y=-3$

즉, 교점의 좌표는 $(1, -3)$이므로

$a=1$, $b=-3$

|Step3| **$a+b$의 값 구하기**

따라서 $a+b=1+(-3)=-2$

18

|Step1| **x축에 평행한 직선의 의미 파악하기**

구하는 직선이 x축에 평행하므로 $y=q$ 꼴의 그래프이다. 즉, 두 점의 y좌표가 같아야 한다.

|Step2| **a의 값 구하기**

$a+1=-a+5$, $2a=4$

따라서 $a=2$

19

|Step1| **직선이 지나는 점의 좌표를 이용하여 k의 값 구하기**

$x=3$, $y=k$를 $y=-\dfrac{2}{3}x+1$에 대입하면

$k=-\dfrac{2}{3}\times3+1$, $k=-1$

|Step2| **x축에 평행한 직선의 방정식 구하기**

따라서 점 $(3, -1)$을 지나고 x축에 평행한 직선의 방정식은 $y=q$ 꼴의 그래프이므로

$y=-1$

20

|Step1| **직선 $-3x-3=0$에 수직인 직선의 방정식의 꼴 구하기**

$-3x-3=0$에서 $x=-1$

직선 $x=-1$에 수직인 직선의 방정식은 $y=q$ 꼴의 그래프이다.

|Step2| **직선의 방정식 구하기**

따라서 직선 $x=-1$에 수직이고 점 $(1, -2)$를 지나는 직선의 방정식은

$y=-2$

21

|Step1| **y축에 수직인 직선의 방정식을 이용하여 a의 값 구하기**

$(a-1)x-y+b=0$에서

$y=(a-1)x+b$

이 그래프가 y축에 수직이므로 $y=q$ 꼴의 그래프이다.

즉, $a-1=0$에서 $a=1$

|Step2| **b의 값 구하기**

직선 $y=b$가 점 $(2, 3)$을 지나므로 $b=3$

|Step3| **$a+b$의 값 구하기**

따라서 $a+b=1+3=4$

22

|Step1| **a의 값 구하기**

일차방정식 $2x+ay+4=0$의 그래프가 점 $(-1, 1)$을 지나므로

$x=-1$, $y=1$을 대입하면

$-2+a+4=0$, $a=-2$

|Step2| **b의 값 구하기**

일차방정식 $bx+3y+8=0$의 그래프가 점 $(-1, 1)$을 지나므로

$x=-1$, $y=1$을 대입하면

$-b+3+8=0$, $b=11$

|Step3| **$a+b$의 값 구하기**

따라서 $a+b=-2+11=9$

23

|Step1| **세 직선이 한 점을 지나는 것을 이용하여 연립방정식의 해 구하기**

일차방정식 $x+ay-10=0$의 그래프는 두 일차방정식 $x-y=1$, $x-3y+5=0$의 그래프의 교점을 지난다.

연립방정식 $\begin{cases} x-y=1 \\ x-3y+5=0 \end{cases}$ 의 해는

$x=4,\ y=3$

| Step2 | 직선이 지나는 점의 좌표를 이용하여 a의 값 구하기

즉, 직선 $x+ay-10=0$이 점 $(4,3)$을 지나므로

$x=4,\ y=3$을 대입하면

$4+3a-10=0,\ 3a=6$

따라서 $a=2$

24

| Step1 | 연립방정식의 해 구하기

연립방정식 $\begin{cases} x-2y+4=0 \\ -x+y-1=0 \end{cases}$ 의 해는

$x=2,\ y=3$

| Step2 | 두 점을 지나는 직선의 기울기 구하기

따라서 두 점 $(2,3)$, $(5,0)$을 지나는 직선의 기울기는

$\dfrac{0-3}{5-2}=-1$

25

| Step1 | 교점의 좌표를 대입하여 연립방정식의 해 구하기

두 직선이 만나는 점이 y축 위에 있으므로 교점의 좌표를 $(0,t)$라 하자.

연립방정식 $\begin{cases} ax+4y=12 & \cdots\cdots\ \text{㉠} \\ 2x+ay=a+5 & \cdots\cdots\ \text{㉡} \end{cases}$ 에서

$x=0,\ y=t$를 ㉠에 대입하면 $4t=12,\ t=3$

따라서 교점의 좌표는 $(0,3)$이다.

| Step2 | a의 값 구하기

$x=0,\ y=3$을 ㉡에 대입하면

$3a=a+5$

따라서 $a=\dfrac{5}{2}$

26

| Step1 | a의 값 구하기

점 $(a,49)$를 지나므로 $x=a,\ y=49$를 $y=x^2$에 대입하면

$49=a^2$

$a>0$이므로 $a=7$

| Step2 | b의 값 구하기

점 $(-3,b)$를 지나므로 $x=-3,\ y=b$를 $y=x^2$에 대입하면

$b=(-3)^2=9$

| Step3 | $a+b$의 값 구하기

따라서 $a+b=7+9=16$

27

| Step1 | 이차함수의 정의 이해하기

$y=ax^2+bx+c$ $(a\neq0,\ a,\ b,\ c$는 상수$)$ 꼴로 나타내어지는 함수가 이차함수이다.

② $y=-x^2$ (이차함수)

③ $y=2x^2+2x$ (이차함수)

④ $y=-6x-1$에서 $-6x-1$은 x에 대한 이차식이 아니므로 이차함수가 아니다.

⑤ $y=3x^2+11x-4$ (이차함수)

28

| Step1 | 이차함수 $y=-x^2$의 그래프의 성질 이해하기

⑤ $x>0$일 때, x의 값이 증가하면 y의 값은 감소한다.

29

| Step1 | 함숫값을 이용하여 a의 값 구하기

$f(a)=-2a^2+a^2+7=3$에서 $-a^2=-4,\ a=\pm2$

따라서 양수 a의 값은 2이다.

30

| Step1 | 이차함수 $y=ax^2$의 그래프의 성질 이해하기

$y=ax^2$의 그래프가 위로 볼록하면서 폭이 가장 넓기 위해서는 a의 부호가 음수이면서 절댓값의 크기가 가장 작아야 하므로 ③이다.

31

| Step1 | 이차함수 $y=ax^2$의 그래프 이해하기

ㄴ. $y=-3x^2$의 그래프는 위로 볼록하다.

ㄹ. $y=\dfrac{1}{5}x^2$의 그래프는 $x>0$일 때, x의 값이 증가하면 y의 값도

증가한다.

따라서 옳은 것은 ㄱ, ㄷ이다.

32

| Step1 | p, q의 값을 a에 대한 식으로 나타내기

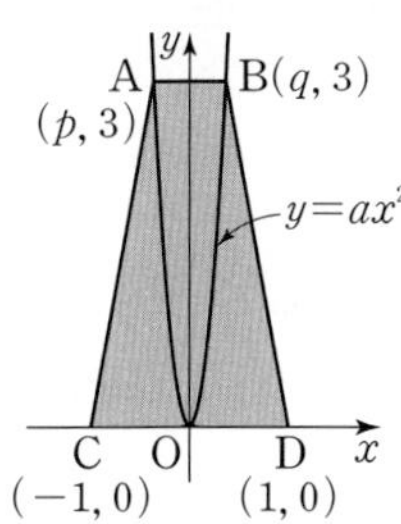

점 $A(p, 3)$이 이차함수 $y=ax^2$의 그래프 위의 점이므로

$3=ap^2$, $p^2=\dfrac{3}{a}$, $p=\pm\sqrt{\dfrac{3}{a}}$

$p<0$이므로 $p=-\sqrt{\dfrac{3}{a}}$

이때 $y=ax^2$의 그래프는 y축에 대칭이므로 $q=\sqrt{\dfrac{3}{a}}$이다.

| Step2 | 사각형의 넓이를 이용하여 a의 값 구하기

$\overline{\text{CD}}=1-(-1)=2$,

$\overline{\text{AB}}=\sqrt{\dfrac{3}{a}}-\left(-\sqrt{\dfrac{3}{a}}\right)=2\sqrt{\dfrac{3}{a}}$

사다리꼴 ACDB의 높이는 3이므로

$\square\text{ACDB}=\dfrac{1}{2}\times(\overline{\text{CD}}+\overline{\text{AB}})\times 3$

$\qquad\quad=\dfrac{1}{2}\times\left(2+2\sqrt{\dfrac{3}{a}}\right)\times 3$

$\qquad\quad=3+3\sqrt{\dfrac{3}{a}}$

사각형 ACDB의 넓이가 6이므로

$3+3\sqrt{\dfrac{3}{a}}=6$, $\sqrt{\dfrac{3}{a}}=1$

따라서 $a=3$

33

| Step1 | 평행이동한 그래프의 식 구하기

$y=-3(x+1)^2$의 그래프를 y축의 방향으로 5만큼 평행이동하면

$y=-3(x+1)^2+5$이다.

| Step2 | k의 값 구하기

이 그래프가 점 $(0, k)$를 지나므로

$x=0$, $y=k$를 대입하면

$k=-3\times 1^2+5=2$

34

| Step1 | 세 이차함수의 그래프의 폭과 모양 확인하기

세 이차함수 $y=-x^2$, $y=-(x+2)^2+4$, $y=-(x+4)^2$은 x^2의 계수가 모두 -1이므로 세 이차함수의 그래프의 폭과 모양은 서로 같다.

| Step2 | 이차함수의 그래프의 꼭짓점의 좌표를 이용하여 특정 영역을 평행이동하기

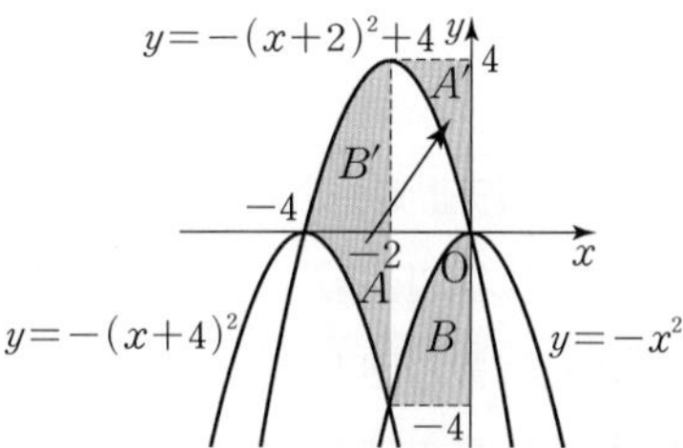

(i) $y=-(x+2)^2+4$의 그래프의 꼭짓점의 좌표는 $(-2, 4)$

$y=-(x+4)^2$의 그래프의 꼭짓점의 좌표는 $(-4, 0)$

즉, $y=-(x+2)^2+4$의 그래프는 $y=-(x+4)^2$의 그래프를 x축의 방향으로 2만큼, y축의 방향으로 4만큼 평행이동한 것이다.

따라서 그림에서 두 도형 A와 A'은 서로 합동이다.

(ii) $y=-x^2$의 그래프의 꼭짓점의 좌표는 $(0, 0)$

$y=-(x+2)^2+4$의 그래프의 꼭짓점의 좌표는 $(-2, 4)$

즉, $y=-(x+2)^2+4$의 그래프는 $y=-x^2$의 그래프를 x축의 방향으로 -2만큼, y축의 방향으로 4만큼 평행이동한 것이다.

따라서 그림에서 두 도형 B와 B'은 서로 합동이다.

| Step3 | 평행이동한 영역을 확인하고 정사각형의 넓이 구하기

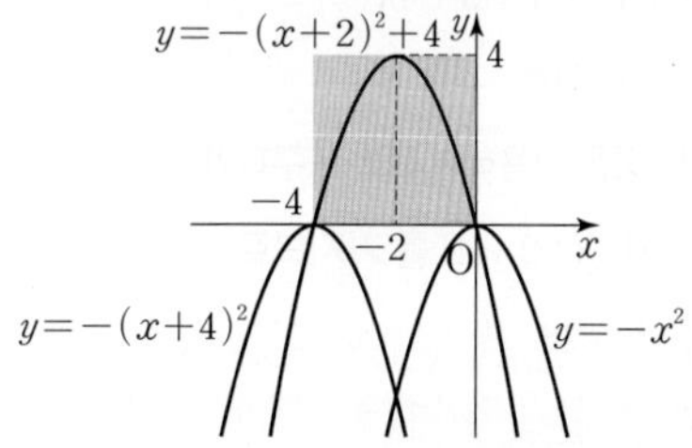

따라서 위의 그림에서 구하는 넓이는 한 변의 길이가 4인 정사각형의 넓이와 같으므로

$4 \times 4 = 16$

35

│Step1│ 이차함수의 식 변형하기

$y = -4x^2 + 8x + 1 = -4(x-1)^2 + 5$

│Step2│ a, b의 값 구하기

$x = 1$일 때 최댓값 5를 가지므로

$a = 1, b = 5$

│Step3│ $a+b$의 값 구하기

따라서 $a + b = 1 + 5 = 6$

36

│Step1│ 이차함수의 최댓값, 최솟값 구하기

ㄱ. $x = 0$일 때 최댓값 2를 가진다.

ㄴ. $x = 0$일 때 최솟값 2를 가진다.

ㄷ. $x = 5$일 때 최솟값 2를 가진다.

ㄹ. $x = 2$일 때 최솟값 0을 가진다.

ㅁ. $y = -x^2 + 2x - 1 = -(x-1)^2$은 $x = 1$일 때 최댓값 0을 가진다.

ㅂ. $y = 3x^2 - 6x - 6 = 3(x-1)^2 - 9$는 $x = 1$일 때 최솟값 -9를 가진다.

│Step2│ 최솟값이 2인 이차함수의 개수 구하기

따라서 최솟값이 2인 것은 ㄴ, ㄷ의 2개이다.

37

│Step1│ 이차함수의 식 변형하기

$y = x^2 + 2x + 3 + 4k$
$ = (x^2 + 2x + 1) - 1 + 3 + 4k$
$ = (x+1)^2 + 2 + 4k$

│Step2│ 최솟값을 이용하여 k의 값 구하기

$x = -1$일 때 최솟값 $2 + 4k$를 가지므로

$2 + 4k = 30, \ 4k = 28$

따라서 $k = 7$

38

│Step1│ 이차방정식과 이차함수의 관계 파악하기

이차방정식 $ax^2 + bx + c = 0$의 두 실근이 $-3, 2$이므로 이차함수 $y = ax^2 + bx + c$의 그래프가 x축과 만나는 두 점의 x좌표는 $-3, 2$이다.

│Step2│ 두 점 사이의 거리 구하기

따라서 구하는 두 점 사이의 거리는 $2 - (-3) = 5$

39

│Step1│ 이차방정식과 이차함수의 관계 파악하기

이차함수 $y = -3x^2 + ax + 2$의 그래프가 x축과 만나는 두 점의 x좌표는 이차방정식 $-3x^2 + ax + 2 = 0$의 두 실근과 같다.

│Step2│ a의 값 구하기

이차방정식 $-3x^2 + ax + 2 = 0$에서 근과 계수의 관계에 의하여

두 근의 합은 $\dfrac{a}{3} = 2$이다.

따라서 $a = 6$

40

│Step1│ 이차방정식의 실근의 개수 파악하기

이차함수 $y = x^2 - 6x + a$의 그래프와 x축이 만나지 않으려면 이차방정식 $x^2 - 6x + a = 0$이 서로 다른 두 허근을 가져야 한다.

│Step2│ 판별식을 이용하여 a의 값의 범위 구하기

이차방정식 $x^2 - 6x + a = 0$의 판별식을 D라 하면

$\dfrac{D}{4} = (-3)^2 - a < 0$이므로 $a > 9$이다.

│Step3│ 정수 a의 최솟값 구하기

따라서 이를 만족하는 정수 a의 최솟값은 10이다.

41

│Step1│ 이차방정식과 이차함수의 관계 파악하기

직선 $y = -2x + 3$이 이차함수 $y = 4x^2 + 2x + a$의 그래프에 접하므로 이차방정식 $-2x + 3 = 4x^2 + 2x + a$, 즉 $4x^2 + 4x + a - 3 = 0$이 중근을 갖는다.

│Step2│ 판별식을 이용하여 a의 값 구하기

이차방정식의 판별식을 D라 하면

$\dfrac{D}{4}=2^2-4(a-3)=0,\ 4-4a+12=0$

$-4a=-16$

따라서 $a=4$

42

| **Step1** | 이차방정식과 이차함수의 관계 파악하기

곡선 $y=x^2+ax+5$와 직선 $y=x+9$가 만나는 두 점의 x좌표를 각각 $\alpha,\ \beta$라 하자.

| **Step2** | a의 값 구하기

이차방정식 $x^2+ax+5=x+9$, 즉 $x^2+(a-1)x-4=0$의 두 근이 $\alpha,\ \beta$이므로 근과 계수의 관계에서

$\alpha+\beta=-(a-1)=-5$

따라서 $a=6$

43

| **Step1** | 이차방정식과 이차함수의 관계 파악하기

이차함수 $y=x^2+4x+k$의 그래프가 직선 $y=x+1$과 만나지 않으므로 이차방정식 $x^2+4x+k=x+1$, 즉 $x^2+3x+k-1=0$이 서로 다른 두 허근을 갖는다.

| **Step2** | 판별식을 이용하여 정수 k의 최솟값 구하기

이차방정식의 판별식을 D라 하면

$D=3^2-4(k-1)<0$

$-4k+13<0$

$k>\dfrac{13}{4}$

따라서 정수 k의 최솟값은 4이다.

44

| **Step1** | 이차방정식과 이차함수의 관계 파악하기

직선 $y=-x+a$가 이차함수 $y=x^2+bx+3$의 그래프에 접하므로 이차방정식 $-x+a=x^2+bx+3$, 즉 $x^2+(b+1)x+3-a=0$이 중근을 갖는다.

| **Step2** | 판별식을 이용하여 a의 최댓값 구하기

이차방정식의 판별식을 D라 하면

$D=(b+1)^2-4(3-a)=0$

$4a=-(b+1)^2+12$

$a=-\dfrac{1}{4}(b+1)^2+3$

따라서 $b=-1$일 때 최댓값 3을 가지므로 a의 최댓값은 3이다.

45

| **Step1** | 이차함수의 식 변형하기

$f(x)=-2x^2-4x+5=-2(x+1)^2+7$이므로 꼭짓점의 좌표는 $(-1,\ 7)$이다.

| **Step2** | 그래프를 이용하여 최솟값 구하기

$-1\le x\le1$에서 함수 $f(x)$는

$x=-1$일 때 최댓값 7을 가지고

$x=1$일 때 최솟값 -1을 가진다.

따라서 구하는 최솟값은 -1이다.

46

| **Step1** | k의 값 구하기

$y=-x^2+2kx-8$에 $x=k,\ y=1$을 대입하면

$1=-k^2+2k^2-8$

$k^2=9$

$k>0$이므로 $k=3$

| **Step2** | 이차함수의 최댓값 구하기

$y=-x^2+6x-8=-(x-3)^2+1$이므로

이 이차함수는 $x=3$일 때 최댓값 1을 가진다.

47

| **Step1** | 이차함수의 식 변형하기

$y=2x^2+4x-k=2(x+1)^2-2-k$이고 꼭짓점의 좌표는 $(-1,\ -2-k)$이다.

| **Step2** | 그래프를 이용하여 k의 값 구하기

$-2\le x\le4$에서 함수 $f(x)$는

$x=4$일 때 최댓값 $48-k$를 가지므로

$48-k=40$

따라서 $k=8$

48

| Step1 | 이차함수의 식 변형하기

$f(x)=x^2-6x+17=(x-3)^2+8$이므로 꼭짓점의 좌표는 $(3, 8)$이다.

| Step2 | 그래프를 이용하여 최댓값 구하기

따라서 $0\leq x\leq 4$에서 함수 $f(x)$는 $x=0$일 때 최댓값 17을 가진다.

49

| Step1 | 함숫값 구하기

$f(1)=a+1, f(2)=2a+1, f(3)=3a+1$이므로

$$f(1)+f(2)+f(3)=(a+1)+(2a+1)+(3a+1)$$
$$=6a+3$$

| Step2 | a의 값 구하기

치역의 모든 원소의 합, 즉 모든 함숫값의 합이 27이므로

$6a+3=27, 6a=24$

따라서 $a=4$

50

| Step1 | $f=g$의 뜻 파악하기

두 함수가 같기 위해서는 정의역의 두 원소 1, 2가 이차방정식 $x^2+ax-2=-3x+b$, 즉 $x^2+(a+3)x-2-b=0$의 해가 되어야 한다.

| Step2 | a, b의 값 구하기

근과 계수의 관계에서

$-(a+3)=1+2=3, -2-b=1\times 2=2$

$a=-6, b=-4$

| Step3 | ab의 값 구하기

따라서 $ab=-6\times(-4)=24$

51

| Step1 | 함숫값으로 치역 구하기

$f(-1)=8, f(0)=3, f(1)=0, f(2)=-1$

이므로 치역은 $\{-1, 0, 3, 8\}$이다.

| Step2 | 치역의 모든 원소의 합 구하기

따라서 치역의 모든 원소의 합은

$-1+0+3+8=10$

52

| Step1 | 일대일대응의 정의 이해하기

함수 f가 일대일대응이므로 $\{f(1), f(2), f(3)\}=\{1, 2, 3\}$이다.

| Step2 | $f(2)+f(3)$의 값 구하기

$f(1)=2$이므로 $\{f(2), f(3)\}=\{1, 3\}$이다.

따라서 $f(2)+f(3)$의 값은 $1+3=4$

53

| Step1 | 일대일함수의 개수 구하기

일대일함수는 정의역의 임의의 두 원소 x_1, x_2에 대하여 $x_1\neq x_2$이면 $f(x_1)\neq f(x_2)$이어야 하므로 ㄴ, ㄷ, ㅁ, ㅂ의 4개이다.

| Step2 | 일대일대응의 개수 구하기

일대일대응은 일대일함수이고 치역과 공역이 같아야 하므로 ㄴ, ㄷ, ㅂ의 3개이다.

54

| Step1 | 일대일대응의 정의 이해하기

$f(x)$가 일대일대응이고 $a<0$이므로

$x=0$일 때 $y=4$이고, $x=4$일 때 $y=0$이다.

| Step2 | $f(x)$의 식 구하기

$f(x)=ax+b$에 $x=0, y=4$를 대입하면 $b=4$

$x=4, y=0$을 대입하면 $4a+b=0$

즉, $a=-1, b=4$이므로

$f(x)=-x+4$

| Step3 | $f(1)$의 값 구하기

따라서 $f(1)=-1+4=3$

55

| Step1 | 항등함수의 정의 이해하기

함수 f가 항등함수이므로 $f(-2)=-2, f(0)=0, f(2)=2$이다.

| Step2 | a, b, c의 값 구하기

$f(-2)=a=-2$

$f(0)=3\times0+b=0,\ b=0$

$f(2)=2^2-3\times2+c=2,\ c=4$

| Step3 | $a+b+c$의 값 구하기

따라서 $a+b+c=-2+0+4=2$

56

| Step1 | 항등함수와 상수함수의 정의 이해하기

함수 f가 정의역의 모든 원소 x에 대하여 $f(x)=x$이면 항등함수라 하고, $f(x)=c$ (c는 상수)이면 상수함수이다.

| Step2 | 항등함수와 상수함수 찾기

따라서 상수함수는 ㄴ이고, 항등함수는 ㄹ이다.

57

| Step1 | 항등함수와 상수함수의 정의 이해하기

조건 ㈎에서 함수 f는 항등함수이므로 $f(x)=x$이고 함수 g는 상수함수이므로 집합 X의 원소 중 하나를 k라 할 때, $g(x)=k$이다.

| Step2 | 함수 g 구하기

조건 ㈏에서 $f(1)+g(3)=1+k=3,\ k=2$

| Step3 | $f(3)+g(1)$의 값 구하기

따라서 $f(3)+g(1)=3+2=5$

58

| Step1 | $f(2)$의 값 구하기

$f(2)=4$

| Step2 | $(f\circ f)(1)$의 값 구하기

$f(1)=2$이고 $f(2)=4$이므로

$(f\circ f)(1)=f(f(1))=f(2)=4$

| Step3 | 합성함수의 값 구하기

따라서 $f(2)+(f\circ f)(1)=4+4=8$

59

| Step1 | $(g\circ f)(1)$의 값 구하기

$f(1)=5$이고 $g(5)=2$이므로

$(g\circ f)(1)=g(f(1))=g(5)=2$

| Step2 | $(f\circ g)(4)$의 값 구하기

$g(4)=1$이고 $f(1)=5$이므로

$(f\circ g)(4)=f(g(4))=f(1)=5$

| Step3 | 합성함수의 값 구하기

따라서 $(g\circ f)(1)+(f\circ g)(4)=2+5=7$

60

| Step1 | $f(5)$의 값 구하기

$f(5)=9$

| Step2 | $(f\circ f)(9)$의 값 구하기

$f(9)=3$이고 $f(3)=7$이므로

$(f\circ f)(9)=f(f(9))=f(3)=7$

| Step3 | 합성함수의 값 구하기

따라서 $f(5)+(f\circ f)(9)=9+7=16$

61

| Step1 | $f^{-1}(9)=2$의 의미 파악하기

$f^{-1}(9)=2$에서 $f(2)=9$

| Step2 | a의 값 구하기

$f(2)=2a+3=9$

따라서 $a=3$

62

| Step1 | $f^{-1}(3)=0$의 의미 파악하기

$f^{-1}(3)=0$에서 $f(0)=3$

| Step2 | $a,\ b$의 값 구하기

$f(1)=a+b=5,\ f(0)=b=3$

즉, $a=2,\ b=3$

| Step3 | ab의 값 구하기

따라서 $ab=2\times3=6$

63

| Step1 | 역함수의 정의 이해하기

$f(3)=2,\ f(4)=3$이므로 $f^{-1}(2)=3,\ f^{-1}(3)=4$

따라서 $(f^{-1}\circ f^{-1})(2)=f^{-1}(f^{-1}(2))=f^{-1}(3)=4$

64

| Step1 | $f^{-1}(7)=a$로 나타내기

$f^{-1}(7)=a$라 하면

$f(a)=7$

| Step2 | $f^{-1}(7)$의 값 구하기

$f(a)=\sqrt{a-2}+2=7$

$\sqrt{a-2}=5$

$a-2=25$에서 $a=27$

따라서 $f^{-1}(7)=27$

65

| Step1 | x를 y에 대한 식으로 정리하기

$y=ax+2$에서 x를 y에 대한 식으로 정리하면

$ax=y-2,\ x=\dfrac{y-2}{a}$

| Step2 | 역함수를 이용하여 a,b의 값 구하기

x와 y를 서로 바꾸면 $y=\dfrac{x-2}{a}$

즉, $f^{-1}(x)=\dfrac{1}{a}x-\dfrac{2}{a}$에서

$\dfrac{1}{a}=\dfrac{1}{4},\ -\dfrac{2}{a}=b$

그러므로 $a=4,\ b=-\dfrac{1}{2}$

| Step3 | ab의 값 구하기

따라서 $ab=4\times\left(-\dfrac{1}{2}\right)=-2$

66

| Step1 | 역함수의 그래프 이해하기

(1) 함수 $y=f(x)$의 그래프와 그 역함수 $y=f^{-1}(x)$의 그래프는
직선 $y=x$에 대하여 대칭이다.

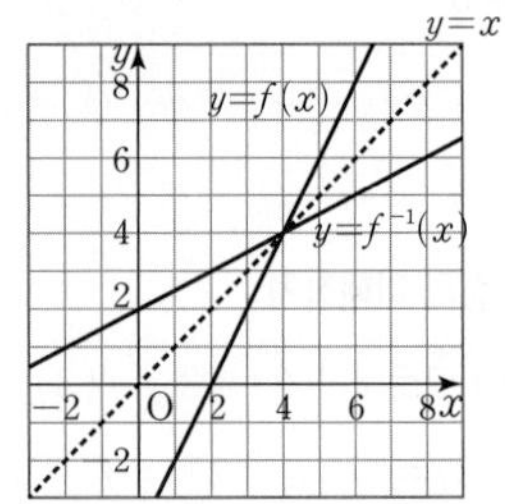

(2) 함수 $y=f(x)$의 그래프와 그 역함수 $y=f^{-1}(x)$의 그래프는
직선 $y=x$에 대하여 대칭이다.

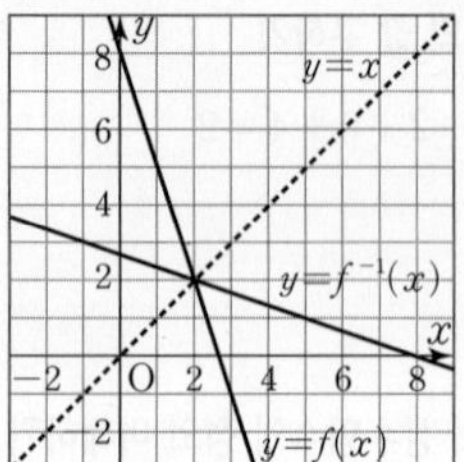

67

| Step1 | 두 함수 $y=f(x),\ y=f^{-1}(x)$의 그래프의 교점의 위치 이해하기

함수 $f(x)=\begin{cases}2x+1 & (x<1)\\[4pt]\dfrac{1}{2}x+\dfrac{5}{2} & (x\ge 1)\end{cases}$ 은 x의 값이 증가할 때, y의 값도

증가하므로 두 함수 $y=f(x),\ y=f^{-1}(x)$의 그래프의 교점의 좌표
는 함수 $y=f(x)$의 그래프와 직선 $y=x$의 교점의 좌표와 같다.

| Step2 | a,b의 값 구하기

(i) $x<1$일 때, $2x+1=x,\ x=-1$

(ii) $x\ge 1$일 때, $\dfrac{1}{2}x+\dfrac{5}{2}=x,\ x=5$

즉, $a=-1,\ b=5$

| Step3 | $a+b$의 값 구하기

따라서 $a+b=-1+5=4$

68

| Step1 | 분모를 통분하여 간단히 하기

$$\dfrac{1}{(x+1)(x+2)}+\dfrac{1}{(x+2)(x+3)}$$

$$=\dfrac{(x+3)+(x+1)}{(x+1)(x+2)(x+3)}$$

$$=\dfrac{2(x+2)}{(x+1)(x+2)(x+3)}$$

$$=\dfrac{2}{(x+1)(x+3)}$$

69

| Step1 | 분모를 통분하여 a,b의 값 구하기

$$\frac{x-3}{x-2}+\frac{2x-1}{x^2-x-2}=\frac{x-3}{x-2}+\frac{2x-1}{(x+1)(x-2)}$$
$$=\frac{(x-3)(x+1)+2x-1}{(x+1)(x-2)}$$
$$=\frac{x^2-4}{(x+1)(x-2)}$$
$$=\frac{(x+2)(x-2)}{(x+1)(x-2)}$$
$$=\frac{x+2}{x+1}=\frac{x+b}{x+a}$$

이므로 $a=1,\ b=2$

|Step2| $a+b$의 값 구하기

따라서 $a+b=1+2=3$

70

|Step1| 가장 아래 위치한 분수부터 차례로 계산하기

$$2-\cfrac{1}{1-\cfrac{3}{2+\cfrac{1}{2}}}=2-\cfrac{1}{1-\cfrac{3}{\cfrac{5}{2}}}=2-\cfrac{1}{1-\cfrac{6}{5}}$$
$$=2-\cfrac{1}{-\cfrac{1}{5}}=2+5=7$$

71

|Step1| 분모를 통분하여 $a,\ b$의 값 구하기

$$\frac{x+3}{x^2+6x+5}-\frac{3}{x^2-25}$$
$$=\frac{x+3}{(x+1)(x+5)}-\frac{3}{(x+5)(x-5)}$$
$$=\frac{(x+3)(x-5)-3(x+1)}{(x+1)(x+5)(x-5)}$$
$$=\frac{x^2-5x-18}{(x+1)(x+5)(x-5)}$$
$$=\frac{x^2+ax+b}{(x+1)(x+5)(x-5)}$$

이므로 $a=-5,\ b=-18$

|Step2| $a-b$의 값 구하기

따라서 $a-b=-5-(-18)=13$

72

|Step1| 유리함수의 그래프의 점근선의 방정식 구하기

주어진 그래프의 점근선의 방정식이

$x=-2,\ y=3$이므로 $p=-2,\ q=3$

|Step2| k의 값 구하기

즉, $y=\dfrac{k}{x+2}+3$이고, 이 그래프가 원점을 지나므로

$0=\dfrac{k}{0+2}+3,\ k=-6$

|Step3| $k+p+q$의 값 구하기

따라서 $k+p+q=-6+(-2)+3=-5$

73

|Step1| 유리함수의 그래프의 점근선의 방정식 구하기

함수 $f(x)=\dfrac{k}{x-2}+1$의 그래프의 점근선의 방정식이

$x=2,\ y=1$이므로 $a=2,\ b=1$

|Step2| 상수 k의 값 구하기

$f(a+b)=f(3)=\dfrac{k}{3-2}+1=5,\ k+1=5$

따라서 $k=4$

74

⑴ |Step1| $y=\dfrac{k}{x-p}+q$의 꼴로 변형하여 그래프 그리기

$$y=\frac{2x-3}{x-2}=\frac{2(x-2)+1}{x-2}=\frac{1}{x-2}+2$$

즉, 함수 $y=\dfrac{1}{x}$의 그래프를 x축의 방향으로 2만큼, y축의 방향

으로 2만큼 평행이동한 것이므로 그래프는 그림과 같다.

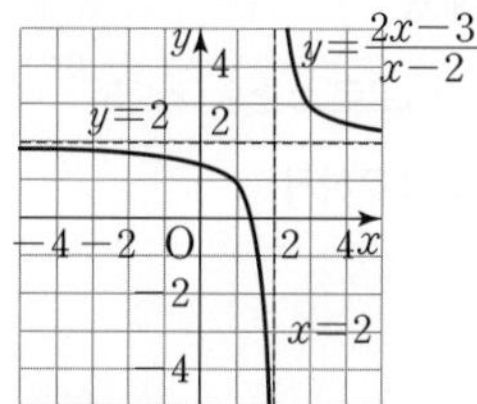

|Step2| 유리함수의 점근선의 방정식 구하기

점근선의 방정식 : $x=2,\ y=2$

⑵ |Step1| $y=\dfrac{k}{x-p}+q$의 꼴로 변형하여 그래프 그리기

$$y=-\frac{2x+1}{x+1}=-\frac{2(x+1)-1}{x+1}=\frac{1}{x+1}-2$$

즉, 함수 $y=\dfrac{1}{x}$의 그래프를 x축의 방향으로 -1만큼, y축의 방향으로 -2만큼 평행이동한 것이므로 그래프는 그림과 같다.

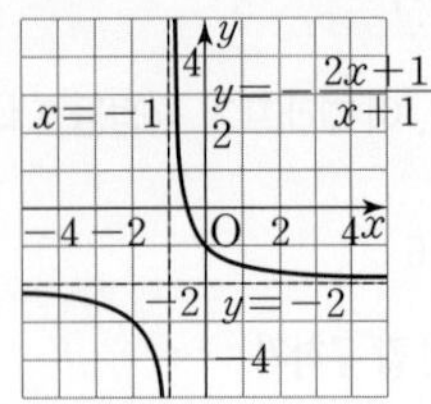

| Step2 | 유리함수의 점근선의 방정식 구하기

점근선의 방정식 : $x=-1$, $y=-2$

75

| Step1 | 유리함수의 그래프의 점근선의 방정식 구하기

$f(x)=\dfrac{4x+9}{x-1}=\dfrac{4(x-1)+13}{x-1}=\dfrac{13}{x-1}+4$이므로

이 함수의 그래프의 점근선의 방정식은 $x=1$, $y=4$이다.

| Step2 | 유리함수의 역함수의 함숫값 구하기

즉, $a=1$, $b=4$이므로 $a+b=1+4=5$

$f^{-1}(a+b)=f^{-1}(5)=c$라 하면

$f(c)=\dfrac{4c+9}{c-1}=5$

$4c+9=5c-5$, $c=14$

따라서 $f^{-1}(a+b)=f^{-1}(5)=14$

76

| Step1 | 근호 안의 값의 조건 구하기

$\sqrt{2x-4}+3\sqrt{5-x}$에서

$2x-4\geq0$, $5-x\geq0$이므로 $x\geq2$, $x\leq5$

| Step2 | x의 값의 범위 구하기

따라서 $2\leq x\leq5$

77

| Step1 | 무리함수의 정의 이해하기

ㄴ. $y=\sqrt{x^2+2x+1}$, 즉 $y=|x+1|$은 무리함수가 아니다.

ㄷ. $y=-\sqrt{3x}$는 다항함수이다.

ㅁ. $y=\sqrt{(2x-3)^2}$, 즉 $y=|2x-3|$은 무리함수가 아니다.

따라서 무리함수는 ㄱ, ㄹ, ㅂ의 3개이다.

78

| Step1 | a의 값 구하기

함수 $y=\sqrt{-2x+5}$의 정의역은 $-2x+5\geq0$이므로

$x\leq\dfrac{5}{2}$, 즉 $a=\dfrac{5}{2}$

| Step2 | b의 값 구하기

함수 $y=\sqrt{5x-8}$의 정의역은 $5x-8\geq0$이므로

$x\geq\dfrac{8}{5}$, 즉 $b=\dfrac{8}{5}$

| Step3 | ab의 값 구하기

따라서 $ab=\dfrac{5}{2}\times\dfrac{8}{5}=4$

79

| Step1 | 평행이동시킨 무리함수의 식 구하기

함수 $y=\sqrt{ax+1}-4$의 그래프를 x축의 방향으로 b만큼, y축의 방향으로 c만큼 평행이동한 그래프의 식은

$y=\sqrt{a(x-b)+1}-4+c=\sqrt{ax-ab+1}-4+c$

| Step2 | $a,\,b,\,c$의 값 구하기

함수 $y=\sqrt{ax-ab+1}-4+c$의 그래프와 함수 $y=\sqrt{3x-5}$의 그래프가 일치하므로

$a=3$, $-ab+1=-5$, $-4+c=0$

그러므로 $a=3$, $b=2$, $c=4$

| Step3 | $a+b+c$의 값 구하기

따라서 $a+b+c=3+2+4=9$

80

(1) | Step1 | 무리함수의 그래프 그리기

$y=\sqrt{3x+6}=\sqrt{3(x+2)}$

즉, 함수 $y=\sqrt{3x}$의 그래프를 x축의 방향으로 -2만큼 평행이동한 것이므로 그림과 같다.

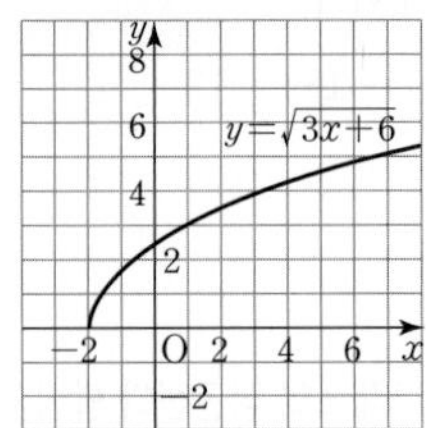

| Step2 | 정의역, 치역 구하기

정의역은 $\{x \mid x \geq -2\}$

치역은 $\{y \mid y \geq 0\}$

⑵ | Step1 | 무리함수의 그래프 그리기

$y=\sqrt{-2x+2}-2=\sqrt{-2(x-1)}-2$

즉, 함수 $y=\sqrt{-2x}$의 그래프를 x축의 방향으로 1만큼, y축의 방향으로 -2만큼 평행이동한 것이므로 그림과 같다.

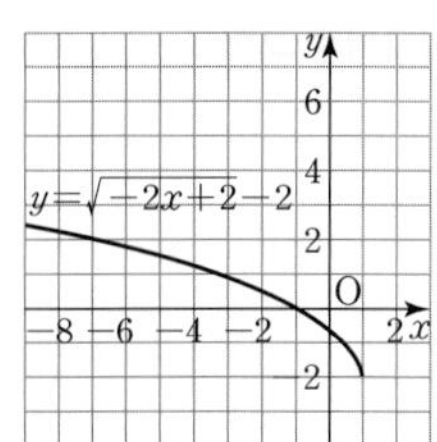

| Step2 | 정의역, 치역 구하기

정의역은 $\{x \mid x \leq 1\}$

치역은 $\{y \mid y \geq -2\}$

81

| Step1 | a의 값 구하기

함수 $y=-\sqrt{x-a}+a+2$의 그래프가 점 $(a, -a)$를 지나므로

$x=a, y=-a$를 대입하면

$-a=-\sqrt{a-a}+a+2$

$2a=-2$

$a=-1$

| Step2 | 무리함수의 치역 구하기

함수 $y=-\sqrt{x+1}+1$의 그래프는 오른쪽 그림과 같이 함수 $y=-\sqrt{x}$의 그래프를 x축의 방향으로 -1만큼, y축의 방향으로 1만큼 평행이동한 것이다.

따라서 함수 $y=-\sqrt{x+1}+1$의 치역은 $\{y \mid y \leq 1\}$이다.

82

| Step1 | 무리함수의 그래프의 평행이동 이해하기

$y=\sqrt{5x-10}+a=\sqrt{5(x-2)}+a$이므로 주어진 함수의 그래프는 $y=\sqrt{5x}$의 그래프를 x축의 방향으로 2만큼, y축의 방향으로 a만큼 평행이동한 것이다.

| Step2 | a, b의 값 구하기

함수 $y=\sqrt{5x-10}+a$는 $x=2$일 때 최솟값 a를 가지므로

$a=3, b=2$

| Step3 | $a+b$의 값 구하기

따라서 $a+b=3+2=5$

83

| Step1 | 무리함수의 그래프의 평행이동 이해하기

$y=\sqrt{2x-4}+a=\sqrt{2(x-2)}+a$이므로 주어진 함수의 그래프는 $y=\sqrt{2x}$의 그래프를 x축의 방향으로 2만큼, y축의 방향으로 a만큼 평행이동한 것이다.

| Step2 | a의 값 구하기

$x=2$일 때 최솟값 a를 가지므로 $a=3$

| Step3 | b의 값 구하기

$y=\sqrt{2(x-2)}+3$의 그래프가 점 $(10, b)$를 지나므로

$x=10, y=b$를 대입하면

$b=\sqrt{2(10-2)}+3=4+3=7$

| Step4 | $a+b$의 값 구하기

따라서 $a+b=3+7=10$

84

| Step1 | 무리함수의 그래프의 평행이동 이해하기

$y=\sqrt{a(x+3)}+5$의 그래프를 x축의 방향으로 b만큼, y축의 방향으로 c만큼 평행이동한 그래프의 식은

$y=\sqrt{a(x-b+3)}+5+c$

| Step2 | a, b, c의 값 구하기

$y=\sqrt{15-5x}=\sqrt{-5(x-3)}$

의 그래프와 일치하므로

$a=-5, -b+3=-3, 5+c=0$

즉, $a=-5, b=6, c=-5$

| Step3 | $a+b+c$의 값 구하기

따라서 $a+b+c=-5+6+(-5)=-4$

85

| Step1 | 무리함수의 그래프 그리기

a가 양수이므로 $-5 \leq x \leq -1$에서 함수 $y=f(x)$의 그래프는 그림과 같다.

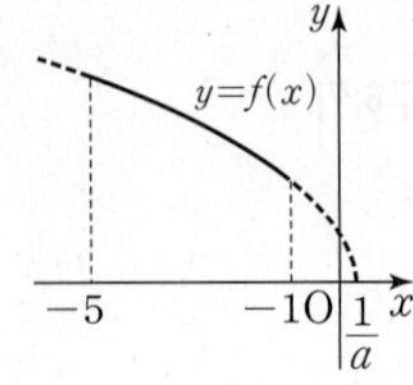

| **Step2** | a의 값 구하기

$f(x)=\sqrt{-ax+1}$은 $x=-5$일 때 최대이고 최댓값이 4이므로

$f(-5)=4$

즉, $\sqrt{5a+1}=4$에서 $5a+1=16$

따라서 $a=3$

01

| **출제의도** | 직선의 기울기를 구한다.

직선 $12x-2y+5=0$에서 $-2y=-12x-5$

$y=6x+\dfrac{5}{2}$

따라서 직선 $12x-2y+5=0$의 기울기는 6이다.

02

| **출제의도** | 이차함수의 최솟값을 이해하고, a의 값을 구한다.

$y=(x^2-4x+4)-4+a=(x-2)^2+a-4$이므로

$x=2$일 때 최솟값 $a-4$를 가진다.

따라서 $a-4=5$이므로 $a=9$

03

| **출제의도** | 이차함수의 그래프의 꼭짓점을 구한다.

$y=-x^2+4x+3$

$\quad =-(x^2-4x+4-4)+3$

$\quad =-(x^2-4x+4)+7$

$\quad =-(x-2)^2+7$

이므로 꼭짓점의 좌표는 $(2, 7)$이다.

따라서 구하는 꼭짓점의 y좌표는 7이다.

04

| **출제의도** | 합성함수와 역함수의 함숫값을 구한다.

$f(1)=4, f(4)=3$이므로

$(f \circ f)(1)=f(f(1))=f(4)=3$

$f(2)=1$이므로 $f^{-1}(1)=2$

따라서

$(f \circ f)(1)+f^{-1}(1)=3+2=5$

05

| 출제의도 | 두 일차방정식이 나타내는 그래프의 교점의 좌표를 구한다.

연립방정식 $\begin{cases} 2x-3y+5=0 \\ x+3y-11=0 \end{cases}$ 의 해는

$x=2, y=3$

따라서 두 일차방정식의 교점의 좌표는 $(2, 3)$이므로

$a=2, b=3$

따라서 $a+b=2+3=5$

06

| 출제의도 | 항등함수와 상수함수를 이해하고, 함숫값을 구한다.

함수 f는 항등함수이므로 $f(1)=1$이고

함수 g는 상수함수이므로 $g(-1)=g(0)=f(1)=1$이다.

따라서 $f(1)+g(-1)=1+1=2$

07

| 출제의도 | 점근선의 방정식과 한 점의 좌표를 이용하여 유리함수의 문제를 해결한다.

점근선의 방정식이 $x=-1, y=1$이므로 유리함수의 식을

$y=\dfrac{k}{x+1}+1 \ (k\neq 0)$으로 놓을 수 있다.

이 함수의 그래프가 점 $(0, 2)$를 지나므로 $x=0, y=2$를 대입하면

$2=\dfrac{k}{0+1}+1, k=1$

즉, $y=\dfrac{1}{x+1}+1=\dfrac{1+(x+1)}{x+1}=\dfrac{x+2}{x+1}$이므로

$a=1, b=2, c=1$

따라서 $a+b+c=1+2+1=4$

08

| 출제의도 | 무리함수의 최댓값을 이해하고, a의 값을 구한다.

$y=\sqrt{2x+a}+1=\sqrt{2\left(x+\dfrac{a}{2}\right)}+1$이므로 주어진 함수의 그래프

는 $y=\sqrt{2x}$의 그래프를 x축의 방향으로 $-\dfrac{a}{2}$만큼, y축의 방향으로

1만큼 평행이동한 것이다.

함수 $y=\sqrt{2x+a}+1$은 $x=16$일 때 최댓값 7을 가지므로

$7=\sqrt{2\times 16+a}+1, 6=\sqrt{32+a}$

$36=32+a$

따라서 $a=4$

09

| 출제의도 | 이차함수의 그래프의 성질을 이용하여 합성함수의 문제를 해결한다.

$f(x)=x^2-2x+a$에서

$f(2)=2^2-2\times 2+a=a, f(4)=4^2-2\times 4+a=a+8$

$(f\circ f)(2)=(f\circ f)(4)$에서

$f(f(2))=f(f(4)), f(a)=f(a+8)$

$f(x)=x^2-2x+a=(x-1)^2+a-1$이므로 함수 $y=f(x)$의

그래프는 축이 직선 $x=1$이고, 직선 $x=1$에 대하여 대칭이다.

$a\neq a+8$이므로 $f(a)=f(a+8)$이려면

$\dfrac{a+(a+8)}{2}=1, a=-3$

따라서 $f(x)=x^2-2x-3$이므로

$f(6)=6^2-2\times 6-3=21$

| 다른 풀이 |

$f(x)=x^2-2x+a$에서

$f(2)=2^2-2\times 2+a=a, f(4)=4^2-2\times 4+a=a+8$

$(f\circ f)(2)=(f\circ f)(4)$에서 $f(f(2))=f(f(4))$

$f(a)=f(a+8)$

$a^2-2a+a=(a+8)^2-2(a+8)+a$

$16a=-48, a=-3$

따라서 $f(x)=x^2-2x-3$이므로

$f(6)=6^2-2\times 6-3=21$

10

| 출제의도 | 이차함수의 그래프와 직선의 위치 관계를 이용하여 이차함수를 추론한다.

조건 ㈎에서 $f(x)=a(x-1)^2+9$ (a는 $a<0$인 상수)로 놓을 수 있다.

조건 ㈏에서 직선 $2x-y+1=0$, 즉 $y=2x+1$의 기울기가 2이므로 이 직선과 평행한 직선의 기울기는 2이다.

기울기가 2이고 y절편이 9인 직선 $y=2x+9$가 곡선 $y=f(x)$에 접하므로

$$a(x-1)^2+9=2x+9$$

$$ax^2-2(a+1)x+a=0$$

이차방정식 $ax^2-2(a+1)x+a=0$의 판별식을 D라 할 때,

$D=0$이어야 하므로

$$\frac{D}{4}=\{-(a+1)\}^2-a\times a=2a+1=0,\ a=-\frac{1}{2}$$

따라서 이차함수의 식은 $f(x)=-\frac{1}{2}(x-1)^2+9$이므로

$$f(3)=-\frac{1}{2}(3-1)^2+9=7$$

THEME 07 여러 가지 도형

01 ② **02** 6 **03** 24 cm **04** ②

05 ③ **06** ③ **07** 85° **08** 35° **09** ⑤

10 ① **11** ① **12** ③ **13** $x>6$

14 (1) $\angle x=60°$, $\angle y=75°$

(2) $\angle x=45°$, $\angle y=80°$

15 ④ **16** ④ **17** $m /\!/ p$

18 70° **19** $\angle x=80°$, $\angle y=40°$ **20** ③

21 14 **22** 정십삼각형 **23** 36 cm **24** ②

25 12 **26** 정팔각형 **27** ②

28 10 cm **29** 105° **30** (1) 60° (2) 122° **31** ②

32 ③ **33** 55° **34** 1260° **35** ③ **36** 234

37 155 **38** ⑤ **39** ⑤ **40** 16 cm²

41 15 cm **42** 8 cm **43** 52 cm² **44** 6

45 27 cm² **46** 8 **47** 6 cm²

48 (1) 18 cm² (2) $\dfrac{35}{2}$ cm²

49 $\dfrac{33}{2}$ cm² **50** $\dfrac{9}{2}\pi$ cm²

51 (1) 모서리 AC, 모서리 AD, 모서리 BC,

모서리 BE (2) 모서리 EF (3) 모서리 AC,

모서리 DF **52** ⑤ **53** ④

54 (1) 4 cm (2) 100° **55** ④ **56** ⑤

57 8 cm **58** 3 cm **59** ⑤ **60** 25 cm

61 14π cm **62** ① **63** ③

64 27π cm² **65** $(256-64\pi)$ cm²

66 $(6\pi+6)$ cm **67** 18π cm²

68 6π cm **69** 60° **70** 144°

71 24π cm² **72** 구각뿔대 **73** ①

74 ⑤ **75** 26 **76** 4 **77** ④ **78** 3

79 32 **80** 84 cm² **81** ② **82** ①

83 22 **84** 9 **85** 133 cm²

86 72 cm³ **87** 32 **88** 5 cm

89 84 cm³ **90** 6 **91** 75π cm³

92 ⑤ **93** ② **94** ⑤ **95** 6π cm³

96 6 **97** 8 cm **98** 9 cm **99** 104π cm²

100 28π cm³ **101** 210π cm²

102 156π cm³ **103** $\dfrac{256}{3}\pi$ cm³ **104** ②

105 17π cm² **106** 90π cm³

01

| Step1 | 두 점 사이의 거리 구하기

두 점 A, D 사이의 거리는 선분 AD의 길이와 같으므로

$\overline{AD}=7$ cm

두 점 B, C 사이의 거리는 선분 BC의 길이와 같으므로

$\overline{BC}=5$ cm

| Step2 | $a-b$의 값 구하기

따라서 $a=7$, $b=5$이므로

$a-b=7-5=2$

02

| Step1 | 두 점을 지나는 서로 다른 직선의 개수 구하기

두 점을 지나는 서로 다른 직선은

$\overleftrightarrow{AB}$, $\overleftrightarrow{BC}$, $\overleftrightarrow{CD}$, $\overleftrightarrow{DA}$, $\overleftrightarrow{AC}$, $\overleftrightarrow{BD}$의 6개이다.

03

| Step1 | 선분의 중점 이해하기

$\overline{MN}=3\overline{BN}=18$ cm이므로

$\overline{BN}=\overline{NC}=6$ cm

| Step2 | 선분 MC의 길이 구하기

$\overline{MC}=\overline{MN}+\overline{NC}=18+6=24\,(\text{cm})$

04

| **Step1** | 맞꼭지각 이해하기

$\angle COE = \angle DOF = 35°$ (맞꼭지각),
$\angle EOB = \angle FOA = 70°$ (맞꼭지각)

| **Step2** | $\angle BOC$의 크기 구하기

따라서 $\angle BOC = \angle COE + \angle EOB$
$$= 35° + 70° = 105°$$

05

| **Step1** | 맞꼭지각 이해하기

맞꼭지각의 크기는 서로 같으므로
$$x + 30 = 2x - 40$$

| **Step2** | x의 값 구하기

따라서 $x = 70$

06

| **Step1** | 맞꼭지각 이해하기

맞꼭지각의 크기는 서로 같으므로
$$\angle AOC = \angle BOD$$
$$(2x - 13) + x = 77, \ 3x = 90, \ x = 30$$

| **Step2** | $\angle AOF$의 크기 구하기

$$\angle AOF = (3x - 20)°$$
$$= (3 \times 30 - 20)° = 70°$$

| **Step3** | $\angle DOF$의 크기 구하기

따라서
$$\angle DOF = 180° - (\angle AOF + \angle BOD)$$
$$= 180° - (70° + 77°) = 33°$$

07

| **Step1** | 사각형의 네 내각의 크기의 합 이해하기

사각형 ABCD의 내각의 크기의 합은 $360°$이므로
$$110° + 90° + 75° + \angle x = 360°$$

| **Step2** | $\angle x$의 크기 구하기

$$275° + \angle x = 360°$$
따라서 $\angle x = 85°$

08

| **Step1** | 삼각형 DBC의 세 내각의 크기의 합 이해하기

오른쪽 그림의 $\triangle DBC$에서 세 내각의
크기의 합이 $180°$이므로

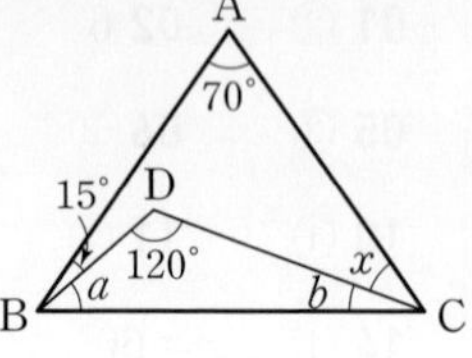

$\angle DBC = \angle a$, $\angle DCB = \angle b$라 하면
$$\angle a + \angle b = 180° - 120°$$
$$= 60°$$

| **Step2** | 삼각형 ABC의 세 내각의 크기의 합 이해하기

$\triangle ABC$에서 세 내각의 크기의 합이 $180°$이므로
$$\angle A + \angle B + \angle C = 180°$$
$$70° + (15° + \angle a) + (\angle x + \angle b) = 180°$$
$$85° + (\angle a + \angle b) + \angle x = 180°$$
$$85° + 60° + \angle x = 180°$$

| **Step3** | $\angle x$의 크기 구하기

따라서 $\angle x = 35°$

09

| **Step1** | 삼각형의 세 내각의 크기의 합 이해하기

$\triangle ABC$에서 세 내각의 크기의 합이 $180°$이므로
$$\angle BAC = 180° - (30° + 62°) = 88°$$

| **Step2** | $\angle CAD$의 크기 구하기

$$\angle CAD = \frac{1}{2} \angle BAC$$
$$= \frac{1}{2} \times 88° = 44°$$

| **Step3** | $\angle x$의 크기 구하기

따라서 $\triangle ADC$에서
$$\angle x = 180° - (62° + 44°) = 74°$$

10

| **Step1** | 세 내각의 크기의 비 이용하기

삼각형의 세 내각의 크기를 각각 $2k$, $3k$, $4k(k>0)$이라 하면
삼각형의 세 내각의 크기의 합은 $180°$이므로
$$2k + 3k + 4k = 180°, \ 9k = 180°, \ k = 20°$$
따라서 가장 작은 내각의 크기는 $40°$이다.

| **다른 풀이** |

| **Step1** | **세 내각의 크기의 비 이용하기**

삼각형의 세 내각의 크기의 합은 $180°$이므로

(가장 작은 내각의 크기)$=180°\times\dfrac{2}{2+3+4}=40°$

11

| **Step1** | **삼각형의 결정 조건 이해하기**

① 한 변의 길이와 그 양 끝각의 크기가 주어져 있으므로 삼각형이 하나로 결정된다.

② $\angle A$는 $\overline{AB}$와 $\overline{BC}$의 끼인각이 아니고 삼각형이 2개 만들어진다.

③ $5+4<10$이므로 삼각형이 만들어지지 않는다.

④ $\angle B$는 $\overline{BC}$와 $\overline{AC}$의 끼인각이 아니고 삼각형이 만들어지지 않는다.

⑤ 삼각형이 하나로 결정되지 않는다.

12

| **Step1** | **삼각형의 결정 조건 이해하기**

세 변의 길이가 2 cm, 5 cm, a cm인 삼각형을 작도하기 위해

(i) 가장 긴 변의 길이가 a cm이면

$2+5>a, a<7$ $\quad\cdots\cdots$ ㉠

(ii) 가장 긴 변의 길이가 5 cm이면

$2+a>5, a>3$ $\quad\cdots\cdots$ ㉡

| **Step2** | **a의 값이 될 수 있는 것 구하기**

㉠, ㉡에서 $3<a<7$이므로 a의 값이 될 수 있는 것은 ③ 5이다.

13

| **Step1** | **삼각형이 되기 위한 조건 이해하기**

변의 길이는 양수이므로 $x-3>0$에서

$x>3$ $\quad\cdots\cdots$ ㉠

| **Step2** | **삼각형의 결정 조건 이해하기**

삼각형에서 가장 긴 변의 길이가 나머지 두 변의 길이의 합보다 작아야 하므로

$(x-3)+(x+5)>x+8, x>6$ $\quad\cdots\cdots$ ㉡

| **Step3** | **x의 값의 범위 구하기**

㉠, ㉡에서

$x>6$

14

| **Step1** | **엇각과 동위각 이해하기**

(1) $l /\!/ m$일 때 엇각의 크기는 같으므로 $\angle x=60°$

　 $l /\!/ m$일 때 동위각의 크기는 같으므로 $\angle y=75°$

(2) $l /\!/ m$일 때 엇각의 크기는 같으므로 $\angle x=45°$

　 $l /\!/ m$일 때 동위각의 크기는 같으므로 $\angle y=80°$

15

| **Step1** | **엇각 이해하기**

오른쪽 그림과 같이 꺾인 점을 지나고 직선 l에 평행한 두 직선 n, k를 그으면 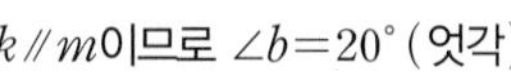

$l /\!/ n$이므로 $\angle a=30°$ (엇각)

$k /\!/ m$이므로 $\angle b=20°$ (엇각)

따라서

$\angle c=120°-\angle b$

$\quad=120°-20°=100°$

$n /\!/ k$이므로 $\angle d=\angle c=100°$ (엇각)

$\angle e=180°-\angle d=180°-100°=80°$

| **Step2** | **$\angle x$의 크기 구하기**

따라서 $\angle x=\angle a+\angle e=30°+80°=110°$

16

| **Step1** | **엇각 이해하기**

$\overline{AD} /\!/ \overline{BC}$이므로 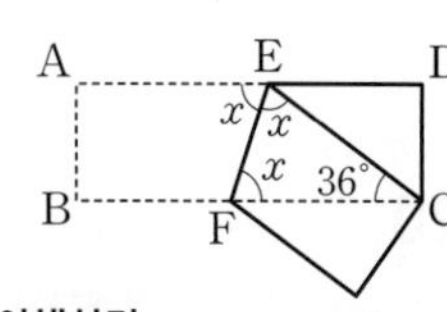

$\angle AEF=\angle x$ (엇각)

$\angle FEC=\angle AEF=\angle x$ (접은 각)

| **Step2** | **삼각형의 세 내각의 크기의 합 이해하기**

$\triangle EFC$에서 $\angle x+\angle x+36°=180°$

$2\angle x=144°$

| **Step3** | **$\angle x$의 크기 구하기**

따라서 $\angle x=72°$

17

|Step1| 평행한 두 직선 구하기

오른쪽 그림에서 평행한 두 직선은
동위각의 크기가 같은 직선이므로
m과 p이다.

따라서 $m /\!/ p$

18

|Step1| 동위각 이해하기

오른쪽 그림에서 동위각의 크기가 같으면
평행하므로

$\angle a = 110°$

|Step2| $\angle x$의 크기 구하기

따라서 $\angle x = 180° - 110° = 70°$

19

|Step1| 맞꼭지각, 엇각 이해하기

오른쪽 그림에서 맞꼭지각의 크기는 같으
므로

$\angle a = 40°,\ \angle b = 60°$

엇각의 크기가 같으면 두 직선 l과 m이
평행하므로

$\angle y = \angle a = 40°$

|Step2| 삼각형의 세 내각의 크기의 합 이해하기

$\triangle ABC$에서 $\angle x = 180° - (60° + 40°) = 80°$

|Step3| $\angle x,\ \angle y$의 크기 구하기

따라서 $\angle x = 80°,\ \angle y = 40°$

20

|Step1| 동위각 이해하기

오른쪽 그림에서 동위각의 크기가 같으
면 두 직선 l과 m이 평행하므로

$\angle a = 100°$

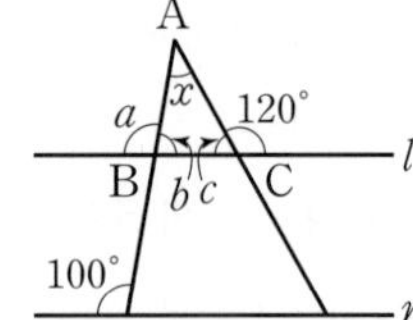

Step2 평각 이해하기

즉, $\angle b = 180° - \angle a$

$\quad\quad = 180° - 100° = 80°$

$\angle c = 180° - 120° = 60°$

|Step3| $\angle x$의 크기 구하기

따라서 삼각형 ABC에서

$\angle x = 180° - (80° + 60°) = 40°$

21

|Step1| 칠각형의 변, 꼭짓점의 개수 구하기

칠각형의 변의 개수는 7, 꼭짓점의 개수는 7이므로

$a = 7,\ b = 7$

|Step2| $a+b$의 값 구하기

따라서 $a + b = 7 + 7 = 14$

22

|Step1| 정다각형 이해하기

모든 변의 길이가 같고 모든 내각의 크기가 같은 다각형은 정다각
형이다.

|Step2| 다각형 구하기

따라서 변의 개수가 13인 정다각형은 정십삼각형이다.

23

|Step1| 정다각형 이해하기

정다각형은 모든 변의 길이가 같다.

|Step2| 정구각형의 둘레의 길이 구하기

따라서 한 변의 길이가 4 cm인 정구각형의 둘레의 길이는

$4 \times 9 = 36 (\text{cm})$

24

|Step1| 정다각형 이해하기

정다각형은 모든 변의 길이가 같다.

|Step2| 정다각형의 변의 개수 구하기

따라서 한 변의 길이가 3 cm이고, 둘레의 길이가 45 cm인 정다각
형의 변의 개수는 $45 \div 3 = 15$

25

| **Step1** | 한 꼭짓점에서 그을 수 있는 대각선의 개수 구하기

육각형의 한 꼭짓점에서 그을 수 있는 대각선의 개수는

$a=6-3=3$

| **Step2** | 대각선의 개수 구하기

육각형의 대각선의 개수는

$b=\dfrac{6(6-3)}{2}=9$

| **Step3** | $a+b$의 값 구하기

따라서 $a+b=3+9=12$

26

| **Step1** | 대각선의 개수 이해하기

구하는 다각형을 n각형이라 하면 대각선의 개수가 20이므로

$\dfrac{n(n-3)}{2}=20$

$n(n-3)=40$

$n=8$

| **Step2** | 정다각형 이해하기

모든 내각의 크기와 모든 변의 길이가 같은 다각형은 정다각형이므로 구하는 다각형은 정팔각형이다.

27

| **Step1** | 한 꼭짓점에서 그을 수 있는 대각선의 개수 구하기

구하는 다각형을 n각형이라 하면 한 꼭짓점에서 그을 수 있는 대각선의 개수가 8이므로

$n-3=8$

$n=11$

| **Step2** | 대각선의 개수 구하기

따라서 십일각형의 대각선의 개수는

$\dfrac{11(11-3)}{2}=44$

28

| **Step1** | 대각선의 개수 구하기

정오각형의 대각선의 개수는

$\dfrac{5(5-3)}{2}=5$

| **Step2** | 대각선의 길이의 합 구하기

따라서 정오각형의 모든 대각선의 길이의 합은

$5\times2=10(\text{cm})$

29

| **Step1** | 사각형의 내각의 크기의 합 이해하기

사각형 ABCD의 내각의 크기의 합은 $360°$이므로

$140°+65°+80°+\angle\text{ADC}=360°$

$\angle\text{ADC}=75°$

| **Step2** | 외각의 크기 구하기

따라서 $\angle\text{ADC}$의 외각의 크기는

$180°-75°=105°$

30

(1) | **Step1** | 삼각형의 세 내각의 크기의 합 이해하기

삼각형의 세 내각의 크기의 합은 $180°$이므로

$40°+80°+\angle x=180°$

| **Step2** | $\angle x$의 크기 구하기

따라서 $\angle x=60°$

(2) | **Step1** | 삼각형의 한 외각의 크기 구하기

삼각형의 한 외각의 크기는 이와 이웃하지 않는 두 내각의 크기의 합과 같으므로

$\angle x=40°+82°=122°$

31

| **Step1** | 삼각형의 한 외각의 크기 구하기

삼각형의 한 외각의 크기는 이와 이웃하지 않는 두 내각의 크기의 합과 같으므로 오른쪽 그림에서

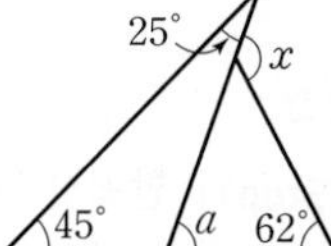

$\angle a=45°+25°=70°$

| **Step2** | $\angle x$의 크기 구하기

따라서 $\angle x=\angle a+62°=70°+62°=132°$

32

| Step1 | 삼각형의 한 외각의 크기 구하기

삼각형의 한 외각의 크기는 이와 이웃
하지 않는 두 내각의 크기의 합과 같으
므로 오른쪽 그림의

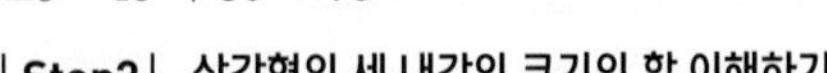

$\triangle$ACJ에서

$\angle a = 29° + 34° = 63°$

$\triangle$BIE에서

$\angle b = 45° + 30° = 75°$

| Step2 | 삼각형의 세 내각의 크기의 합 이해하기

삼각형의 세 내각의 크기의 합은 $180°$이므로

$\triangle$DIJ에서 $\angle x + \angle a + \angle b = 180°$

$\angle x + 63° + 75° = 180°$

| Step3 | $\angle x$의 크기 구하기

따라서 $\angle x = 42°$

33

| Step1 | 사각형의 외각의 크기의 합 이해하기

$\angle x + 100° + 115° + 90° = 360°$

$\angle x + 305° = 360°$

따라서 $\angle x = 55°$

34

| Step1 | 정다각형의 한 외각의 크기 이해하기

구하는 정다각형을 정n각형이라 하면

$\dfrac{360°}{n} = 40°$

$n = 9$

| Step2 | 정다각형의 내각의 크기의 합 구하기

따라서 정구각형의 내각의 크기의 합은

$180° \times (9-2) = 1260°$

35

| Step1 | 한 꼭짓점에서 그을 수 있는 대각선의 개수 이해하기

구하는 다각형을 n각형이라 하면

$n - 3 = 8$

$n = 11$

| Step2 | 다각형의 내각의 크기의 합 구하기

따라서 십일각형의 내각의 크기의 합은

$180° \times (11-2) = 1620°$

36

| Step1 | 다각형의 내각의 크기의 합 구하기

오각형의 내각의 크기의 합은

$180° \times (5-2) = 540°$

| Step2 | 다각형의 내각의 크기의 합 이해하기

$\angle A + \angle B + \angle C + \angle D + \angle E$

$= 105° + x° + y° + 109° + 92°$

$= 540°$

| Step3 | $x+y$의 값 구하기

따라서 $x + y = 234$

37

| Step1 | 삼각형의 합동 이해하기

대응변의 길이는 같으므로

$\overline{AB} = \overline{DE} = 5 \text{ cm}$에서 $a = 5$

대응각의 크기는 같으므로

$\angle C = \angle F = 85°$에서 $b = 85$

$\angle E = \angle B = 65°$에서 $c = 65$

| Step2 | $a+b+c$의 값 구하기

따라서 $a + b + c = 5 + 85 + 65 = 155$

38

| Step1 | 삼각형의 합동 이해하기

$\triangle$ADF, $\triangle$BED, $\triangle$CFE에서 $\overline{AF} = \overline{BD} = \overline{CE}$

이때 $\triangle$ABC는 정삼각형이므로

$\overline{AD} = \overline{BE} = \overline{CF}$

$\angle A = \angle B = \angle C$

따라서 $\triangle$ADF, $\triangle$BED, $\triangle$CFE는 두 변의 길이가 같고, 그 끼
인각의 크기가 같으므로 모두 합동이다.

| Step2 | 정삼각형 이해하기

즉, $\overline{DE} = \overline{EF} = \overline{FD}$이므로 $\triangle$DEF는 정삼각형이다.

⑤ $\angle$AFD = $\angle$CEF

39

| Step1 | 삼각형의 합동 이해하기

$\triangle ABP$와 $\triangle ADQ$에서

$\overline{BP}=\overline{DQ}$, $\angle B=\angle D=90^\circ$, $\overline{AB}=\overline{AD}$이므로

$\triangle ABP\equiv\triangle ADQ$ (SAS 합동)

| Step2 | 이등변삼각형 이해하기

즉, $\overline{AP}=\overline{AQ}$이므로

$\angle APQ=\angle AQP=75^\circ$

| Step3 | $\angle PAQ$의 크기 구하기

따라서 삼각형 APQ에서

$\angle PAQ=180^\circ-2\times75^\circ=30^\circ$

40

| Step1 | 정사각형의 한 변의 길이 구하기

정사각형의 한 변의 길이를 x cm라 하면

$4\times x=16$, $x=4$

| Step2 | 정사각형의 넓이 구하기

따라서 한 변의 길이가 4 cm인 정사각형의 넓이는

$4\times4=16(\mathrm{cm}^2)$

41

| Step1 | 직사각형의 넓이 구하기

직사각형의 넓이는 $25\times9=225(\mathrm{cm}^2)$

| Step2 | 정사각형의 한 변의 길이 구하기

정사각형의 한 변의 길이를 x cm라 하면

$x^2=225$

$x>0$이므로 $x=15$

따라서 정사각형의 한 변의 길이는 15 cm이다.

42

| Step1 | 정사각형의 둘레의 길이 구하기

정사각형의 둘레의 길이는 $6\times4=24(\mathrm{cm})$

| Step2 | 직사각형의 가로의 길이 구하기

직사각형의 가로의 길이를 x cm라 하면

$(x+4)\times2=24$, $x+4=12$, $x=8$

따라서 직사각형의 가로의 길이는 8 cm이다.

43

| Step1 | 큰 직사각형의 넓이 구하기

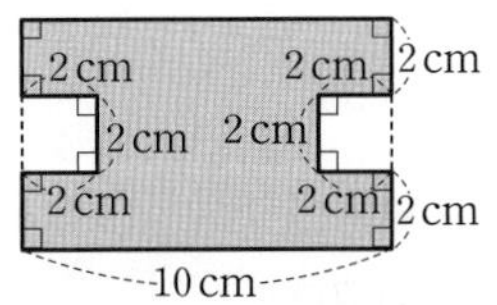

큰 직사각형의 넓이는 $10\times6=60(\mathrm{cm}^2)$

| Step2 | 작은 두 정사각형의 넓이 구하기

두 개의 작은 정사각형의 넓이는

$2\times(2\times2)=8(\mathrm{cm}^2)$

| Step3 | 색칠한 부분의 넓이 구하기

따라서 색칠한 부분의 넓이는 $60-8=52(\mathrm{cm}^2)$

44

| Step1 | 평행사변형의 둘레의 길이 이해하기

$(x+4)\times2=20$

$x+4=10$

$x=6$

45

| Step1 | 평행사변형의 넓이 이해하기

평행사변형의 넓이는 두 대각선에 의해 사등분되므로

$\triangle OAB=\dfrac{1}{4}\square ABCD$

| Step2 | 색칠한 부분의 넓이 구하기

따라서 색칠한 부분의 넓이는

$36-\dfrac{1}{4}\times36=27(\mathrm{cm}^2)$

46

| Step1 | 평행사변형의 넓이 구하기

$6\times4=3\times x$, $3x=24$

| Step2 | x의 값 구하기

따라서 $x=8$

47

| Step1 | 평행사변형의 넓이 이해하기

오른쪽 그림에서

$$\triangle PAD + \triangle PBC = \frac{1}{2}\square ABCD$$

$$= \frac{1}{2} \times 50$$

$$= 25(cm^2)$$

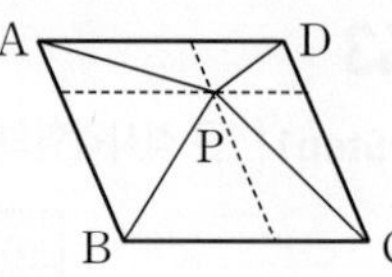

| Step2 | △PAD의 넓이 구하기

$\triangle PBC = 19\ cm^2$이므로

$$\triangle PAD = 25 - 19 = 6(cm^2)$$

48

| Step1 | 마름모의 넓이 구하기

(1) $\dfrac{1}{2} \times 9 \times 4 = 18(cm^2)$

(2) $\dfrac{1}{2} \times 7 \times 5 = \dfrac{35}{2}(cm^2)$

49

| Step1 | 사다리꼴의 높이 구하기

$\overline{AB} = x\ cm$라 하면 직각삼각형 ABC에서

$$\frac{1}{2} \times 4 \times x = 6,\ x = 3$$

| Step2 | 사다리꼴의 넓이 구하기

따라서 사다리꼴의 높이는 3 cm이므로 넓이는

$$\frac{1}{2} \times (7+4) \times 3 = \frac{33}{2}(cm^2)$$

50

| Step1 | 직각삼각형의 넓이 구하기

직각삼각형 A의 넓이는

$$\frac{1}{2} \times 3 \times 3 = \frac{9}{2}(cm^2)$$

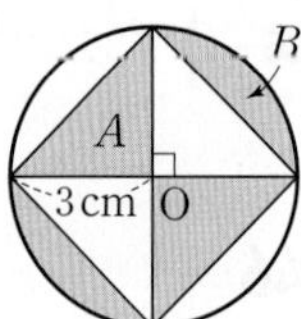

| Step2 | 활꼴의 넓이 구하기

활꼴 B의 넓이는 원의 넓이에서 마름모의 넓이를 뺀 부분의 $\dfrac{1}{4}$과 같으므로

$$\frac{1}{4} \times \left(\pi \times 3^2 - \frac{1}{2} \times 6 \times 6 \right) = \frac{1}{4}(9\pi - 18)(cm^2)$$

| Step3 | 색칠한 부분의 넓이 구하기

따라서 색칠한 부분의 넓이는

$$2 \times \left\{ \frac{9}{2} + \frac{1}{4}(9\pi - 18) \right\} = \frac{9}{2}\pi(cm^2)$$

| 다른 풀이 |

색칠한 부분의 넓이는 $2A + 2B$이므로 원의 넓이의 $\dfrac{1}{2}$과 같다.

따라서 $\dfrac{1}{2} \times \pi \times 3^2 = \dfrac{9}{2}\pi(cm^2)$

51

(1) **| Step1 | 모서리 AB와 만나는 모서리 구하기**

모서리 AB와 점 A에서 만나는 모서리는

모서리 AC, 모서리 AD

모서리 AB와 점 B에서 만나는 모서리는

모서리 BC, 모서리 BE

(2) **| Step1 | 모서리 BC와 평행한 모서리 구하기**

모서리 BC와 평행한 모서리는 한 평면에 있고 만나지 않는 모서리이므로 모서리 EF

(3) **| Step1 | 모서리 BE와 꼬인 위치에 있는 모서리 구하기**

모서리 BE와 꼬인 위치에 있는 모서리는 평행하지도 않고 만나지도 않는 모서리이므로

모서리 AC, 모서리 DF

52

| Step1 | 평면에서 두 직선의 위치 관계 이해하기

⑤ $\overleftrightarrow{AD}$와 $\overleftrightarrow{BF}$는 한 점 A에서 만난다.

53

| Step1 | 공간에서 점, 직선, 평면의 위치 관계 이해하기

① $\overline{AC}$와 평행한 면은 면 EFGH의 1개이다.

② 모서리 CG와 수직인 면은 면 ABCD, 면 EFGH의 2개이다.

③ 면 ABCD와 수직인 모서리는 모서리 AE, 모서리 BF, 모서리 CG, 모서리 DH의 4개이다.

④ 점 A와 면 CGHD 사이의 거리는 선분 AD의 길이와 같으므로 4 cm이다.

⑤ 점 G와 면 AEHD 사이의 거리는 선분 GH의 길이와 같으므로 3 cm이다.

54

(1) | Step1 | 대응변의 길이 구하기

$\overline{BC}=\overline{EF}=4\ \text{cm}$

(2) | Step1 | 대응각의 크기 구하기

$\angle AFE=\angle DCB=100°$

55

| Step1 | 선대칭도형 이해하기

④ 선대칭도형의 성질에 의하여 $\overline{EF}=3\ \text{cm}$인지는 알 수 없다.

| 참고 |

④ 오른쪽 그림과 같이 점 D에서 $\overline{BC}$에 내린 수선의 발을 H라 하자.

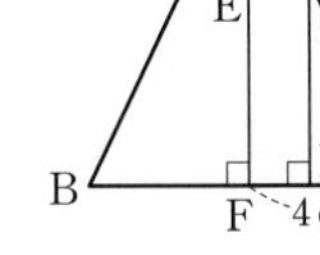

$\overline{DE}=\overline{FH}=\dfrac{3}{2}\ \text{cm}$이므로

$\overline{CH}=4-\dfrac{3}{2}=\dfrac{5}{2}\ (\text{cm})$

따라서 직각삼각형 DHC에서 피타고라스 정리에 의하여

$\overline{EF}=\overline{DH}=\sqrt{5^2-\left(\dfrac{5}{2}\right)^2}=\dfrac{5\sqrt{3}}{2}\ (\text{cm})$

56

| Step1 | 점대칭도형 이해하기

⑤ 점대칭도형이므로

$\overline{AD}=10\ \text{cm}$이지만 $\overline{CF}=10\ \text{cm}$인지 아닌지 알 수 없다.

57

| Step1 | 원의 지름 이해하기

원에서 가장 긴 현은 원의 중심을 지나는 지름이므로 그 길이는

$2\times4=8\ (\text{cm})$

58

| Step1 | 두 원의 반지름의 길이 구하기

원 O에서 $\overline{OA}=\overline{OB}=5\ \text{cm}$이고

원 O'에서 $\overline{O'B}=\overline{O'C}=2\ \text{cm}$

| Step2 | $\overline{OO'}$의 길이 구하기

$\overline{OO'}=\overline{OB}-\overline{O'B}=5-2=3\ (\text{cm})$

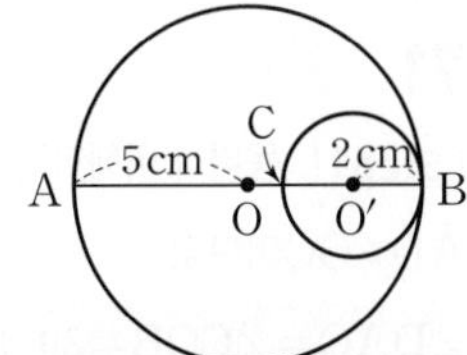

59

| Step1 | 원의 성질 이해하기

⑤ △OAB의 둘레의 길이는

$\overline{OA}+\overline{OB}+\overline{AB}=2+2+3=7\ (\text{cm})$

60

| Step1 | 원의 반지름의 길이 구하기

원의 반지름의 길이를 $x\ \text{cm}$라 하면

$2\pi\times x=50\pi,\ x=25$

따라서 원의 반지름의 길이는 $25\ \text{cm}$이다.

61

| Step1 | 큰 원의 둘레의 길이 구하기

큰 원의 둘레의 길이는

$2\pi\times5=10\pi\ (\text{cm})$

| Step2 | 작은 원의 둘레의 길이 구하기

작은 원의 둘레의 길이는

$2\pi\times2=4\pi\ (\text{cm})$

| Step3 | 색칠한 부분의 둘레의 길이 구하기

따라서 색칠한 부분의 둘레의 길이는

$10\pi+4\pi=14\pi\ (\text{cm})$

62

| Step1 | 원 O의 둘레의 길이 구하기

중심이 O인 원의 지름의 길이를 $2r$이라 하면

중심이 O인 원의 둘레의 길이는 $\pi\times2r=2\pi r$

| Step2 | 원 $O',\ O''$의 둘레의 길이 구하기

중심이 O'인 원과 중심이 O''인 원의 지름의 길이는 모두 r이므로

중심이 O'인 원과 중심이 O''인 원의 둘레의 길이는 모두

$\pi\times r=\pi r$

따라서 두 개의 작은 원의 둘레의 길이의 합은

$\pi r+\pi r=2\pi r$

| Step3 | 큰 원의 둘레의 길이와 두 개의 작은 원의 둘레의 길이의 합 비교하기

따라서 큰 원의 둘레의 길이는 두 개의 작은 원의 둘레의 길이의 합

과 같으므로 1배이다.

63

| **Step1** | 원의 반지름의 길이 구하기

원의 반지름의 길이를 x cm라 하면

$2\pi \times x = 14\pi,\ x = 7$

| **Step2** | 원의 넓이 구하기

따라서 원의 반지름의 길이가 7 cm인 원의 넓이는

$\pi \times 7^2 = 49\pi\,(\mathrm{cm}^2)$

64

| **Step1** | 큰 원의 넓이 구하기

중심이 O인 원의 넓이는

$\pi \times 6^2 = 36\pi\,(\mathrm{cm}^2)$

| **Step2** | 작은 원의 넓이 구하기

중심이 O'인 원의 넓이는

$\pi \times 3^2 = 9\pi\,(\mathrm{cm}^2)$

| **Step3** | 색칠한 부분의 넓이 구하기

따라서 색칠한 부분의 넓이는

$36\pi - 9\pi = 27\pi\,(\mathrm{cm}^2)$

65

| **Step1** | 색칠한 부분의 넓이 이해하기

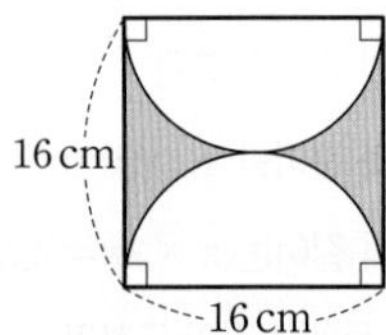

색칠한 부분의 넓이는 한 변의 길이가 16 cm인 정사각형의 넓이에서 반지름의 길이가 8 cm인 원의 넓이를 뺀 것과 같다.

| **Step2** | 색칠한 부분의 넓이 구하기

따라서 색칠한 부분의 넓이는

$16 \times 16 - \pi \times 8^2 = 256 - 64\pi\,(\mathrm{cm}^2)$

66

| **Step1** | 색칠한 부분의 둘레의 길이 구하기

색칠한 부분의 둘레의 길이는

$2\pi \times 6 \times \dfrac{1}{4} + 2\pi \times 3 \times \dfrac{1}{2} + 6 = 6\pi + 6\,(\mathrm{cm})$

67

| **Step1** | 색칠한 부분의 넓이 구하기

색칠한 부분의 넓이는

$\pi \times 6^2 \times \dfrac{240}{360} - \pi \times 3^2 \times \dfrac{240}{360}$

$= 24\pi - 6\pi = 18\pi\,(\mathrm{cm}^2)$

68

| **Step1** | 부채꼴의 호의 길이 구하기

부채꼴의 호의 길이를 l cm라 하면

$\dfrac{1}{2} \times 4 \times l = 12\pi,\ l = 6\pi$

따라서 부채꼴의 호의 길이는 6π cm이다.

69

| **Step1** | 주어진 조건 이해하기

$\overline{OA} = \overline{OB}$, $\overline{OA} = \overline{AB}$이므로

$\overline{OA} = \overline{OB} = \overline{AB}$, 즉 $\triangle OAB$는 정삼각형이다.

| **Step2** | 중심각의 크기 구하기

따라서 부채꼴 OAB의 중심각의 크기는 $\angle AOB = 60^\circ$

70

| **Step1** | 부채꼴의 성질 이해하기

$\overset{\frown}{AC} : \overset{\frown}{BC} = 1 : 4$이므로

$\angle AOC : \angle BOC = 1 : 4$

| **Step2** | $\angle BOC$의 크기 구하기

따라서 $\angle BOC = 180^\circ \times \dfrac{4}{1+4} = 144^\circ$

71

| **Step1** | 동위각 이해하기

$\overline{AD} /\!/ \overline{OC}$이므로

$\angle DAO = \angle COB = 30^\circ$ (동위각)

| Step2 | 삼각형의 세 내각의 크기의 합 이해하기

삼각형 AOD에서 $\overline{OA}=\overline{OD}$

따라서 $\angle OAD=\angle ODA=30°$이므로

$\angle DOA=180°-2\times 30°=120°$

| Step3 | 부채꼴 AOD의 넓이 구하기

한 원에서 부채꼴의 넓이는 중심각의 크기에 비례하므로

$30°:120°=6\pi:$ (부채꼴 AOD의 넓이)

따라서 (부채꼴 AOD의 넓이)$=24\pi\,(\text{cm}^2)$

72

| Step1 | 다면체 이해하기

두 밑면이 서로 평행하고 옆면이 사다리꼴이므로 구하는 다면체는 각뿔대이다.

| Step2 | 다면체 구하기

한편, 십일면체이면 면의 개수가 11이므로

조건을 모두 만족시키는 다면체는 구각뿔대이다.

73

| Step1 | a, b, c의 값 구하기

면의 개수는 12이므로 $a=12$

꼭짓점의 개수는 20이므로 $b=20$

모서리의 개수는 30이므로 $c=30$

| Step2 | $a+b+c$의 값 구하기

따라서 $a+b+c=12+20+30=62$

74

| Step1 | 정다면체 이해하기

면의 모양이 정삼각형이므로 정사면체, 정팔면체, 정이십면체 중 하나이다.

| Step2 | 정다면체 구하기

한 꼭짓점에 모인 면의 개수가 5이므로 조건을 모두 만족시키는 정다면체는 정이십면체이다.

75

| Step1 | 정육면체의 꼭짓점, 모서리, 면의 개수 구하기

정육면체의 꼭짓점의 개수는 8, 모서리의 개수는 12, 면의 개수는 6이므로

$a=8$, $b=12$, $c=6$

| Step2 | $a+b+c$의 값 구하기

따라서 $a+b+c=8+12+6=26$

76

| Step1 | 정육면체 이해하기

정육면체의 모서리의 길이는 모두 같고, 모서리의 개수는 12이다.

| Step2 | x의 값 구하기

따라서 모든 모서리의 길이의 합은

$12\times x=48$, $x=4$

77

| Step1 | 서로 겹치는 꼭짓점 찾기

④ 꼭짓점 J와 겹치는 꼭짓점은 없다.

78

| Step1 | 직육면체의 모서리의 길이의 합 구하기

직육면체의 모든 모서리의 길이의 합은

$4\times(x+6+3)=4(x+9)\,(\text{cm})$

| Step2 | 정육면체의 모서리의 길이의 합 구하기

정육면체의 모든 모서리의 길이의 합은 $12\times 4=48\,(\text{cm})$

| Step3 | x의 값 구하기

직육면체와 정육면체의 모든 모서리의 길이의 합이 서로 같으므로

$4(x+9)=48$, $x+9=12$

따라서 $x=3$

79

| Step1 | 오각기둥의 꼭짓점, 모서리, 면의 개수 구하기

오각기둥의 꼭짓점의 개수는 10, 모서리의 개수는 15, 면의 개수는 7이므로

$a=10$, $b=15$, $c=7$

| Step2 | $a+b+c$의 값 구하기

따라서 $a+b+c=10+15+7=32$

80

| Step1 | 밑면과 옆면의 넓이 구하기

밑면의 넓이는 $\dfrac{1}{2} \times 3 \times 4 = 6 (\mathrm{cm}^2)$

옆면의 넓이는 $(3+4+5) \times 6 = 72 (\mathrm{cm}^2)$

| Step2 | 겉넓이 구하기

따라서 겉넓이는 $6 \times 2 + 72 = 84 (\mathrm{cm}^2)$

81

| Step1 | 밑면의 넓이 구하기

밑면의 넓이는 $\dfrac{1}{2} \times (6+2) \times 2 = 8 (\mathrm{cm}^2)$

| Step2 | 부피 구하기

따라서 부피는 $8 \times 7 = 56 (\mathrm{cm}^3)$

82

| Step1 | 밑면의 넓이 구하기

주어진 전개도로 만들어지는 기둥은 밑면이 직각삼각형인 삼각기둥이다. 이 삼각기둥의 밑면의 넓이는

$\dfrac{1}{2} \times 2 \times 3 = 3$

| Step2 | 부피 구하기

따라서 부피는 $3 \times 6 = 18$

83

| Step1 | 오각뿔의 꼭짓점, 모서리, 면의 개수 구하기

오각뿔의 꼭짓점의 개수는 6, 모서리의 개수는 10, 면의 개수는 6이므로

$a=6,\, b=10,\, c=6$

| Step2 | $a+b+c$의 값 구하기

따라서 $a+b+c=6+10+6=22$

84

| Step1 | 밑면의 넓이 구하기

밑면의 넓이는 $5 \times 5 = 25 (\mathrm{cm}^2)$

| Step2 | h의 값 구하기

정사각뿔의 부피가 $75\ \mathrm{cm}^3$이므로

$\dfrac{1}{3} \times 25 \times h = 75$

따라서 $h=9$

85

| Step1 | 주어진 전개도로 만들어지는 입체도형 구하기

주어진 전개도로 만들어지는 입체도형은 밑면이 한 변의 길이가 7 cm인 정사각형이고 옆면의 삼각형의 높이가 6 cm인 정사각뿔이다.

| Step2 | 밑면과 옆면의 넓이 구하기

밑면의 넓이는

$7 \times 7 = 49 (\mathrm{cm}^2)$

옆면의 넓이는

$\left(\dfrac{1}{2} \times 7 \times 6 \right) \times 4 = 84 (\mathrm{cm}^2)$

| Step3 | 겉넓이 구하기

따라서 겉넓이는 $49 + 84 = 133 (\mathrm{cm}^2)$

86

| Step1 | 주어진 전개도로 만들어지는 입체도형 구하기

주어진 전개도로 만들어지는 입체도형은 밑면이 한 변의 길이가 6 cm인 정사각형이고 높이가 6 cm인 사각뿔이다.

| Step2 | 밑면의 넓이 구하기

밑면의 넓이는 $6 \times 6 = 36 (\mathrm{cm}^2)$

| Step3 | 부피 구하기

따라서 부피는 $\dfrac{1}{3} \times 36 \times 6 = 72 (\mathrm{cm}^3)$

87

| Step1 | 오각뿔대의 꼭짓점, 모서리, 면의 개수 구하기

오각뿔대의 꼭짓점의 개수는 10, 모서리의 개수는 15, 면의 개수는 7이므로

$a=10,\, b=15,\, c=7$

| Step2 | $a+b+c$의 값 구하기

따라서 $a+b+c=10+15+7=32$

88

| Step1 | 밑면의 넓이 구하기

밑면의 넓이는 $4 \times 4 + 3 \times 3 = 25(\text{cm}^2)$

| Step2 | 옆면의 넓이 구하기

옆면인 사다리꼴의 높이를 h cm라 하면

옆면의 넓이는 $\left\{ \dfrac{1}{2} \times (3+4) \times h \right\} \times 4 = 14h(\text{cm}^2)$

| Step3 | 사다리꼴의 높이 구하기

겉넓이가 95 cm^2이므로

$25 + 14h = 95,\ h = 5$

따라서 옆면인 사다리꼴의 높이는 5 cm이다.

89

| Step1 | 큰 사각뿔의 부피 구하기

큰 사각뿔의 부피는

$\dfrac{1}{3} \times (6 \times 6) \times 8 = 96(\text{cm}^3)$

| Step2 | 작은 사각뿔의 부피 구하기

작은 사각뿔의 부피는

$\dfrac{1}{3} \times (3 \times 3) \times 4 = 12(\text{cm}^3)$

| Step3 | 사각뿔대의 부피 구하기

따라서 사각뿔대의 부피는

$96 - 12 = 84(\text{cm}^3)$

90

| Step1 | 큰 사각뿔의 부피 구하기

큰 사각뿔의 부피는

$\dfrac{1}{3} \times (10 \times 10) \times 2x = \dfrac{200}{3}x(\text{cm}^3)$

| Step2 | 작은 사각뿔의 부피 구하기

작은 사각뿔의 부피는

$\dfrac{1}{3} \times (5 \times 5) \times x = \dfrac{25}{3}x(\text{cm}^3)$

| Step3 | x의 값 구하기

사각뿔대의 부피가 350 cm^3이므로

$\dfrac{200}{3}x - \dfrac{25}{3}x = 350,\ x = 6$

91

| Step1 | 원기둥의 부피 구하기

원기둥의 밑면의 반지름의 길이는

$\dfrac{1}{2} \times 10 = 5(\text{cm})$

따라서 원기둥의 부피는

$\pi \times 5^2 \times 3 = 75\pi(\text{cm}^3)$

92

| Step1 | 밑면과 옆면의 넓이 구하기

원기둥의 높이를 x라 하면

두 밑면의 넓이의 합은 $2 \times (\pi \times 2^2) = 8\pi$

옆면의 넓이는 $(2\pi \times 2) \times x = 4x\pi$

| Step2 | 원기둥의 높이 구하기

겉넓이가 38π이므로

$8\pi + 4x\pi = 38\pi,\ 4x\pi = 30\pi,\ x = \dfrac{15}{2}$

따라서 원기둥의 높이는 $\dfrac{15}{2}$이다.

93

| Step1 | 밑면과 옆면의 넓이 구하기

두 밑면의 넓이의 합은 $(\pi \times 2^2) \times 2 = 8\pi(\text{cm}^2)$

옆면의 넓이는 $(2\pi \times 2) \times 4 = 16\pi(\text{cm}^2)$

| Step2 | 겉넓이 구하기

따라서 원기둥의 겉넓이는

$8\pi + 16\pi = 24\pi(\text{cm}^2)$

94

| Step1 | 큰 원기둥의 부피 구하기

큰 원기둥의 부피는

$(\pi \times 6^2) \times 11 = 396\pi(\text{cm}^3)$

| Step2 | 작은 원기둥의 부피 구하기

작은 원기둥의 부피는

$(\pi \times 3^2) \times 11 = 99\pi(\text{cm}^3)$

| Step3 | 주어진 입체도형의 부피 구하기

따라서 구하는 입체도형의 부피는

$396\pi-99\pi=297\pi\,(\mathrm{cm}^3)$

95

| Step1 | 원뿔의 부피 구하기

원뿔의 부피는

$\dfrac{1}{3}\times\pi\times3^2\times2=6\pi\,(\mathrm{cm}^3)$

96

| Step1 | 밑면의 넓이 구하기

밑면의 넓이는 $\pi\times r^2=\pi r^2\,(\mathrm{cm}^2)$

| Step2 | r의 값 구하기

원뿔의 부피가 $108\pi\,\mathrm{cm}^3$이므로

$\dfrac{1}{3}\times\pi r^2\times9=108\pi,\ r^2=36$

$r>0$이므로 $r=6$

97

| Step1 | 밑면과 옆면의 넓이 구하기

원뿔의 모선의 길이를 $l\,\mathrm{cm}$라 하면

밑면의 넓이는 $\pi\times2^2=4\pi\,(\mathrm{cm}^2)$

옆면의 넓이는 $\pi\times l\times2=2l\pi\,(\mathrm{cm}^2)$

| Step2 | 모선의 길이 구하기

원뿔의 겉넓이가 $20\pi\,\mathrm{cm}^2$이므로

$4\pi+2l\pi=20\pi,\ 2l\pi=16\pi,\ l=8$

따라서 원뿔의 모선의 길이는 $8\,\mathrm{cm}$이다.

98

| Step1 | 밑면의 넓이 구하기

밑면의 넓이는 $\pi\times5^2=25\pi\,(\mathrm{cm}^2)$

| Step2 | 높이 구하기

원뿔의 높이를 $h\,\mathrm{cm}$라 하면

원뿔의 부피가 $75\pi\,\mathrm{cm}^3$이므로

$\dfrac{1}{3}\times25\pi\times h=75\pi,\ h=9$

따라서 원뿔의 높이는 $9\,\mathrm{cm}$이다.

99

| Step1 | 원뿔대의 밑면과 옆면의 넓이 구하기

두 밑면의 넓이의 합은

$\pi\times6^2+\pi\times2^2=36\pi+4\pi=40\pi\,(\mathrm{cm}^2)$

옆면의 넓이는

$\pi\times12\times6-\pi\times4\times2=72\pi-8\pi=64\pi\,(\mathrm{cm}^2)$

| Step2 | 원뿔대의 겉넓이 구하기

따라서 원뿔대의 겉넓이는

$40\pi+64\pi=104\pi\,(\mathrm{cm}^2)$

100

| Step1 | 큰 원뿔의 부피 구하기

큰 원뿔의 부피는

$\dfrac{1}{3}\times\pi\times4^2\times6=32\pi\,(\mathrm{cm}^3)$

| Step2 | 작은 원뿔의 부피 구하기

작은 원뿔의 부피는

$\dfrac{1}{3}\times\pi\times2^2\times3=4\pi\,(\mathrm{cm}^3)$

| Step3 | 원뿔대의 부피 구하기

따라서 원뿔대의 부피는

$32\pi-4\pi=28\pi\,(\mathrm{cm}^3)$

101

| Step1 | 밑면과 옆면의 넓이 구하기

두 밑면의 넓이의 합은

$(\pi\times9^2)+(\pi\times3^2)$

$=81\pi+9\pi=90\pi\,(\mathrm{cm}^2)$

옆면의 넓이는

$(\pi\times15\times9)-(\pi\times5\times3)$

$=135\pi-15\pi=120\pi\,(\mathrm{cm}^2)$

| Step2 | 겉넓이 구하기

따라서 원뿔대의 겉넓이는

$90\pi+120\pi=210\pi\,(\mathrm{cm}^2)$

102

| Step1 | 큰 원뿔의 부피 구하기

큰 원뿔의 부피는

$$\frac{1}{3} \times \pi \times 9^2 \times 6 = 162\pi \, (\text{cm}^3)$$

| Step2 | 작은 원뿔의 부피 구하기

작은 원뿔의 부피는

$$\frac{1}{3} \times \pi \times 3^2 \times 2 = 6\pi \, (\text{cm}^3)$$

| Step3 | 원뿔대의 부피 구하기

따라서 원뿔대의 부피는

$$162\pi - 6\pi = 156\pi \, (\text{cm}^3)$$

103

| Step1 | 구의 반지름의 길이 구하기

구의 반지름의 길이를 r cm라 하면

구의 겉넓이가 64π cm^{2}이므로

$$4\pi \times r^2 = 64\pi$$

$$r^2 = 16$$

$r > 0$이므로 $r = 4$

| Step2 | 구의 부피 구하기

따라서 구의 부피는

$$\frac{4}{3} \times \pi \times 4^3 = \frac{256}{3}\pi \, (\text{cm}^3)$$

104

| Step1 | 원뿔의 부피 구하기

원뿔의 부피는

$$\frac{1}{3} \times \pi \times 2^2 \times 6 = 8\pi \, (\text{cm}^3)$$

| Step2 | 반구의 부피 구하기

반구의 부피는

$$\left(\frac{4}{3} \times \pi \times 2^3 \right) \times \frac{1}{2} = \frac{16}{3}\pi \, (\text{cm}^3)$$

| Step3 | 주어진 입체도형의 부피 구하기

따라서 주어진 입체도형의 부피는

$$8\pi + \frac{16}{3}\pi = \frac{40}{3}\pi \, (\text{cm}^3)$$

105

| Step1 | 구의 겉넓이의 $\frac{7}{8}$ 구하기

구의 겉넓이의 $\frac{7}{8}$은

$$(4\pi \times 2^2) \times \frac{7}{8} = 14\pi \, (\text{cm}^2)$$

| Step2 | 부채꼴의 넓이 구하기

중심각의 크기가 $90°$인 부채꼴 3개의 넓이는

$$\left(\pi \times 2^2 \times \frac{90}{360} \right) \times 3 = 3\pi \, (\text{cm}^2)$$

| Step3 | 겉넓이 구하기

따라서 주어진 입체도형의 겉넓이는

$$14\pi + 3\pi = 17\pi \, (\text{cm}^2)$$

106

| Step1 | 반구의 부피 구하기

반구 1개의 부피는

$$\left(\frac{4}{3} \times \pi \times 3^3 \right) \times \frac{1}{2} = 18\pi \, (\text{cm}^3)$$

| Step2 | 원기둥의 부피 구하기

원기둥의 부피는

$$\pi \times 3^2 \times 6 = 54\pi \, (\text{cm}^3)$$

| Step3 | 주어진 입체도형의 부피 구하기

따라서 주어진 입체도형의 부피는

$$18\pi \times 2 + 54\pi = 90\pi \, (\text{cm}^3)$$

01 ②	**02** ③	**03** ③	**04** ①	**05** ①
06 ⑤	**07** 112	**08** $(8\pi-16)$ cm²	**09** ⑤	
10 102π cm²				

01

| 출제의도 | 평각과 맞꼭지각을 이해하고 주어진 각의 크기를 구한다.

$x°+110°=180°$이므로

$x°=70°$

맞꼭지각의 크기는 서로 같으므로 $y=45$

따라서 $x+y=70+45=115$

02

| 출제의도 | 엇각을 이해하고 주어진 각의 크기를 구한다.

오른쪽 그림과 같이 꺾인 점을 지나고
두 직선 l, m에 평행한 직선 n을 그으면

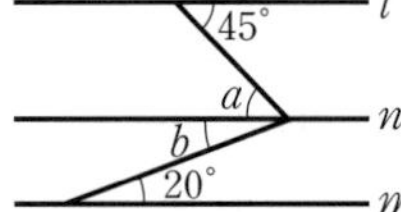

$l /\!/ n$이므로 $\angle a=45°$ (엇각)

$n /\!/ m$이므로 $\angle b=20°$ (엇각)

따라서 $\angle x=\angle a+\angle b=45°+20°=65°$

03

| 출제의도 | 공간에서 두 직선의 위치 관계를 이해하고 주어진 모서리
의 개수를 구한다.

모서리 AB와 만나는 모서리는

모서리 AC, 모서리 AD, 모서리 AE, 모서리 BC, 모서리 BE의
5개이므로

$a=5$

모서리 AB와 꼬인 위치에 있는 모서리는

모서리 CD, 모서리 DE의 2개이므로

$b=2$

따라서 $a+b=5+2=7$

04

| 출제의도 | 점과 직선의 위치 관계를 이해하고 점과 직선 사이의 거
리를 구한다.

직선 l과 선분 AB의 교점을 M이라 하면 점 A에서 직선 l까지의
거리는 $\overline{AM}$의 길이와 같다.

$\overline{AM}=\dfrac{1}{2}\overline{AB}=\dfrac{1}{2}\times9=\dfrac{9}{2}$ (cm)이므로

점 A에서 직선 l까지의 거리는 $\dfrac{9}{2}$ cm이다.

05

| 출제의도 | 입체도형의 부피를 이용하여 원기둥의 겉넓이를 구한다.

원뿔의 밑면의 넓이는 $\pi\times3^2=9\pi$이므로

부피는 $\dfrac{1}{3}\times9\pi\times8=24\pi$

원기둥의 밑면의 넓이는 $\pi\times2^2=4\pi$이므로

원기둥의 높이를 x라 하면

부피는 $4\pi\times x=4x\pi$

원뿔과 원기둥의 부피가 서로 같으므로

$24\pi=4x\pi$, $x=6$

따라서 원기둥의 옆면의 넓이는 $(2\pi\times2)\times6=24\pi$이므로

원기둥의 겉넓이는 $(4\pi\times2)+24\pi=32\pi$

06

| 출제의도 | 입체도형을 이해하여 직육면체의 겉넓이를 구한다.

직육면체의 높이를 h라 하면

부피는 $2\times2\times h=12$, $h=3$

즉, 직육면체의 높이는 3이다.

따라서 직육면체의 겉넓이는

$2\times(2\times2)+4\times(2\times3)=8+24=32$

07

| 출제의도 | 평면도형의 성질을 이해하여 각의 크기를 구한다.

삼각형 ABC의 세 내각의 크기의 합
이 $180°$이므로

$\angle A+72°+48°=180°$

$\angle A=180°-120°=60°$

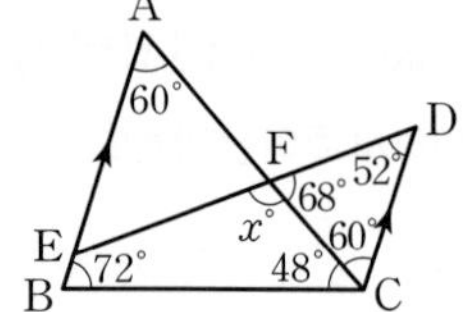

두 선분 AB와 DC가 서로 평행하므로

$\angle ACD = \angle A = 60°$ (엇각)

삼각형 CDF의 세 내각의 크기의 합이 $180°$이므로

$\angle FCD + \angle CDF + \angle DFC = 180°$

$60° + 52° + \angle DFC = 180°$

$\angle DFC = 180° - 112° = 68°$

따라서

$\angle EFC = 180° - \angle DFC$

$\qquad = 180° - 68°$

$\qquad = 112°$

이므로 $x = 112$

08

| 출제의도 | 부채꼴의 넓이를 이해하여 주어진 넓이를 구한다.

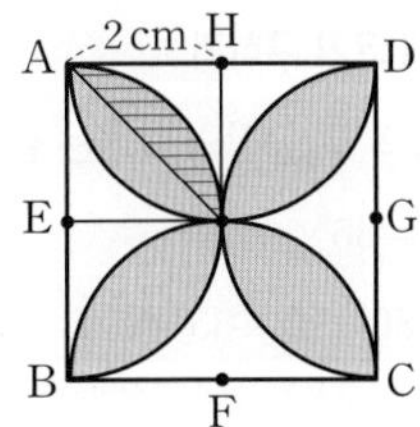

빗금친 부분의 넓이는

$\left(\dfrac{1}{4} \times \pi \times 2^2\right) - \left(\dfrac{1}{2} \times 2 \times 2\right) = \pi - 2\,(\mathrm{cm}^2)$

따라서 색칠한 부분의 넓이는

$8 \times (\pi - 2) = 8\pi - 16\,(\mathrm{cm}^2)$

09

| 출제의도 | 정다면체의 성질을 이해하여 조건을 만족시키는 값을 구한다.

서로 평행한 면에 적힌 수의 쌍은

$(2, C), (3, 6), (1, B), (A, 5)$이고

평행한 두 면에 적힌 수의 합은 $3 + 6 = 9$이므로

$A + 5 = 9, A = 4$

$1 + B = 9, B = 8$

$2 + C = 9, C = 7$

따라서 $A + B + C = 4 + 8 + 7 = 19$

10

| 출제의도 | 회전체의 성질을 이해하여 주어진 도형의 겉넓이를 구한다.

직선 l을 회전축으로 하여 1회전 시킬 때 생기는 입체도형은 오른쪽 그림과 같다.

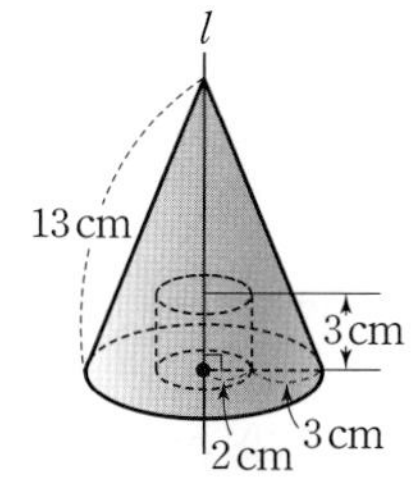

원뿔의 옆면의 넓이는

$\pi \times 13 \times 5 = 65\pi\,(\mathrm{cm}^2)$

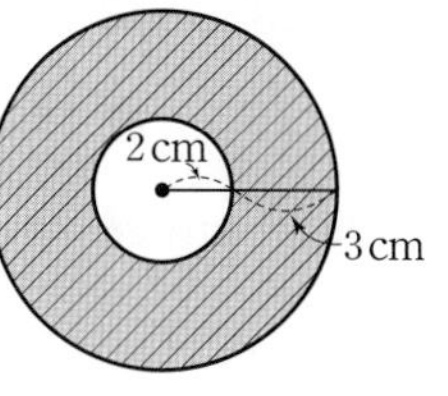

(폭이 3 cm인 둥근 띠 모양의 빗금친 넓이)+(반지름의 길이가 2 cm인 원의 넓이)

=(반지름의 길이가 5 cm인 원의 넓이)

$= \pi \times 5^2 = 25\pi\,(\mathrm{cm}^2)$

원기둥의 옆면의 넓이는

$(2\pi \times 2) \times 3 = 12\pi\,(\mathrm{cm}^2)$

따라서 구하는 겉넓이는

$65\pi + 25\pi + 12\pi = 102\pi\,(\mathrm{cm}^2)$

01 (1) 6 cm (2) 50° **02** 14 cm² **03** 30°

04 20° **05** (1) 7 (2) 55 **06** 12 cm

07 $\dfrac{33}{2}$ cm² **08** $\dfrac{49}{2}$ cm²

09 $x=4$, $y=4$ **10** 28° **11** $\dfrac{25}{4}\pi$ cm²

12 28 cm **13** 68 **14** 112 **15** 34° **16** 25°

17 28° **18** 129° **19** 27° **20** 21 cm²

21 31° **22** 15 cm **23** 70° **24** $x=2$, $y=75$

25 21 cm **26** $x=35$, $y=8$

27 $\angle x=65°$, $\angle y=130°$ **28** 24 cm

29 25 cm **30** 65° **31** 24 cm **32** 90

33 $x=9$, $y=60$ **34** 48 **35** 72 cm²

36 75° **37** 75° **38** $\angle x=23°$, $\angle y=60°$

39 70° **40** 6 cm **41** ㄴ, ㄷ, ㅁ **42** ④

43 ④, ⑤ **44** 11 cm² **45** 21 cm² **46** 14 cm²

47 29 cm² **48** 4 **49** 5 **50** 10

51 5 **52** 6 **53** 9 **54** 13 **55** $\dfrac{36}{5}$

56 60 **57** 5 : 7 **58** 5 **59** 7 **60** 8

61 59 **62** 23 **63** 9 **64** 5 **65** 6

66 11 **67** $\dfrac{24}{5}$ **68** 3 **69** 12 cm²

70 4 cm² **71** $x=2$, $y=6$ **72** 16 cm²

73 54π cm³ **74** 6 **75** 9 cm² **76** ③

77 100 cm² **78** 7 cm **79** $\dfrac{29}{2}$ cm²

80 $\dfrac{9}{2}$ **81** (1) $x=\sqrt{3}$, $y=2\sqrt{3}$

(2) $x=2$, $y=2\sqrt{3}$ **82** $4\sqrt{3}$ **83** 28 cm²

84 $\sqrt{29}$ cm **85** 25 cm²

86 $4\sqrt{3}$ **87** $(3+\sqrt{3})$ cm **88** $2\sqrt{3}$

89 $12\sqrt{3}$ cm² **90** $a=3$, $h=\dfrac{3\sqrt{3}}{2}$

91 $\overline{AB}=\overline{AC}$인 직각이등변삼각형 **92** $5\sqrt{2}$

93 $2\sqrt{26}$ **94** $2\sqrt{3}$ **95** $4\sqrt{3}$ **96** $\sqrt{23}$ **97** 21π

98 12 **99** 64π cm² **100** $\sqrt{97}$

101 $\dfrac{\sqrt{46}}{2}$ **102** 128 cm² **103** $3\sqrt{11}$

104 $2\sqrt{6}$ **105** $\dfrac{9\sqrt{3}}{2}$ **106** $\dfrac{4\sqrt{6}}{3}$ cm

107 $\sqrt{61}\pi$ cm **108** 6 **109** 16π cm²

01

(1) **| Step1 |** 선분 BC의 길이 구하기

$\overline{BD}=\overline{DC}=3$ cm이므로

선분 BC의 길이는 6 cm이다.

(2) **| Step1 |** $\angle$BAC의 크기 구하기

이등변삼각형 ABC의 두 밑각의 크기는 같으므로

$\angle ABC=\angle ACB=65°$

따라서 $\angle BAC=180°-2\times 65°=50°$

02

| Step1 | 이등변삼각형 이해하기

이등변삼각형의 꼭지각의 이등분선은 밑변을 수직이등분하므로

$\overline{AD}\perp\overline{BC}$, $\overline{BD}=\overline{CD}$

즉, $\overline{BC}=2\overline{BD}=2\times 2=4\,(cm)$

| Step2 | $\triangle$ABC의 넓이 구하기

따라서 $\triangle ABC=\dfrac{1}{2}\times\overline{BC}\times\overline{AD}$

$$=\dfrac{1}{2}\times 4\times 7=14\,(cm^2)$$

03

| Step1 | 이등변삼각형 이해하기

$\triangle$ADC에서 $\overline{AD}=\overline{CD}$이므로

$\angle DCA=\angle DAC=\angle BAD=\angle x$

| Step2 | $\angle x$의 크기 구하기

$\triangle ABC$에서 $2\angle x + \angle x + 90^\circ = 180^\circ$

$3\angle x = 90^\circ$

따라서 $\angle x = 30^\circ$

04

| Step1 | 이등변삼각형 이해하기

$\triangle DAB$와 $\triangle DCA$는 이등변삼각형이므로

$\angle DAB = \angle DBA = \angle x$

$\angle DAC = \angle DCA = 70^\circ$

| Step2 | $\angle x$의 크기 구하기

$\triangle ABC$에서 $(\angle x + 70^\circ) + \angle x + 70^\circ = 180^\circ$

$2\angle x + 140^\circ = 180^\circ,\ 2\angle x = 40^\circ$

따라서 $\angle x = 20^\circ$

05

| Step1 | 직각삼각형의 합동 이해하기

(1) $\triangle AOP$와 $\triangle BOP$에서

$\angle OAP = \angle OBP = 90^\circ$, $\overline{OP}$는 공통,

$\angle AOP = \angle BOP$이므로

$\triangle AOP \equiv \triangle BOP$(RHA 합동)

따라서 $\overline{OA} = \overline{OB} = 7$ cm이므로

$x = 7$

(2) $\triangle AOP$와 $\triangle BOP$에서

$\angle OAP = \angle OBP = 90^\circ$, $\overline{OP}$는 공통,

$\overline{AP} = \overline{BP}$이므로

$\triangle AOP \equiv \triangle BOP$(RHS 합동)

따라서 $\angle AOP = \angle BOP = \dfrac{1}{2} \times 70^\circ = 35^\circ$

$\triangle POB$에서

$\angle OPB = 180^\circ - (35^\circ + 90^\circ) = 55^\circ$

따라서 $x = 55$

06

| Step1 | 직각삼각형의 합동 이해하기

두 직각삼각형 AMC와 BMD에서

$\overline{AM} = \overline{BM}$, $\angle AMC = \angle BMD$(맞꼭지각)이므로

$\triangle AMC \equiv \triangle BMD$(RHA 합동)

| Step2 | $\overline{DM}$의 길이 구하기

따라서 $\overline{DM} = \overline{CM} = 12$ cm

07

| Step1 | 직각삼각형의 합동 이해하기

두 직각삼각형 ADC와 ADE에서

$\overline{AD}$는 공통, $\angle CAD = \angle EAD$이므로

$\triangle ADC \equiv \triangle ADE$(RHA 합동)

| Step2 | $\triangle ABD$의 넓이 구하기

따라서 $\overline{DE} = \overline{DC} = 3$ cm이므로

$$\triangle ABD = \dfrac{1}{2} \times \overline{AB} \times \overline{DE}$$

$$= \dfrac{1}{2} \times 11 \times 3 = \dfrac{33}{2}(\text{cm}^2)$$

08

| Step1 | 직각삼각형의 합동 이해하기

두 직각삼각형 ABE와 ECD에서

$\overline{AE} = \overline{ED}$

$\angle BAE = 90^\circ - \angle AEB = \angle CED$이므로

$\triangle ABE \equiv \triangle ECD$(RHA 합동)

| Step2 | $\overline{AB}$의 길이 구하기

따라서 $\overline{BE} = \overline{CD} = 4$ cm이므로

$\overline{AB} = \overline{EC} = 7 - 4 = 3(\text{cm})$

| Step3 | $\square ABCD$의 넓이 구하기

따라서 $\square ABCD = \dfrac{1}{2} \times (3+4) \times 7 = \dfrac{49}{2}(\text{cm}^2)$

09

| Step1 | 삼각형의 외심을 이해하여 x, y의 값 구하기

점 O가 $\triangle ABC$의 세 변의 수직이등분선의 교점이므로 외심이다.

삼각형의 외심에서 세 꼭짓점에 이르는 거리는 같으므로

$\overline{AO} = \overline{BO} = \overline{CO}$

따라서 $x = y = 4$

10

| Step1 | 삼각형의 외심 이해하기

$\triangle OAB$는 $\overline{OA}=\overline{OB}$인 이등변삼각형이므로

$\angle OAB=\angle OBA=\angle x$

| Step2 | $\angle x$의 크기 구하기

$\triangle OAB$에서 $2\angle x+124°=180°$, $2\angle x=56°$

따라서 $\angle x=28°$

11

| Step1 | 삼각형의 외심 이해하기

직각삼각형에서 외심은 빗변의 중점이므로 외접원의 반지름의 길이는

$\dfrac{1}{2}\times5=\dfrac{5}{2}(\text{cm})$

| Step2 | 외접원의 넓이 구하기

따라서 $\triangle ABC$의 외접원의 넓이는

$\pi\times\left(\dfrac{5}{2}\right)^2=\dfrac{25}{4}\pi(\text{cm}^2)$

12

| Step1 | 삼각형의 외심 이해하기

점 O가 $\triangle ABC$의 세 변의 수직이등분선의 교점이므로

$\overline{DB}=\overline{DA}=3\ \text{cm}$, $\overline{EC}=\overline{EB}=5\ \text{cm}$, $\overline{FA}=\overline{FC}=6\ \text{cm}$

| Step2 | $\triangle ABC$의 둘레의 길이 구하기

따라서 $\triangle ABC$의 둘레의 길이는

$2\times(3+5+6)=28(\text{cm})$

13

| Step1 | 삼각형의 외심 이해하기

점 O가 $\triangle ABC$의 외심이므로

$\angle BOC=2\angle A=2\times56°=112°$

| Step2 | $x+y$의 값 구하기

$\triangle OBC$에서

$x°+y°=180°-\angle BOC$

$\qquad\quad=180°-112°=68°$

따라서 $x+y=68$

14

| Step1 | 삼각형의 외심을 이해하여 x의 값 구하기

$\triangle OAB$는 $\overline{OA}=\overline{OB}$인 이등변삼각형이므로

$\angle OBA=\angle OAB=x°$

$\triangle OAB$에서 $x°+x°=36°$

따라서 $x°=18°$

| Step2 | 삼각형의 외심을 이해하여 y의 값 구하기

$\triangle OCA$는 $\overline{OC}=\overline{OA}$인 이등변삼각형이므로

$\angle OAC=\angle OCA=47°$

$\triangle OCA$에서 $y°=47°+47°=94°$

| Step3 | $x+y$의 값 구하기

따라서 $x+y=18+94=112$

15

| Step1 | 삼각형의 외심 이해하기

$\angle OBA=\angle OAB=\angle x$, $\angle OCB=\angle OBC=32°$,

$\angle OAC=\angle OCA=24°$

| Step2 | $\angle x$의 크기 구하기

$\triangle ABC$에서 $2\times(\angle x+32°+24°)=180°$

$\angle x+56°=90°$

따라서 $\angle x=34°$

16

| Step1 | 삼각형의 외심 이해하기

오른쪽 그림과 같이 $\overline{OA}$를 그으면

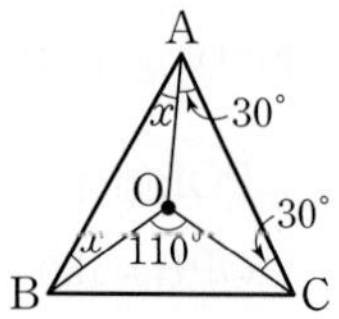

$\triangle OAB$에서 $\overline{OA}=\overline{OB}$이므로

$\angle OAB=\angle OBA=\angle x$

$\triangle OCA$에서 $\overline{OC}=\overline{OA}$이므로

$\angle OAC=\angle OCA=30°$

| Step2 | $\angle x$의 크기 구하기

$\angle BOC=2\angle BAC$이므로

$2\times(\angle x+30°)=110°$

$\angle x+30°=55°$

따라서 $\angle x=25°$

17

| Step1 | 삼각형의 내심 이해하기

삼각형의 내심은 세 내각의 이등분선의 교점이므로

$\angle IAB = \angle IAC = 30°$

$\angle IBC = \angle IBA = \angle x$

| Step2 | $\angle x$의 크기 구하기

$\triangle ABC$에서

$2\angle x + 2 \times 30° + 64° = 180°$

$2\angle x = 56°$

따라서 $\angle x = 28°$

18

| Step1 | 삼각형의 내심 이해하기

$\angle x = 90° + \dfrac{1}{2}\angle A$

$\quad = 90° + \dfrac{1}{2} \times 78°$

$\quad = 90° + 39° = 129°$

| 다른 풀이 |

$\angle B + \angle C = 180° - 78° = 102°$

이므로 $\triangle IBC$에서

$\angle x = 180° - \dfrac{1}{2}(\angle B + \angle C)$

$\quad = 180° - \dfrac{1}{2} \times 102°$

$\quad = 180° - 51°$

$\quad = 129°$

19

| Step1 | 삼각형의 내심 이해하기

$\angle BIC = 90° + \dfrac{1}{2}\angle BAC$이므로

$117° = 90° + \dfrac{1}{2} \times 2\angle x$

$\angle x + 90° = 117°$

따라서 $\angle x = 27°$

20

| Step1 | 삼각형의 내심 이해하기

오른쪽 그림과 같이 점 I에서 $\overline{AB}$, $\overline{BC}$, $\overline{CA}$에 내린 수선의 발을 각각 D, E, F라 하면 $\overline{ID} = \overline{IE} = \overline{IF} = 2\,\mathrm{cm}$

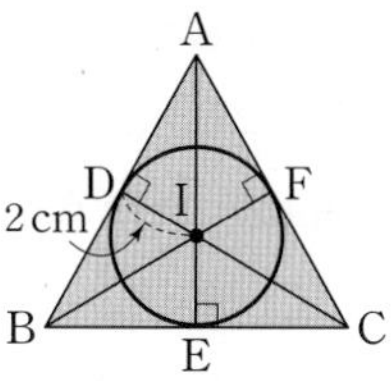

| Step2 | $\triangle ABC$의 넓이 구하기

$\triangle ABC = \dfrac{1}{2} \times 2 \times (\overline{AB} + \overline{BC} + \overline{CA})$

$\qquad = \dfrac{1}{2} \times 2 \times 21 = 21(\mathrm{cm^2})$

21

| Step1 | 삼각형의 내심 이해하기

$\angle AIB = 90° + \dfrac{1}{2} \times 38° = 109°$이므로

$\triangle ABI$에서

$\angle x + 40° + 109° = 180°$

$\angle x + 149° = 180°$

따라서 $\angle x = 31°$

22

| Step1 | 삼각형의 내심 이해하기

삼각형의 내심은 세 내각의 이등분선의 교점이므로

$\triangle DBI$에서

$\angle DBI = \angle IBC = \angle DIB$ (엇각)이므로

$\overline{DI} = \overline{DB}$

$\triangle EIC$에서

$\angle ECI = \angle ICB = \angle EIC$ (엇각)이므로

$\overline{EI} = \overline{EC}$

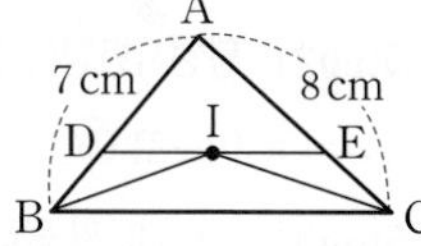

| Step2 | $\triangle ADE$의 둘레의 길이 구하기

따라서 $\triangle ADE$의 둘레의 길이는

$\overline{AD} + \overline{DE} + \overline{EA} = \overline{AD} + \overline{DI} + \overline{IE} + \overline{EA}$

$\qquad = (\overline{AD} + \overline{DB}) + (\overline{EC} + \overline{EA})$

$\qquad = \overline{AB} + \overline{AC}$

$\qquad = 7 + 8 = 15(\mathrm{cm})$

23

| Step1 | 평행사변형의 성질 이해하기

평행사변형에서 두 쌍의 대각의 크기는 각각 같으므로

$\angle D = \angle B = 50°$

| Step2 | $\angle x$의 크기 구하기

$\triangle ACD$에서 $60° + \angle x + 50° = 180°$

$\angle x + 110° = 180°$

따라서 $\angle x = 70°$

24

| Step1 | 평행사변형의 성질 이해하기

$\square ABCD$는 $\overline{AB} /\!/ \overline{DC}$, $\overline{AB} = \overline{DC}$일 때 평행사변형이 된다.

| Step2 | x, y의 값 구하기

$\overline{AB} = \overline{DC}$에서

$2x + 1 = 5$, $x = 2$

또, $\angle A + \angle B = 180°$에서

$y° = 180° - 105° = 75°$

따라서 $x = 2$, $y = 75$

25

| Step1 | $\triangle OAB$의 둘레의 길이 이용하기

$\triangle OAB$에서

$\overline{OA} + \overline{AB} + \overline{OB} = 18 \text{ cm}$이고

$\overline{AB} = \overline{DC} = 5 \text{ cm}$이므로

$\overline{OA} + \overline{OB} = 13 (\text{cm})$

| Step2 | 평행사변형의 성질 이해하기

$\overline{OA} = \overline{OC}$이므로 $\overline{OC} + \overline{OB} = 13 (\text{cm})$

| Step3 | $\triangle OBC$의 둘레의 길이 구하기

따라서 $\triangle OBC$의 둘레의 길이는

$\overline{OC} + \overline{OB} + \overline{BC} = 13 + 8 = 21 (\text{cm})$

26

| Step1 | 직사각형 이해하기

$\angle ADB = \angle DBC$(엇각), $\angle DBC = \angle ACB = 35°$이므로

$\angle ADB = 35°$

따라서 $x = 35$

| Step2 | 직사각형의 성질 이해하기

또, 직사각형의 두 대각선의 길이는 같고 서로 다른 것을 이등분하므로

$\overline{BD} = \overline{AC} = 2\overline{AO} = 2 \times 4 = 8$

따라서 $y = 8$

27

| Step1 | 직사각형의 성질 이용하여 $\angle x$의 크기 구하기

$\angle OAD = \angle OCB = 25°$(엇각)이고

직사각형의 한 내각의 크기는 $90°$이므로

$\angle x = 90° - 25° = 65°$

| Step2 | 직사각형의 성질 이용하여 $\angle y$의 크기 구하기

직사각형의 두 대각선은 길이는 같고 서로 다른 것을 이등분하므로

$\triangle OBC$는 $\overline{OB} = \overline{OC}$인 이등변삼각형이다.

즉, $\angle OBC = \angle OCB = 25°$

따라서 $\triangle OBC$에서

$\angle y = 180° - (25° + 25°) = 130°$

28

| Step1 | 직사각형의 성질 이해하기

한 내각이 직각인 평행사변형 ABCD는 직사각형이다.

직사각형의 두 대각선의 길이는 같고 서로 다른 것을 이등분하므로

$\overline{OA} = \overline{OB} = \overline{OC} = \overline{OD} = 6 \text{ cm}$

| Step2 | $\overline{AC} + \overline{BD}$의 값 구하기

따라서 $\overline{AC} + \overline{BD} = \overline{OA} + \overline{OC} + \overline{OB} + \overline{OD}$

$\qquad = 4\overline{OA} = 4 \times 6 = 24 (\text{cm})$

29

| Step1 | 직사각형의 성질 이해하기

직사각형의 두 대각선의 길이는 같고 서로 다른 것을 이등분하므로

$\overline{OA} = \overline{OB} = \overline{OC} = \overline{OD} = \dfrac{1}{2}\overline{AC} = \dfrac{13}{2} (\text{cm})$

| Step2 | $\triangle AOD$의 둘레의 길이 구하기

따라서 $\triangle AOD$의 둘레의 길이는

$$\overline{OA}+\overline{OD}+\overline{AD}=\frac{13}{2}+\frac{13}{2}+12=25\,(\text{cm})$$

30

| **Step1** | 마름모 이해하기

$\overline{AB}=\overline{AD}$이므로 $\angle ABO=\angle ADO=25°$

$\overline{DA}=\overline{DC}$이므로 $\angle DAO=\angle DCO=\angle x$

| **Step2** | 마름모의 성질 이해하기

마름모의 두 대각선은 서로 다른 것을 수직이등분하므로

$\angle AOD=90°$

$\triangle AOD$에서 $\angle x+90°+25°=180°$

따라서 $\angle x=65°$

31

| **Step1** | 마름모의 성질 이해하기

두 대각선이 서로 다른 것을 수직이등분하므로 평행사변형 ABCD는 마름모이다.

마름모의 네 변의 길이는 모두 같으므로

$\overline{AB}=\overline{BC}=\overline{CD}=\overline{DA}=6\ \text{cm}$

| **Step2** | □ABCD의 둘레의 길이 구하기

따라서 □ABCD의 둘레의 길이는

$4\overline{AB}=4\times6=24\,(\text{cm})$

32

| **Step1** | 마름모의 성질 이해하기

네 변의 길이가 같은 사각형은 마름모이고, 마름모의 두 대각선은 서로 수직이므로

$\angle AOB=90°$

| **Step2** | $x+y$의 값 구하기

$\angle ABD=\angle CDB=y°\,(\text{엇각})$이므로

$\triangle ABO$에서 $x°+y°+90°=180°$

따라서 $x+y=90$

33

| **Step1** | 마름모의 성질 이해하기

평행사변형이 마름모가 되기 위해서는 이웃하는 두 변의 길이가 같

거나 두 대각선이 서로 다른 것을 수직이등분해야 한다.

| **Step2** | $x,\ y$의 값 구하기

즉, $\overline{AB}=\overline{BC}$에서 $x=9$

또, $\angle BCO=\angle BAO=\angle DAO$에서

$y°=\angle BCO=60°$

따라서 $y=60$

34

| **Step1** | x의 값 구하기

정사각형 ABCD에서 $\overline{OA}=\overline{OB}=\overline{OC}=\overline{OD}$이므로

$$\overline{OD}=\overline{OC}=\frac{1}{2}\overline{AC}$$

$$=\frac{1}{2}\times6=3\,(\text{cm})$$

따라서 $x=3$

| **Step2** | y의 값 구하기

또, $\triangle OBC$는 $\overline{OB}=\overline{OC}$인 직각이등변삼각형이므로

$$\angle OBC=\angle OCB=\frac{1}{2}\times90°=45°$$

따라서 $y=45$

| **Step3** | $x+y$의 값 구하기

따라서 $x+y=3+45=48$

35

| **Step1** | 정사각형의 성질 이해하기

정사각형의 두 대각선은 길이가 같고 서로 다른 것을 수직이등분하므로

$\overline{OA}=\overline{OB}=\overline{OC}=\overline{OD}=6\ \text{cm}$

$\angle AOB=\angle BOC=\angle COD=\angle DOA=90°$

| **Step2** | □ABCD의 넓이 구하기

따라서 □ABCD의 넓이는

$$4\times\left(\frac{1}{2}\times6\times6\right)=4\times18=72\,(\text{cm}^2)$$

| **다른 풀이** |

마름모의 넓이를 이용하면 □ABCD의 넓이는

$$\frac{1}{2}\times12\times12=72\,(\text{cm}^2)$$

36

| Step1 | 합동인 삼각형 찾기

두 삼각형 AEB와 AED에서

$\angle BAE = \angle DAE = 45°$, $\overline{AE}$는 공통,

$\overline{AB} = \overline{AD}$이므로

$\triangle AEB \equiv \triangle AED$ (SAS 합동)

| Step2 | $\angle x$의 크기 구하기

따라서 $\angle ABE = \angle ADE = 30°$이므로

$\triangle AED$에서 $\angle x = 45° + 30° = 75°$

37

| Step1 | 등변사다리꼴 이해하기

사각형 ABCD가 등변사다리꼴이므로

$\angle ABC = \angle DCB = \angle x$

$\angle ADC = \angle DAB = 105°$

| Step2 | $\angle x$의 크기 구하기

따라서 □ABCD에서 $2\angle x + 2 \times 105° = 360°$

$2\angle x = 150°$

$\angle x = 75°$

38

| Step1 | $\angle x$의 크기 구하기

$\overline{AD} /\!/ \overline{BC}$이므로

$\angle DAC = \angle BCA = 23°$ (엇각)

따라서 $\angle x = 23°$

| Step2 | $\angle y$의 크기 구하기

등변사다리꼴에서 밑변의 양 끝각의 크기는 서로 같으므로

$\angle ABC = \angle DCB = 23° + 37° = 60°$

따라서 $\angle y = 60°$

39

| Step1 | 등변사다리꼴의 성질 이해하기

$\overline{AD} = \overline{CD} = \overline{AB}$이므로 $\triangle ABD$는 이등변삼각형이다.

즉, $\angle ABD = \angle ADB = 35°$이므로 $\triangle ABD$에서

$\angle A = 180° - (35° + 35°) = 110°$

Step2 | $\angle C$의 크기 구하기

$\angle A + \angle ABC = 180°$이므로

$\angle ABC = 70°$

따라서 $\angle C = \angle ABC = 70°$

40

| Step1 | 등변사다리꼴의 성질 이해하기

오른쪽 그림과 같이 점 A를 지나면서 $\overline{CD}$에 평행한 직선이 $\overline{BC}$와 만나는 점을 E라 하자. $\overline{EA} /\!/ \overline{CD}$이므로

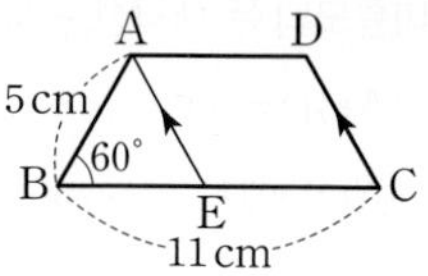

$\angle AEB = \angle C = \angle B = 60°$

$\angle BAE = 180° - (60° + 60°) = 60°$이므로

$\triangle ABE$는 정삼각형이다.

| Step2 | $\overline{AD}$의 길이 구하기

즉, $\overline{BE} = \overline{AB} = 5$ cm이므로

$\overline{EC} = \overline{BC} - \overline{BE} = 11 - 5 = 6$ (cm)

따라서 □AECD는 평행사변형이므로

$\overline{AD} = \overline{EC} = 6$ cm

41

| Step1 | 사각형 사이의 관계 이해하기

ㄱ. 평행사변형의 두 대각선은 서로 다른 것을 이등분한다.

ㄴ. 등변사다리꼴의 두 대각선의 길이는 같다.

ㄷ. 직사각형의 두 대각선은 길이가 같고 서로 다른 것을 이등분한다.

ㄹ. 마름모의 두 대각선은 서로 다른 것을 수직이등분한다.

ㅁ. 정사각형의 두 대각선은 길이가 같고 서로 다른 것을 수직이등분한다.

따라서 두 대각선의 길이가 항상 같은 사각형은 ㄴ, ㄷ, ㅁ이다.

42

| Step1 | 사각형 사이의 관계 이해하기

ㄴ. 두 대각선이 서로 수직인 평행사변형은 마름모이다.

따라서 항상 옳은 것은 ㄱ, ㄷ이다.

43

| Step1 | 사각형 사이의 관계 이해하기

주어진 조건을 모두 만족시키는 사각형은 마름모와 정사각형이다.

44

| Step1 | 평행선과 삼각형의 넓이 이해하기

$l /\!/ m$이고 $\triangle ABC$와 $\triangle ABD$의 밑변의 길이와 높이가 각각 같으므로 두 삼각형의 넓이는 서로 같다.

따라서 $\triangle ABD = \triangle ABC = 11 \ cm^2$

45

| Step1 | 평행선과 삼각형의 넓이 이해하기

오른쪽 그림과 같이 두 점 A, C를 연결하면 $\triangle ABC$와 $\triangle ABE$는 밑변 AB가 공통이고 높이가 같으므로

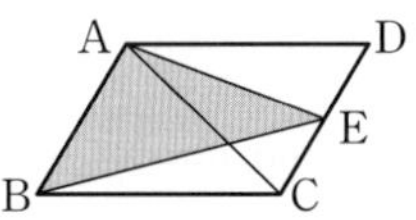

$\triangle ABE = \triangle ABC$

| Step2 | $\triangle ABE$의 넓이 구하기

$$\triangle ABE = \triangle ABC$$
$$= \frac{1}{2} \square ABCD$$
$$= \frac{1}{2} \times 42 = 21 (cm^2)$$

46

| Step1 | 평행선과 삼각형의 넓이 이해하기

$\overline{AD} /\!/ \overline{BC}$이므로

$\triangle ABC = \triangle DBC = 37 \ cm^2$

| Step2 | $\triangle ABO$의 넓이 구하기

따라서

$$\triangle ABO = \triangle ABC - \triangle OBC$$
$$= 37 - 23 = 14 (cm^2)$$

47

| Step1 | 평행선과 삼각형의 넓이 이해하기

$\overline{AE} /\!/ \overline{DB}$이므로 $\triangle ABD = \triangle EBD$

| Step2 | $\triangle DEC$의 넓이 구하기

따라서

$$\triangle DEC = \triangle EBD + \triangle DBC$$
$$= \triangle ABD + \triangle DBC$$
$$= \square ABCD$$
$$= 29 (cm^2)$$

48

| Step1 | 삼각형의 닮음 이해하기

$\triangle ABC$와 $\triangle EDC$에서

$\angle C$는 공통, $\angle BAC = \angle DEC$이므로

$\triangle ABC \backsim \triangle EDC$ (AA 닮음)

$\overline{AC} : \overline{EC} = \overline{BC} : \overline{DC}$이므로

$4 : 2 = \overline{BC} : 3$

따라서 $\overline{BC} = 6$

| Step2 | $\overline{BE}$의 길이 구하기

따라서 $\overline{BE} = \overline{BC} - \overline{EC} = 6 - 2 = 4$

49

| Step1 | 삼각형의 닮음 이해하기

$\triangle ACD$와 $\triangle BCA$에서

$\overline{AC} : \overline{BC} = 4 : 8 = 1 : 2$,

$\overline{CD} : \overline{CA} = 2 : 4 = 1 : 2$,

$\angle C$는 공통이므로

$\triangle ACD \backsim \triangle BCA$ (SAS 닮음)

| Step2 | $\overline{AD}$의 길이 구하기

$\overline{AC} : \overline{BC} = \overline{AD} : \overline{BA}$이므로

$1 : 2 = \overline{AD} : 10$

따라서 $\overline{AD} = 5$

50

| Step1 | 삼각형의 닮음 이해하기

$\triangle ABC$와 $\triangle ADB$에서

$\angle A$는 공통, $\angle ACB = \angle ABD$이므로

$\triangle ABC \backsim \triangle ADB$ (AA 닮음)

$\overline{AB} : \overline{AD} = \overline{AC} : \overline{AB}$이므로

$12 : 8 = \overline{AC} : 12$

따라서 $\overline{AC} = 18$

| Step2 | $\overline{CD}$의 길이 구하기

따라서 $\overline{CD} = \overline{AC} - \overline{AD} = 18 - 8 = 10$

51

| Step1 | 직각삼각형의 닮음 이용하기

$\overline{AC}^2 = \overline{CD} \times \overline{CB}$이므로

$6^2 = \overline{CD} \times 9$

$\overline{CD} = 4$

| Step2 | $\overline{BD}$의 길이 구하기

따라서 $\overline{BD} = \overline{BC} - \overline{CD} = 9 - 4 = 5$

52

| Step1 | 직각삼각형의 닮음을 이용하여 $\overline{CD}$의 길이 구하기

$\overline{AD}^2 = \overline{BD} \times \overline{DC}$이므로

$4^2 = \dfrac{8}{3} \times \overline{DC}$

따라서 $\overline{CD} = 6$

53

| Step1 | 직각삼각형의 닮음을 이용하여 $\overline{AD}$의 길이 구하기

$\overline{AD}^2 = \overline{BD} \times \overline{DC}$이므로

$\overline{AD}^2 = 6 \times \dfrac{27}{2} = 81$

$\overline{AD} > 0$이므로 $\overline{AD} = 9$

54

| Step1 | x의 값 구하기

$\overline{AB} : \overline{AD} = \overline{AC} : \overline{AE}$이므로

$6 : 3 = x : 4$

따라서 $x = 8$

| Step2 | y의 값 구하기

$\overline{AB} : \overline{AD} = \overline{BC} : \overline{DE}$이므로

$6 : 3 = 10 : y$

따라서 $y = 5$

| Step3 | $x + y$의 값 구하기

따라서 $x + y = 8 + 5 = 13$

55

| Step1 | 평행선 사이의 선분의 길이의 비 이해하기

$l /\!/ m /\!/ n$이므로 $15 : 9 = 12 : x$

$15x = 108$

따라서 $x = \dfrac{36}{5}$

56

| Step1 | 평행선 사이의 선분의 길이의 비 이해하기

$l /\!/ m /\!/ n$이므로 $12 : 9 = x : 6 = 10 : y$

$9x = 72,\ x = 8$

$12y = 90,\ y = \dfrac{15}{2}$

| Step2 | xy의 값 구하기

따라서 $xy = 8 \times \dfrac{15}{2} = 60$

57

| Step1 | 각의 이등분선의 성질 이해하기

$\overline{AD}$가 $\angle A$의 이등분선이므로

$\overline{AB} : \overline{AC} = \overline{BD} : \overline{DC}$

따라서 $\overline{BD} : \overline{DC} = 10 : 14 = 5 : 7$

58

| Step1 | 각의 이등분선의 성질 이해하기

$\overline{AD}$가 $\angle A$의 이등분선이므로

$\overline{AB} : \overline{AC} = \overline{BD} : \overline{DC}$

$6 : 4 = 3 : DC$

$\overline{DC} = 2$

| Step2 | $\overline{BC}$의 길이 구하기

따라서 $\overline{BC} = \overline{BD} + \overline{DC} = 3 + 2 = 5$

59

| Step1 | 각의 이등분선의 성질 이해하기

$\overline{AD}$가 ∠A의 외각의 이등분선이므로

$\overline{AB} : \overline{AC} = \overline{BD} : \overline{DC}$

|Step2| x의 값 구하기

$(x+1) : (x-1) = 12 : 9$

$12(x-1) = 9(x+1)$

$3x = 21$

따라서 $x=7$

60

|Step1| 각의 이등분선의 성질 이해하기

$\overline{AD}$가 ∠A의 이등분선이므로

$\overline{AB} : \overline{AC} = \overline{BD} : \overline{DC}$

$12 : \overline{AC} = 9 : (15-9)$

$9\overline{AC} = 72$

$\overline{AC} = 8$

|Step2| $\overline{AE}$의 길이 구하기

$\overline{DA} /\!/ \overline{CE}$이므로

∠BAD=∠AEC(동위각), ∠DAC=∠ECA(엇각)

따라서 $\overline{AE} = \overline{AC} = 8$

61

|Step1| 삼각형의 중점을 연결한 도형의 성질을 이용하여 x의 값 구하기

$\overline{AM} = \overline{MB}$, $\overline{AN} = \overline{NC}$이므로 $\overline{MN} /\!/ \overline{BC}$

따라서 $\overline{MN} = \dfrac{1}{2}\overline{BC}$이므로

$7 = \dfrac{1}{2} \times x$, $x=14$

|Step2| 삼각형의 중점을 연결한 도형의 성질을 이용하여 y의 값 구하기

$\overline{MN} /\!/ \overline{BC}$이므로

∠ANM=∠C(동위각), $y=45$

|Step3| $x+y$의 값 구하기

따라서 $x+y = 14+45 = 59$

62

|Step1| 삼각형의 중점을 연결한 도형의 성질 이해하기

세 점 D, E, F는 각각 세 변 AB, BC, CA의 중점이고,

$\overline{DE} /\!/ \overline{AC}$이므로

$\overline{DE} = \dfrac{1}{2}\overline{AC} = \dfrac{1}{2} \times 14 = 7$

$\overline{FE} /\!/ \overline{AB}$이므로

$\overline{FE} = \dfrac{1}{2}\overline{AB} = \dfrac{1}{2} \times 10 = 5$

$\overline{DF} /\!/ \overline{BC}$이므로

$\overline{DF} = \dfrac{1}{2}\overline{BC} = \dfrac{1}{2} \times 22 = 11$

|Step2| △DEF의 둘레의 길이 구하기

따라서 △DEF의 둘레의 길이는

$\overline{DE} + \overline{FE} + \overline{DF} = 7+5+11 = 23$

63

|Step1| 삼각형의 중점을 연결한 도형의 성질 이해하기

$\overline{EF} = \dfrac{1}{2}\overline{DG} = \dfrac{1}{2} \times 6 = 3$

$\overline{BF} = 2\overline{DG} = 2 \times 6 = 12$

|Step2| $\overline{BE}$의 길이 구하기

따라서 $\overline{BE} = \overline{BF} - \overline{EF} = 12-3 = 9$

64

|Step1| 사다리꼴과 평행선 이해하기

오른쪽 그림과 같이 점 A를 지나면서 $\overline{CD}$에 평행한 직선이 $\overline{EF}$, $\overline{BC}$와 만나는 점을 각각 G, H라 하면

$\overline{AE} : \overline{EB} = \overline{AG} : \overline{GH} = \overline{DF} : \overline{FC}$

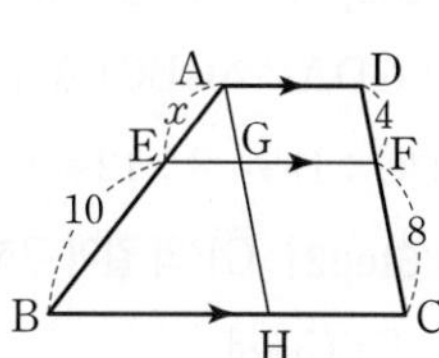

|Step2| x의 값 구하기

$x : 10 = 4 : 8$

$8x = 40$

따라서 $x=5$

65

| Step1 | 사다리꼴과 평행선 이해하기

$\triangle ABD$에서 $\overline{AB} : \overline{EB} = \overline{AD} : \overline{EM}$이므로

$5 : 2 = 15 : \overline{EM}$, $\overline{EM} = 6$

또, $\triangle ABC$에서 $\overline{AE} : \overline{AB} = \overline{EN} : \overline{BC}$이므로

$3 : 5 = \overline{EN} : 20$, $\overline{EN} = 12$

| Step2 | $\overline{MN}$의 길이 구하기

따라서 $\overline{MN} = \overline{EN} - \overline{EM} = 12 - 6 = 6$

66

| Step1 | 사다리꼴과 평행선 이해하기

오른쪽 그림과 같이 점 A를 지나면서
$\overline{DC}$에 평행한 직선을 긋고, $\overline{EF}$, $\overline{BC}$와
만나는 점을 각각 G, H라 하자.

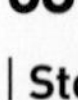

$\square AHCD$는 평행사변형이므로

$\overline{GF} = \overline{HC} = \overline{AD} = 5$

따라서 $\overline{BH} = 19 - 5 = 14$

| Step2 | 삼각형과 평행선 이해하기

$\triangle ABH$에서 $\overline{AE} : \overline{EB} = 3 : 4$이므로

$\overline{AE} : \overline{AB} = 3 : 7$

$\overline{AE} : \overline{AB} = \overline{EG} : \overline{BH}$이므로

$3 : 7 = \overline{EG} : 14$, $\overline{EG} = 6$

| Step3 | $\overline{EF}$의 길이 구하기

따라서 $\overline{EF} = \overline{EG} + \overline{GF} = 6 + 5 = 11$

67

| Step1 | 사다리꼴과 평행선 이해하기

$\triangle GDA \backsim \triangle GBC$ (AA 닮음)이므로

$\overline{DG} : \overline{BG} = 8 : 12 = 2 : 3$

| Step2 | $\overline{GF}$의 길이 구하기

$\triangle DBC$에서

$\overline{DG} : \overline{BG} = 2 : 3$이므로

$\overline{DG} : \overline{DB} = 2 : 5$

$\overline{DG} : \overline{DB} = \overline{GF} : \overline{BC}$

$2 : 5 = \overline{GF} : 12$

따라서 $\overline{GF} = \dfrac{24}{5}$

68

| Step1 | 삼각형의 무게중심 이해하기

$\overline{AG} = \dfrac{2}{3}\overline{AD} = 9$, $\overline{AD} = \dfrac{27}{2}$

$\overline{GD} = \dfrac{1}{3}\overline{AD} = \dfrac{1}{3} \times \dfrac{27}{2} = \dfrac{9}{2}$

| Step2 | $\overline{GG'}$의 길이 구하기

따라서 $\overline{GG'} = \dfrac{2}{3}\overline{GD} = \dfrac{2}{3} \times \dfrac{9}{2} = 3$

69

| Step1 | 삼각형의 무게중심 이해하기

오른쪽 그림과 같이 $\overline{CG}$의 연장선이 $\overline{AB}$와
만나는 점을 F라 하면 점 G가 $\triangle ABC$의
무게중심이므로

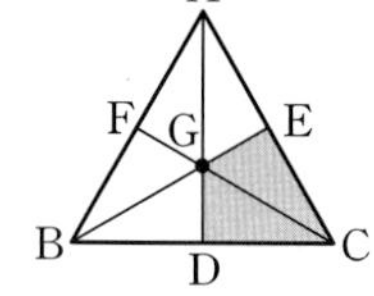

$\triangle GDC = \triangle GCE = \dfrac{1}{6}\triangle ABC$

| Step2 | $\square GDCE$의 넓이 구하기

따라서

$\square GDCE = \triangle GDC + \triangle GCE$

$\qquad = \dfrac{1}{6}\triangle ABC + \dfrac{1}{6}\triangle ABC = \dfrac{1}{3}\triangle ABC$

$\qquad = \dfrac{1}{3} \times 36 = 12 \, (\text{cm}^2)$

70

| Step1 | 삼각형의 무게중심 이해하기

평행사변형의 두 대각선은 서로 다른 것
을 이등분하므로 오른쪽 그림과 같이 두
대각선의 교점을 F라 하면 $\overline{AF} = \overline{FC}$이
고 점 E는 $\triangle ABC$의 무게중심이다.

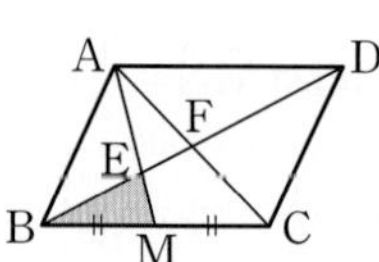

| Step2 | $\triangle EBM$의 넓이 구하기

$\triangle ABM = \dfrac{1}{4}\square ABCD$

$\qquad = \dfrac{1}{4} \times 48 = 12 \, (\text{cm}^2)$

따라서

$$\triangle EBM = \frac{1}{3}\triangle ABM$$
$$= \frac{1}{3}\times 12 = 4(\text{cm}^2)$$

71

| Step1 | 입체도형에서의 닮음 이해하기

두 직육면체의 모서리의 길이의 비가 $2 : 3$이므로

두 입체도형의 닮음비는 $2 : 3$이다.

| Step2 | x, y의 값 구하기

따라서

$x : 3 = 2 : 3$, $x = 2$

$4 : y = 2 : 3$, $y = 6$

72

| Step1 | 삼각형의 닮음 이해하기

$\triangle ABC \infty \triangle DEF$이고

닮음비가 $15 : 6 = 5 : 2$이므로

넓이의 비는 $5^2 : 2^2 = 25 : 4$

| Step2 | $\triangle DEF$의 넓이 구하기

따라서

$$\triangle DEF = \frac{4}{25}\triangle ABC$$
$$= \frac{4}{25}\times 100 = 16(\text{cm}^2)$$

73

| Step1 | 입체도형에서의 닮음 이해하기

두 원기둥 A, B의 높이의 비가 $3 : 4$이므로

닮음비는 $3 : 4$

부피의 비는 $3^3 : 4^3 = 27 : 64$

| Step2 | 원기둥 A의 부피 구하기

따라서 원기둥 A의 부피는

$$128\pi \times \frac{27}{64} = 54\pi(\text{cm}^3)$$

74

| Step1 | 직각삼각형이 되는 조건 이해하기

직각삼각형이 되려면

$8^2 + x^2 = (x+4)^2$

| Step2 | x의 값 구하기

$64 + x^2 = x^2 + 8x + 16$

$8x = 48$

따라서 $x = 6$

75

| Step1 | 피타고라스 정리 이해하기

직각삼각형 ABC에서 피타고라스 정리에 의하여

$\overline{AB}^2 + \overline{BC}^2 = \overline{CA}^2$이므로

$\overline{AB}^2 + 16 = 25$, $\overline{AB}^2 = 9$

| Step2 | $\square$FGBA의 넓이 구하기

$\square$FGBA $= \overline{AB}^2 = 9$이므로

$\square$FGBA의 넓이는 $9\ \text{cm}^2$이다.

76

| Step1 | 피타고라스 정리 이해하기

직각삼각형 ABC에서 피타고라스 정리에 의하여

$\overline{AC}^2 = \overline{AB}^2 + \overline{BC}^2$
$$= 3^2 + 2^2 = 13$$

| Step2 | 정사각형의 넓이 구하기

따라서 선분 AC를 한 변으로 하는 정사각형의 넓이는

$\overline{AC}^2 = 13$

77

| Step1 | $\overline{BF}$의 길이 구하기

4개의 직각삼각형은 모두 합동이므로

$\overline{AF} = \overline{BG} = \overline{CH} = \overline{DE} = 8\ \text{cm}$

$\square$EFGH는 넓이가 $4\ \text{cm}^2$인 정사각형이므로 한 변의 길이가

$2\ \text{cm}$이다.

따라서 $\overline{BF} = \overline{BG} - \overline{FG} = 8 - 2 = 6(\text{cm})$

| Step2 | 피타고라스 정리 이해하기

직각삼각형 ABF에서

$$\overline{AB}=\sqrt{\overline{BF}^2+\overline{AF}^2}$$
$$=\sqrt{6^2+8^2}=10(\text{cm})$$

|Step3| □ABCD의 넓이 구하기

따라서 □ABCD의 넓이는 $10^2=100(\text{cm}^2)$

78

|Step1| 피타고라스 정리 이해하기

□ABCD는 정사각형이므로

$\overline{AB}=\overline{BC}=\overline{AD}=5$ cm이고

직각삼각형 ABE에서 피타고라스 정리에 의하여

$5^2+\overline{BE}^2=13^2$, $\overline{BE}^2=144$

$\overline{BE}>0$이므로 $\overline{BE}=12(\text{cm})$

|Step2| $\overline{CE}$의 길이 구하기

따라서 $\overline{CE}=\overline{BE}-\overline{BC}=12-5=7(\text{cm})$

79

|Step1| △EBD의 모양 구하기

△EAB≡△BCD이므로

$\angle ABE+\angle CBD=90°$

즉, $\angle EBD=90°$이므로

△EBD는 $\overline{EB}=\overline{BD}$인 직각이등변삼각형이다.

|Step2| △EBD의 넓이 구하기

직각삼각형 ABE에서 피타고라스 정리에 의하여

$\overline{BE}^2=2^2+5^2=29$

따라서 △EBD의 넓이는

$$\frac{1}{2}\times\overline{BE}\times\overline{BD}=\frac{1}{2}\overline{BE}^2$$
$$=\frac{1}{2}\times29=\frac{29}{2}(\text{cm}^2)$$

80

|Step1| 직각이등변삼각형 이해하기

주어진 삼각형은 직각이등변삼각형이므로 세 변의 길이의 비는

$\sqrt{2}:1:1$이다.

나머지 두 변의 길이를 각각 x, x라 하면

$3\sqrt{2}:x:x=\sqrt{2}:1:1$이므로

$3\sqrt{2}:x=\sqrt{2}:1$에서 $x=3$

|Step2| 직각삼각형의 넓이 구하기

따라서 직각삼각형의 넓이는

$$\frac{1}{2}\times3\times3=\frac{9}{2}$$

81

(1) **|Step1|** 특수한 각의 직각삼각형 이해하기

$$y:x:3=2:1:\sqrt{3}$$

|Step2| x, y의 값 구하기

$y:3=2:\sqrt{3}$에서

$y=2\sqrt{3}$

$x:3=1:\sqrt{3}$에서

$x=\sqrt{3}$

(2) **|Step1|** 특수한 각의 직각삼각형 이해하기

$$4:x:y=2:1:\sqrt{3}$$

|Step2| x, y의 값 구하기

$4:x=2:1$에서

$x=2$

$4:y=2:\sqrt{3}$에서

$y=2\sqrt{3}$

82

|Step1| 특수한 각의 직각삼각형 이해하기

$\angle A=30°$이고 빗변의 길이가 8인 직각삼각형에서 $\angle C$의 대변은 $\overline{AB}$이다.

$8:\overline{AB}=2:\sqrt{3}$에서

$\overline{AB}=4\sqrt{3}$

따라서 $\angle C$의 대변의 길이는 $4\sqrt{3}$이다.

83

|Step1| 직사각형의 세로의 길이 구하기

직사각형의 세로의 길이는

$$\sqrt{(\sqrt{65})^2-4^2}=\sqrt{49}=7(\text{cm})$$

|Step2| 직사각형의 넓이 구하기

따라서 직사각형의 넓이는 $4\times7=28(\text{cm}^2)$

84

| Step1 | 직사각형의 가로의 길이 구하기

직사각형의 가로의 길이를 x cm라 하면

$x \times 2 = 10$, $x = 5$

즉, 직사각형의 가로의 길이는 5 cm이다.

| Step2 | 직사각형의 대각선의 길이 구하기

따라서 직사각형의 대각선의 길이는

$\sqrt{5^2 + 2^2} = \sqrt{29}\,(\text{cm})$

85

| Step1 | 정사각형의 한 변의 길이 구하기

정사각형의 한 변의 길이를 x cm라 하면

$\sqrt{2}x = 5\sqrt{2}$, $x = 5$

즉, 정사각형의 한 변의 길이는 5 cm이다.

| Step2 | 정사각형의 넓이 구하기

따라서 정사각형의 넓이는

$5 \times 5 = 25\,(\text{cm}^2)$

86

| Step1 | 직사각형의 넓이 구하기

직사각형의 가로의 길이는

$\sqrt{10^2 - 6^2} = \sqrt{64} = 8$

따라서 직사각형의 넓이는

$8 \times 6 = 48$

| Step2 | 정사각형의 한 변의 길이 구하기

정사각형의 한 변의 길이를 x라 하면

$x^2 = 48$

$x > 0$이므로 $x = 4\sqrt{3}$

따라서 정사각형의 한 변의 길이는 $4\sqrt{3}$이다.

87

| Step1 | 정삼각형의 높이 구하기

정삼각형의 높이는

$\overline{\text{AH}} = \dfrac{\sqrt{3}}{2} \times 2 = \sqrt{3}\,(\text{cm})$

| Step2 | 삼각형 ABH의 둘레의 길이 구하기

$\overline{\text{BH}} = \overline{\text{HC}}$이므로 $\overline{\text{BH}} = 2 \times \dfrac{1}{2} = 1\,(\text{cm})$

따라서 삼각형 ABH의 둘레의 길이는

$2 + 1 + \sqrt{3} = 3 + \sqrt{3}\,(\text{cm})$

88

| Step1 | 정삼각형의 한 변의 길이 구하기

높이가 3이므로 $\dfrac{\sqrt{3}}{2}x = 3$

따라서 $x = 2\sqrt{3}$

89

| Step1 | 정삼각형의 한 변의 길이 구하기

정삼각형의 한 변의 길이를 x cm라 하면

높이가 6 cm이므로

$\dfrac{\sqrt{3}}{2}x = 6$, $x = 4\sqrt{3}$

| Step2 | 정삼각형의 넓이 구하기

따라서 정삼각형의 한 변의 길이는 $4\sqrt{3}$ cm이므로

정삼각형의 넓이는

$\dfrac{\sqrt{3}}{4} \times (4\sqrt{3})^2 = \dfrac{\sqrt{3}}{4} \times 48 = 12\sqrt{3}\,(\text{cm}^2)$

90

| Step1 | 정삼각형의 한 변의 길이 구하기

넓이가 $\dfrac{9\sqrt{3}}{4}$이므로

$\dfrac{\sqrt{3}}{4}a^2 = \dfrac{9\sqrt{3}}{4}$, $a^2 = 9$

$a > 0$이므로 $a = 3$

| Step2 | 정삼각형의 높이 구하기

따라서 한 변의 길이가 3인 정삼각형의 높이는

$h = \dfrac{\sqrt{3}}{2} \times 3 = \dfrac{3\sqrt{3}}{2}$

91

| Step1 | 두 점 사이의 거리 구하기

$$\overline{AB}=\sqrt{(-4-1)^2+(5-2)^2}=\sqrt{34}$$

$$\overline{BC}=\sqrt{\{(-2-(-4)\}^2+(-3-5)^2}=2\sqrt{17}$$

$$\overline{AC}=\sqrt{(-2-1)^2+(-3-2)^2}=\sqrt{34}$$

| Step2 | 삼각형 ABC가 어떤 삼각형인지 찾기

$(\sqrt{34})^2+(\sqrt{34})^2=(2\sqrt{17})^2$에서

$$\overline{AB}^2+\overline{AC}^2=\overline{BC}^2$$

이므로 삼각형 ABC는 $\overline{AB}=\overline{AC}$인 직각이등변삼각형이다.

92

| Step1 | 점 B를 x축에 대하여 대칭이동한 점 구하기

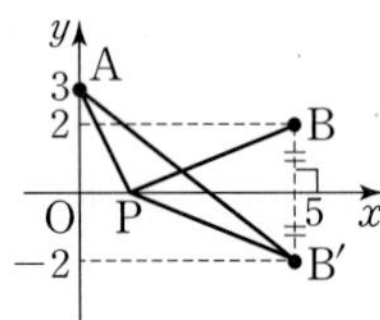

점 B를 x축에 대하여 대칭이동한 점을 B′이라 하면 B′$(5, -2)$이고, $\overline{BP}=\overline{B'P}$이므로

$$\overline{AP}+\overline{BP}=\overline{AP}+\overline{B'P}\geq\overline{AB'}$$

| Step2 | $\overline{AP}+\overline{BP}$의 최솟값 구하기

$\overline{AB'}=\sqrt{(5-0)^2+(-2-3)^2}=\sqrt{50}=5\sqrt{2}$

즉, $\overline{AP}+\overline{BP}\geq5\sqrt{2}$이므로

$\overline{AP}+\overline{BP}$의 최솟값은 $5\sqrt{2}$

93

| Step1 | 점 B를 y축에 대하여 대칭이동한 점 구하기

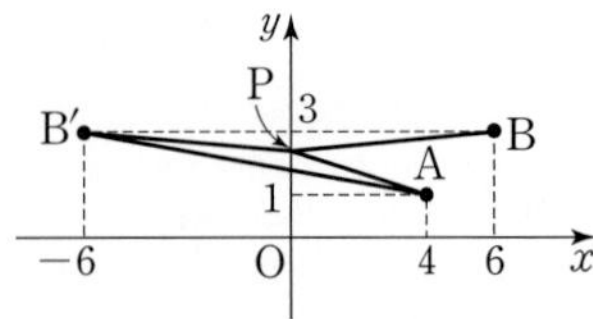

점 B를 y축에 대하여 대칭이동한 점을 B′이라 하면 B′$(-6, 3)$이고, $\overline{BP}=\overline{B'P}$이므로

$$\overline{AP}+\overline{BP}=\overline{AP}+\overline{B'P}\geq\overline{AB'}$$

| Step2 | $\overline{AP}+\overline{BP}$의 최솟값 구하기

$\overline{AB'}=\sqrt{(-6-4)^2+(3-1)^2}=\sqrt{104}=2\sqrt{26}$

즉, $\overline{AP}+\overline{BP}\geq2\sqrt{26}$이므로

$\overline{AP}+\overline{BP}$의 최솟값은 $2\sqrt{26}$이다.

94

| Step1 | 정육면체의 한 변의 길이 구하기

정육면체의 한 변의 길이를 x라 하면 대각선의 길이가 6이므로

$$\sqrt{3}x=6$$

따라서 $x=\dfrac{6}{\sqrt{3}}=2\sqrt{3}$

95

| Step1 | 직육면체의 대각선의 길이 이용하기

$$\sqrt{8^2+x^2+3^2}=11$$

$$\sqrt{x^2+73}=11, \ x^2+73=121$$

$$x^2=48$$

| Step2 | x의 값 구하기

$x>0$이므로 $x=4\sqrt{3}$

96

| Step1 | 직육면체의 대각선의 길이 이용하기

직육면체의 높이를 h라 하면

$$\sqrt{4^2+5^2+h^2}=8$$

$$\sqrt{h^2+41}=8, \ h^2+41=64$$

$$h^2=23$$

| Step2 | 직육면체의 높이 구하기

$h>0$이므로 $h=\sqrt{23}$

따라서 직육면체의 높이는 $\sqrt{23}$이다.

97

| Step1 | 원뿔의 밑면의 반지름의 길이 구하기

원뿔의 밑면의 반지름의 길이를 r이라 하면

밑면의 둘레의 길이가 6π이므로

$$2\times\pi\times r=6\pi$$

$$r=3$$

| Step2 | 원뿔의 부피 구하기

따라서 원뿔의 부피는

$$\dfrac{1}{3}\times\pi\times3^2\times7=21\pi$$

98

| **Step1** | 원뿔의 높이 구하기

직각삼각형 AOB에서

$h=\sqrt{13^2-5^2}$

$\quad=\sqrt{169-25}=\sqrt{144}=12$

99

| **Step1** | 원뿔의 밑면의 반지름의 길이 구하기

직각삼각형 AOB에서

$r=\overline{\text{OB}}=\sqrt{17^2-15^2}=\sqrt{64}=8$

| **Step2** | 원뿔의 밑면의 넓이 구하기

따라서 밑면인 원의 반지름의 길이가 $8\ \text{cm}$이므로

밑면의 넓이는 $\pi\times8^2=64\pi(\text{cm}^2)$

100

| **Step1** | 원뿔의 높이 구하기

원뿔의 높이를 $h\ \text{cm}$라 하면

부피가 $48\pi\ \text{cm}^3$이므로

$\dfrac{1}{3}\times\pi\times4^2\times h=48\pi$

$h=9$

| **Step2** | x의 값 구하기

따라서 원뿔의 높이는 $9\ \text{cm}$이므로

직각삼각형 AOB에서

$x=\sqrt{4^2+9^2}=\sqrt{97}$

101

| **Step1** | $\overline{\text{AH}}$의 길이 구하기

$\overline{\text{AC}}=3\sqrt{2}$이므로

$\overline{\text{AH}}=\dfrac{1}{2}\overline{\text{AC}}=\dfrac{1}{2}\times3\sqrt{2}=\dfrac{3\sqrt{2}}{2}$

| **Step2** | 정사각뿔의 높이 구하기

직각삼각형 OAH에서

$h=\sqrt{4^2-\left(\dfrac{3\sqrt{2}}{2}\right)^2}=\sqrt{\dfrac{23}{2}}=\dfrac{\sqrt{46}}{2}$

102

| **Step1** | 밑면의 대각선의 길이 구하기

직각삼각형 OAH에서

$\overline{\text{AH}}=\sqrt{10^2-6^2}=\sqrt{64}=8(\text{cm})$이므로

$\overline{\text{AC}}=2\overline{\text{AH}}=2\times8=16(\text{cm})$

| **Step2** | 밑면의 한 변의 길이 구하기

정사각형 ABCD의 한 변의 길이를 $x\ \text{cm}$라 하면

$x^2+x^2=16^2,\ x^2=128$

| **Step3** | 밑면의 넓이 구하기

따라서 정사각뿔의 밑면의 넓이는 $x^2=128(\text{cm}^2)$

103

| **Step1** | 정사각뿔의 높이 구하기

점 O에서 밑면에 내린 수선의 발을 H
라 하면 정사각뿔의 부피가 $108\ \text{cm}^3$이
므로

$\dfrac{1}{3}\times6\times6\times\overline{\text{OH}}=108$

$\overline{\text{OH}}=9(\text{cm})$

| **Step2** | $\overline{\text{CH}}$의 길이 구하기

$\overline{\text{AC}}=6\sqrt{2}\ \text{cm}$이므로

$\overline{\text{CH}}=\dfrac{1}{2}\overline{\text{AC}}=\dfrac{1}{2}\times6\sqrt{2}=3\sqrt{2}(\text{cm})$

| **Step3** | x의 값 구하기

직각삼각형 OHC에서

$x=\sqrt{(3\sqrt{2})^2+9^2}=\sqrt{99}=3\sqrt{11}$

104

| **Step1** | 정사면체의 높이 구하기

$h=\dfrac{\sqrt{6}}{3}\times6=2\sqrt{6}$

105

| **Step1** | 정사면체의 한 모서리의 길이 구하기

정사면체의 한 모서리의 길이를 x라 하면

$$\frac{\sqrt{6}}{3}x=2\sqrt{3},\ x=3\sqrt{2}$$

| Step2 | 밑면의 넓이 구하기

따라서 밑면의 넓이는

$$\frac{\sqrt{3}}{4}\times(3\sqrt{2})^2=\frac{9\sqrt{3}}{2}$$

106

| Step1 | 정사면체의 한 모서리의 길이 구하기

정사면체의 한 모서리의 길이를 x cm라 하면

$$\frac{\sqrt{2}}{12}x^3=\frac{16\sqrt{2}}{3},\ x^3=64$$

$$x=4$$

| Step2 | 정사면체의 높이 구하기

따라서 정사면체의 높이는

$$\frac{\sqrt{6}}{3}\times4=\frac{4\sqrt{6}}{3}(\text{cm})$$

107

| Step1 | 전개도를 이용하여 최단 거리 찾기

오른쪽 전개도에서 구하는 최단 거리는
$\overline{\mathrm{AB}}$의 길이와 같다.

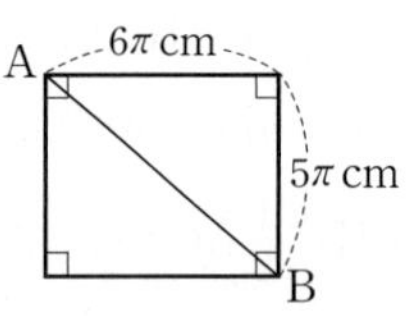

| Step2 | 피타고라스 정리 이용하기

$\overline{\mathrm{AB}}$를 빗변으로 하는 직각삼각형에서

$$\overline{\mathrm{AB}}=\sqrt{(6\pi)^2+(5\pi)^2}=\sqrt{61}\pi(\text{cm})$$

따라서 구하는 최단 거리는 $\sqrt{61}\pi$ cm이다.

108

| Step1 | 전개도를 이용하여 최단 거리 찾기

오른쪽 전개도에서 구하는 최단 거리는
$\overline{\mathrm{AG}}$의 길이와 같다.

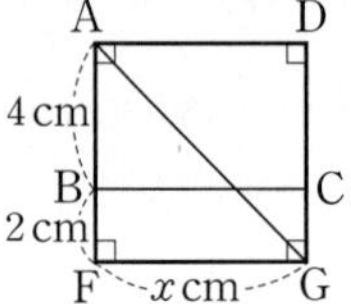

| Step2 | 피타고라스 정리 이용하기

직각삼각형 AFG에서

$$\sqrt{x^2+(4+2)^2}=6\sqrt{2}$$

$$x^2+36=72,\ x^2=36$$

$$x>0$$이므로 $x=6$

109

| Step1 | 전개도를 이용하여 최단 거리 찾기

원기둥의 밑면의 반지름의 길이를
x cm라 하면 오른쪽 전개도에서 구하
는 최단 거리는 $\overline{\mathrm{AB}}$의 길이와 같고 $\overline{\mathrm{AC}}$
의 길이는 밑면의 둘레의 길이와 같으므로
$2\pi x$ cm이다.

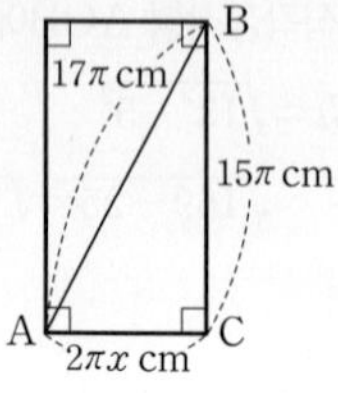

| Step2 | 피타고라스 정리 이용하기

$\overline{\mathrm{AB}}$를 빗변으로 하는 직각삼각형에서

$$2\pi x=\sqrt{(17\pi)^2-(15\pi)^2}=8\pi$$

$$x=4$$

| Step3 | 원기둥의 밑면의 넓이 구하기

따라서 원기둥의 밑면의 넓이는

$$\pi\times4^2=16\pi(\text{cm}^2)$$

THEME 08 미니 모의고사

| 01 ③ | 02 6 cm | 03 ④ | 04 ④ | 05 ④ |
| 06 ③ | 07 ⑤ | 08 5 | 09 ① | 10 9 |

01

| 출제의도 | 정삼각형의 성질을 이해하고 주어진 넓이를 구한다.

정삼각형의 넓이는 $\dfrac{\sqrt{3}}{4} \times 2^2 = \sqrt{3}\,(\mathrm{cm}^2)$

02

| 출제의도 | 각의 이등분선의 성질을 이해하고 주어진 선분의 길이를 구한다.

$\overline{AD}$가 $\angle A$의 이등분선이므로

$\overline{AB} : \overline{AC} = \overline{BD} : \overline{DC}$

$7 : 7 = 3 : \overline{DC}$

$\overline{DC} = 3\,(\mathrm{cm})$

따라서 $\overline{BC} = \overline{BD} + \overline{DC} = 3 + 3 = 6\,(\mathrm{cm})$

03

| 출제의도 | 삼각형의 외심의 성질을 이용하여 각의 크기를 구한다.

삼각형 ABC의 외접원의 중심이 O이므로 세 선분 OA, OB, OC
는 이 원의 반지름이다.

즉, $\overline{OA} = \overline{OB} = \overline{OC}$

삼각형 OAB는 $\overline{OA} = \overline{OB}$인 이등변삼각형이므로

$\angle OAB = \angle ABO$

삼각형 OCA는 $\overline{OA} = \overline{OC}$인 이등변삼각형이므로

$\angle OCA = \angle CAO = 52°$

삼각형 OBC는 $\overline{OB} = \overline{OC}$인 이등변삼각형이므로

$\angle OBC = \angle BCO = 17°$

삼각형 ABC의 세 내각의 크기의 합은 180°이므로

$\angle ABC + \angle BCA + \angle CAB = 180°$

$2 \times (\angle OAB + 17° + 52°) = 180°$

$\angle OAB + 17° + 52° = 90°$

따라서 $\angle OAB = 21°$

04

| 출제의도 | 삼각형의 외심의 성질을 이해하여 주어진 삼각형의 넓이를 구한다.

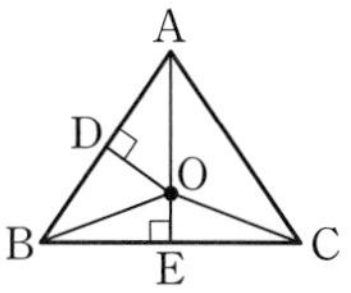

점 O는 삼각형 ABC의 외심이므로

$\overline{OA} = \overline{OB} = \overline{OC}$

삼각형 OAB는 이등변삼각형이고, 점 O에
서 선분 AB에 내린 수선의 발이 점 D이므
로 직선 OD는 선분 AB를 수직이등분한다.

즉, $\overline{AD} = \overline{BD}$이므로 $\triangle BDO = \triangle ADO = 6$

따라서 $\triangle ABO = \triangle BDO + \triangle ADO = 12$

또, $\triangle ABO$와 $\triangle ACO$에서

$\overline{AB} = \overline{AC}$, $\overline{OB} = \overline{OC}$이고, 선분 OA는 공통이므로

$\triangle ABO \equiv \triangle ACO$ (SSS 합동)

따라서 $\triangle ABO = \triangle ACO = 12$

$\overline{AO} = 3\overline{OE}$이므로

$\triangle ABO = 3\triangle OBE = 12$, $\triangle OBE = 4$

$\triangle ACO = 3\triangle OCE = 12$, $\triangle OCE = 4$

따라서

$\triangle ABC = \triangle ABO + \triangle ACO + \triangle OBE + \triangle OCE$

$\qquad = 12 + 12 + 4 + 4$

$\qquad = 32$

05

| 출제의도 | 삼각형의 성질을 이용하여 각의 크기를 구한다.

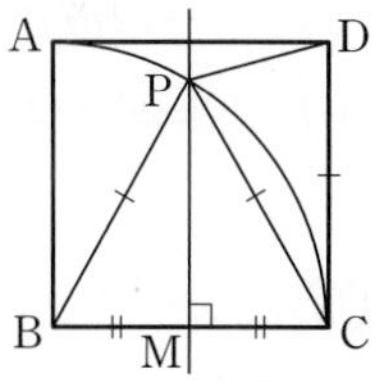

오른쪽 그림과 같이 변 BC의 중점을 M이
라 하면 $\triangle PBM$과 $\triangle PCM$에서

$\overline{BM} = \overline{CM}$, $\angle PMB = \angle PMC = 90°$,

$\overline{PM}$은 공통이므로

$\triangle PBM \equiv \triangle PCM$ (RHS 합동)

따라서 $\overline{PB} = \overline{PC}$

$\overline{BP}$와 $\overline{BC}$는 부채꼴 BCA의 반지름이므로

$\overline{BP} = \overline{BC}$

따라서 $\overline{BP} = \overline{BC} = \overline{PC}$이므로 $\triangle PBC$는 정삼각형이다.

즉, $\angle CPB = \angle BCP = 60°$이므로 $\qquad \cdots\cdots$ ㉠

$\angle PCD = \angle BCD - \angle BCP$

$$=90°-60°=30°$$

사각형 ABCD는 정사각형이므로

$$\overline{PC}=\overline{BC}=\overline{CD}$$

즉, 삼각형 CDP는 $\overline{CP}=\overline{CD}$인 이등변삼각형이다.

따라서

$$\angle CPD=\frac{1}{2}\times(180°-30°)=75° \quad\cdots\cdots\ \text{ⓛ}$$

㉠, ㉤에서

$$\angle BPD=\angle BPC+\angle CPD$$
$$=60°+75°=135°$$

06

| 출제의도 | 피타고라스 정리를 이용하여 선분의 길이를 구한다.

오른쪽 그림과 같이 두 점 O와 Q를 이으면 선분 OQ의 길이는 부채꼴 OAB의 반지름의 길이와 같으므로

$$\overline{OQ}=8$$

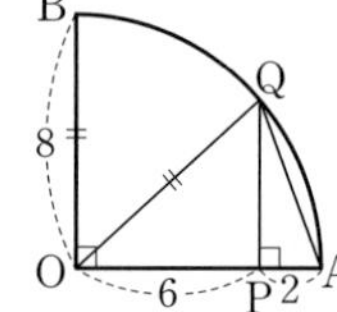

선분 PQ는 선분 OA와 수직이므로 삼각형 OPQ와 삼각형 AQP는 직각삼각형이다.

직각삼각형 OPQ에서 피타고라스 정리에 의하여

$$\overline{OQ}^2=\overline{OP}^2+\overline{PQ}^2$$
$$8^2=6^2+\overline{PQ}^2$$
$$\overline{PQ}>0\text{이므로 }\overline{PQ}=\sqrt{8^2-6^2}=2\sqrt{7}$$

직각삼각형 AQP에서 피타고라스 정리에 의하여

$$\overline{AQ}^2=\overline{AP}^2+\overline{PQ}^2$$
$$\overline{AQ}^2=2^2+(2\sqrt{7})^2$$
$$\overline{AQ}>0\text{이므로 }\overline{AQ}=\sqrt{4+28}=\sqrt{32}=4\sqrt{2}$$

07

| 출제의도 | 피타고라스 정리를 이용하여 이차방정식의 해를 구한다.

직각삼각형에서 가장 긴 변이 빗변이므로 $x+3$이 빗변의 길이이다. 피타고라스 정리에 의하여

$$(x+3)^2=x^2+(x+1)^2$$
$$x^2+6x+9=x^2+x^2+2x+1$$
$$x^2-4x-8=0$$

근의 공식에 의하여

$$x=\frac{-(-4)\pm\sqrt{(-4)^2-4\times1\times(-8)}}{2\times1}$$
$$=\frac{4\pm\sqrt{48}}{2}=2\pm2\sqrt{3}$$
$$x>2\text{이므로 }x=2+2\sqrt{3}$$

08

| 출제의도 | 피타고라스 정리를 이해하고 주어진 식의 값을 구한다.

평행사변형 ABCD의 넓이는 $6\sqrt{11}$이므로

$$\overline{BC}\times\overline{AH}=6\sqrt{11}$$
$$6\overline{AH}=6\sqrt{11},\ \overline{AH}=\sqrt{11}$$

삼각형 ABH는 직각삼각형이므로 피타고라스 정리에 의하여

$$\overline{AB}^2=\overline{BH}^2+\overline{AH}^2$$
$$4^2=\overline{BH}^2+(\sqrt{11})^2$$

따라서 $\overline{BH}^2=5$

09

| 출제의도 | 삼각형의 합동을 이해하여 주어진 선분의 길이를 구한다.

두 직각삼각형 ABM, AHM에서

$$\overline{BM}=\overline{HM},\ \overline{AM}\text{은 공통이므로}$$
$$\triangle ABM\equiv\triangle AHM\ (\text{RHS 합동})$$

두 직각삼각형 MCD, MHD에서

$$\overline{CM}=\overline{HM},\ \overline{DM}\text{은 공통이므로}$$
$$\triangle MCD\equiv\triangle MHD\ (\text{RHS 합동})$$

따라서 $\square ABCD=2\triangle AHM+2\triangle MHD$
$$=2\times\left(\frac{1}{2}\times4\times\overline{AH}\right)+2\times\left(\frac{1}{2}\times4\times\overline{HD}\right)$$
$$=2\times2\overline{AH}+2\times2\overline{HD}$$
$$=4(\overline{AH}+\overline{HD})$$
$$=4\overline{AD}$$
$$=36$$

이므로 $\overline{AD}=9$

10

| 출제의도 | 삼각형의 내심의 성질을 이용하여 선분의 길이를 구한다.

삼각형 IDE가 직각삼각형이므로 피타고라스 정리에 의하여

$$\overline{ID}^2=\overline{EI}^2+\overline{DE}^2$$

$$5^2=3^2+\overline{DE}^2$$

$$\overline{DE}=\sqrt{5^2-3^2}=\sqrt{16}=4$$

오른쪽 그림과 같이 두 점 I와 C를 연결하는
선분을 그리면

직선 ID가 변 BC에 평행하므로

$\angle DIC=\angle ICB$ (엇각)　　　…… ㉠

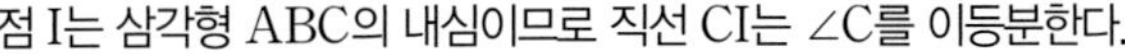

점 I는 삼각형 ABC의 내심이므로 직선 CI는 $\angle C$를 이등분한다.

즉, $\angle DCI=\angle ICB$　　　…… ㉡

㉠, ㉡에서 $\angle DIC=\angle DCI$

삼각형 DIC는 이등변삼각형이므로

$$\overline{DI}=\overline{CD}=5$$

따라서

$$\overline{CE}=\overline{CD}+\overline{DE}$$

$$=5+4=9$$

01 ①	**02** ④	**03** ④	**04** ⑤	**05** ②
06 ③	**07** ①	**08** 3	**09** ②	**10** ④
11 ④	**12** 34.2	**13** 0.7	**14** ②	**15** ②
16 ③	**17** 5.317 km		**18** ⑤	**19** ⑤
20 ①	**21** ①	**22** ③	**23** 60°	**24** ⑤
25 ③	**26** ④	**27** 12, 70°		**28** ①
29 ②	**30** ②	**31** ③	**32** ④	**33** ③
34 ⑤	**35** ②	**36** ④	**37** ③	**38** 72°
39 ①	**40** 54°	**41** ①		
42 (1) 83° (2) 100°		**43** ③	**44** ①	**45** ③

01

| Step1 | 삼각비의 값을 이용하여 선분 AC의 길이 구하기

$\tan B = \dfrac{\overline{AC}}{\overline{BC}}$ 이므로

$\overline{AC} = \overline{BC} \tan B$

$\qquad = 5 \times \dfrac{7}{5} = 7$

따라서 선분 AC의 길이는 7이다.

02

| Step1 | 닮은 삼각형에서 ∠B의 크기 구하기

△ABC와 △HDC에서

∠A = ∠DHC = 90°

∠C는 공통이므로

△ABC ∽ △HDC (AA 닮음)

따라서 ∠B = ∠CDH = $x°$이다.

| Step2 | 선분 BC의 길이 구하기

$\cos B = \cos x° = \dfrac{2}{3}$ 이고

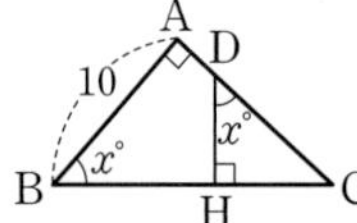

△ABC에서 $\cos B = \dfrac{\overline{AB}}{\overline{BC}}$ 이므로

$\overline{BC} = \dfrac{\overline{AB}}{\cos B} = 10 \div \dfrac{2}{3} = 10 \times \dfrac{3}{2} = 15$

03

| Step1 | 두 선분 AB, BC의 길이 구하기

∠B = 90°인 직각삼각형 ABC에서

$\tan A = \dfrac{\overline{BC}}{\overline{AB}} = \dfrac{5}{12}$ 이므로

$\overline{AB} = 12a \ (a > 0)$이라 하면 $\overline{BC} = 5a$이다.

| Step2 | 선분 AC의 길이 구하기

$\overline{AC} = \sqrt{\overline{AB}^2 + \overline{BC}^2} = \sqrt{(12a)^2 + (5a)^2}$

$\qquad = \sqrt{144a^2 + 25a^2} = \sqrt{169a^2}$

$\qquad = 13a$

| Step3 | $26 \times \sin A$의 값 구하기

따라서 $\sin A = \dfrac{\overline{BC}}{\overline{AC}} = \dfrac{5a}{13a} = \dfrac{5}{13}$ 이므로

$26 \times \sin A = 26 \times \dfrac{5}{13} = 10$

04

| Step1 | 두 선분 AC, AB의 길이 구하기

∠B = 90°인 직각삼각형 ABC에서

$\cos A = \dfrac{\overline{AB}}{\overline{AC}} = \dfrac{1}{3}$ 이므로

$\overline{AC} = 3a \ (a > 0)$이라 하면 $\overline{AB} = a$이다.

| Step2 | 선분 BC의 길이 구하기

$\overline{BC} = \sqrt{\overline{AC}^2 - \overline{AB}^2} = \sqrt{(3a)^2 - a^2}$

$\qquad = \sqrt{9a^2 - a^2} = \sqrt{8a^2}$

$\qquad = 2\sqrt{2}a$

| Step3 | $\sin A$의 값 구하기

따라서 $\sin A = \dfrac{\overline{BC}}{\overline{AC}} = \dfrac{2\sqrt{2}a}{3a} = \dfrac{2\sqrt{2}}{3}$

05

| Step1 | 두 선분 AC, BC의 길이 구하기

∠B = 90°인 직각삼각형 ABC에서

$\sin A = \dfrac{\overline{BC}}{\overline{AC}} = \dfrac{2\sqrt{2}}{3}$ 이므로

$\overline{AC} = 3a \ (a > 0)$라 하면

$\overline{BC} = 2\sqrt{2}a$이다.

| Step2 | 선분 AB의 길이 구하기

$$\begin{aligned}
\overline{AB} &= \sqrt{\overline{AC}^2 - \overline{BC}^2} \\
&= \sqrt{(3a)^2 - (2\sqrt{2}a)^2} \\
&= \sqrt{9a^2 - 8a^2} \\
&= \sqrt{a^2} \\
&= a
\end{aligned}$$

|Step3| $\cos A$의 값 구하기

따라서 $\cos A = \dfrac{\overline{AB}}{\overline{AC}} = \dfrac{a}{3a} = \dfrac{1}{3}$

06

|Step1| 선분 EG의 길이 구하기

$\overline{EG} = \sqrt{4^2 + 3^2} = 5$

|Step2| h의 값 구하기

직각삼각형 AEG에서

$\tan x = \dfrac{\overline{AE}}{\overline{EG}}$이므로

$\dfrac{6}{5} = \dfrac{h}{5}$

따라서 $h = 6$

07

|Step1| 선분 AG의 길이 구하기

$\overline{AG} = \sqrt{2^2 + 1^2 + 4^2} = \sqrt{21}$

|Step2| 선분 GD의 길이 구하기

$\overline{GD} = \sqrt{1^2 + 4^2} = \sqrt{17}$

|Step3| $\sin x,\ \cos x$의 값 구하기

$\angle ADG = 90°$이므로 직각삼각형 AGD에서

$\sin x = \dfrac{\overline{AD}}{\overline{AG}} = \dfrac{2}{\sqrt{21}}$

$\cos x = \dfrac{\overline{GD}}{\overline{AG}} = \dfrac{\sqrt{17}}{\sqrt{21}}$

|Step4| $\sin x \times \cos x$의 값 구하기

따라서 $\sin x \times \cos x = \dfrac{2}{\sqrt{21}} \times \dfrac{\sqrt{17}}{\sqrt{21}} = \dfrac{2\sqrt{17}}{21}$

08

|Step1| 특수한 각의 삼각비의 값을 이용하여 식의 값 구하기

$$\sqrt{3}\cos 30° + \dfrac{\sqrt{6}\sin 60° \times \cos 45°}{\sqrt{3}\tan 30°}$$

$$= \sqrt{3} \times \dfrac{\sqrt{3}}{2} + \dfrac{\sqrt{6} \times \dfrac{\sqrt{3}}{2} \times \dfrac{\sqrt{2}}{2}}{\sqrt{3} \times \dfrac{1}{\sqrt{3}}}$$

$$= \dfrac{3}{2} + \dfrac{3}{2} = 3$$

09

|Step1| 특수한 각의 삼각비의 값 구하기

$\cos 60° + \sin 30° = \dfrac{1}{2} + \dfrac{1}{2} = 1$

|Step2| a의 값 구하기

즉, 한 근이 1이므로

이차방정식 $x^2 + ax - 3 = 0$에 $x = 1$을 대입하면

$1 + a - 3 = 0,\ a - 2 = 0$

따라서 $a = 2$

10

|Step1| 삼각비의 값을 이용하여 선분 AB의 길이 구하기

직각삼각형 ABC에서

$\cos 30° = \dfrac{\overline{AB}}{8\sqrt{3}}$이므로

$\overline{AB} = 8\sqrt{3} \times \cos 30°$

$\qquad = 8\sqrt{3} \times \dfrac{\sqrt{3}}{2} = 12$

11

|Step1| 삼각비의 표를 읽고 $\angle x,\ \angle y$의 크기 구하기

주어진 삼각비의 표에서

$\sin 75° = 0.9569,\ \tan 73° = 3.2709$이므로

$\angle x = 75°,\ \angle y = 73°$

|Step2| $\angle x + \angle y$의 값 구하기

따라서 $\angle x + \angle y = 75° + 73° = 148°$

12

|Step1| 삼각비의 값을 이용하여 선분 AC의 길이 구하기

$\sin 20° = \dfrac{\overline{AC}}{\overline{AB}}$이므로

$\overline{AC} = \overline{AB} \times \sin 20°$

$\qquad = 100 \times 0.342 = 34.2$

따라서 선분 AC의 길이는 34.2이다.

13

|Step1| 삼각비를 이용하여 선분 OH의 길이 나타내기

삼각형 AOH에서

$\cos 50° = \dfrac{\overline{OH}}{\overline{OA}} = \dfrac{\overline{OH}}{2}$

$\overline{OH} = 2\cos 50°$

|Step2| 선분 BH의 길이 구하기

따라서

$\overline{BH} = \overline{OB} - \overline{OH}$

$\qquad = 2 - 2\cos 50°$

$\qquad = 2 - 2 \times 0.65$

$\qquad = 2 - 1.3 = 0.7$

14

|Step1| 직선의 기울기 구하기

두 점 $(1, -1)$, $(4, 5)$를 지나는 직선의 기울기는

$\dfrac{5 - (-1)}{4 - 1} = 2$

|Step2| $\tan \theta$의 값 구하기

따라서 $\tan \theta = $(직선의 기울기)$= 2$

15

|Step1| 삼각비의 값을 이용하여 직선의 기울기 구하기

구하는 직선의 방정식을 $y = ax + b$ $(a, b$는 상수$)$라 하자.

이 직선이 x축의 양의 방향과 이루는 각의 크기가 $60°$이므로

$a = \tan 60° = \sqrt{3}$

|Step2| y절편 구하기

직선 $y = \sqrt{3}x + b$가 점 $(2, \sqrt{3})$을 지나므로

$\sqrt{3} = 2\sqrt{3} + b$

$b = -\sqrt{3}$

따라서 직선의 방정식이 $y = \sqrt{3}x - \sqrt{3}$이므로 구하는 y절편은 $-\sqrt{3}$이다.

16

|Step1| 삼각비의 값을 이용하여 직선의 기울기 구하기

직선 $y = ax + b$가 x축의 양의 방향과 이루는 각의 크기가 $45°$이므로

$a = \tan 45° = 1$

|Step2| b의 값 구하기

직선 $y = x + b$가 점 $(4, 6)$을 지나므로

$x = 4, y = 6$을 대입하면

$6 = 4 + b$

$b = 2$

|Step3| $a + b$의 값 구하기

따라서 $a + b = 1 + 2 = 3$

17

|Step1| 그림에 문자 설정하기

오른쪽 그림과 같이 점 C를 정하자.

|Step2| 비행기의 높이 구하기

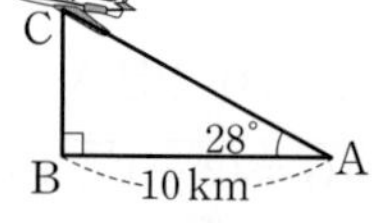

$\overline{AB} = 10\ \text{km}$이므로

$\overline{BC} = 10 \tan 28°$

$\qquad = 10 \times 0.5317$

$\qquad = 5.317\,(\text{km})$

따라서 구하는 비행기의 높이는 $5.317\ \text{km}$이다.

18

|Step1| 그림에 문자 설정하기

다음 그림과 같이 두 점 C, D를 정하자.

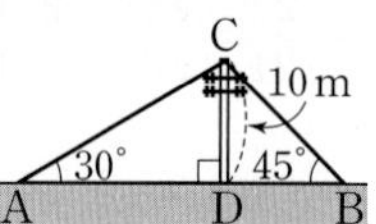

|Step2| 두 선분 AD, BD의 길이 구하기

$\overline{CD} = 10\ \text{m}$이므로

$\overline{\mathrm{AD}}=10\tan 60^\circ=10\times\sqrt{3}=10\sqrt{3}\,(\mathrm{m})$

$\overline{\mathrm{BD}}=10\tan 45^\circ=10\times 1=10\,(\mathrm{m})$

| Step3 | 두 지점 A, B 사이의 거리 구하기

따라서 $\overline{\mathrm{AB}}=\overline{\mathrm{AD}}+\overline{\mathrm{DB}}=10\sqrt{3}+10\,(\mathrm{m})$이므로

두 지점 A, B 사이의 거리는 $(10+10\sqrt{3})$ m이다.

19

| Step1 | 삼각비의 값을 이용하여 삼각형 ABC의 넓이 구하기

삼각형 ABC의 넓이는

$$\frac{1}{2}\times 8\times 6\times\sin 60^\circ=\frac{1}{2}\times 8\times 6\times\frac{\sqrt{3}}{2}=12\sqrt{3}$$

| Step2 | 삼각형 GBC의 넓이 구하기

$$(\text{삼각형 GBC의 넓이})=\frac{1}{3}\times(\text{삼각형 ABC의 넓이})$$

$$=\frac{1}{3}\times 12\sqrt{3}$$

$$=4\sqrt{3}$$

20

| Step1 | 두 선분 AD, BD의 길이 구하기

오른쪽 그림과 같이 점 A에서 선분 BC에
내린 수선의 발을 D라 하자.

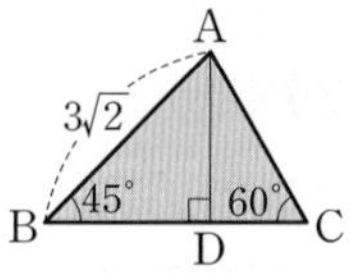

$$\overline{\mathrm{AD}}=\overline{\mathrm{BD}}=3\sqrt{2}\sin 45^\circ$$

$$=3\sqrt{2}\times\frac{\sqrt{2}}{2}=3$$

| Step2 | 선분 BC의 길이 구하기

$\overline{\mathrm{DC}}=3\tan 30^\circ=3\times\dfrac{\sqrt{3}}{3}=\sqrt{3}$

이므로 $\overline{\mathrm{BC}}=\overline{\mathrm{BD}}+\overline{\mathrm{DC}}=3+\sqrt{3}$

| Step3 | 삼각형 ABC의 넓이 구하기

따라서 삼각형 ABC의 넓이는

$$\frac{1}{2}\times(3+\sqrt{3})\times 3=\frac{3}{2}(3+\sqrt{3})$$

21

| Step1 | ∠C의 크기 구하기

평행사변형의 성질에 의하여

$$\angle C=180^\circ-\angle B$$

$$=180^\circ-120^\circ=60^\circ$$

| Step2 | 삼각비를 이용하여 평행사변형 ABCD의 넓이 나타내기

평행사변형 ABCD의 넓이는

$$\square\mathrm{ABCD}=\overline{\mathrm{BC}}\times\overline{\mathrm{CD}}\times\sin C$$

| Step3 | 선분 CD의 길이 구하기

$$70\sqrt{3}=10\times\overline{\mathrm{CD}}\times\frac{\sqrt{3}}{2}$$

$$70\sqrt{3}=5\sqrt{3}\times\overline{\mathrm{CD}}$$

따라서 $\overline{\mathrm{CD}}=14$

22

| Step1 | 삼각비를 이용하여 마름모 ABCD의 넓이 나타내기

마름모 ABCD의 넓이는

$$8\sqrt{3}=\overline{\mathrm{BC}}\times\overline{\mathrm{CD}}\times\sin 60^\circ$$

| Step2 | 마름모 ABCD의 한 변의 길이 구하기

마름모 ABCD의 한 변의 길이를 a라 하면

$$8\sqrt{3}=a^2\times\frac{\sqrt{3}}{2}$$

$$a^2=16$$

$a>0$이므로 $a=4$

| Step3 | 마름모 ABCD의 둘레의 길이 구하기

따라서 한 변의 길이가 4인 마름모 ABCD의 둘레의 길이는

$$4\times 4=16$$

23

| Step1 | 삼각비를 이용하여 □ABCD의 넓이 나타내기

□ABCD의 넓이는

$$\square\mathrm{ABCD}=\frac{1}{2}\times\overline{\mathrm{AC}}\times\overline{\mathrm{BD}}\times\sin x$$

| Step2 | ∠x의 크기 구하기

$$6\sqrt{3}=\frac{1}{2}\times 6\times 4\times\sin x$$

$$\frac{\sqrt{3}}{2}=\sin x$$

$\sin 60^\circ=\dfrac{\sqrt{3}}{2}$이므로

$$\angle x=60^\circ$$

24

| Step1 | ∠BOC의 크기 구하기

△OBC에서

$\angle BOC = 180° - (70° + 50°) = 60°$

| Step2 | □ABCD의 넓이 구하기

따라서

$$\square ABCD = \frac{1}{2} \times \overline{AC} \times \overline{BD} \times \sin 60°$$
$$= \frac{1}{2} \times 4 \times 5 \times \frac{\sqrt{3}}{2}$$
$$= 5\sqrt{3}$$

25

| Step1 | 현의 수직이등분선의 성질을 이용하기

현의 성질에 의해 $\overline{OM} \perp \overline{AB}$이므로 점 M은 선분 AB의 중점이다.

| Step2 | 원의 반지름의 길이 구하기

직각삼각형 OAM에서

$$\overline{OA} = \sqrt{\overline{AM}^2 + \overline{OM}^2} = \sqrt{5^2 + 4^2} = \sqrt{41}$$

따라서 원의 반지름의 길이는 $r = \sqrt{41}$이다.

26

| Step1 | 현의 수직이등분선의 성질을 이용하기

현의 성질에 의해 $\overline{OM} \perp \overline{CD}$이므로 점 M은 선분 CD의 중점이다.

| Step2 | 선분 CD의 길이 구하기

직각삼각형 OCM에서

$\overline{OB} = \overline{OC} = 6$, $\overline{OM} = 4$이므로

$$\overline{CM} = \sqrt{\overline{OC}^2 - \overline{OM}^2}$$
$$= \sqrt{6^2 - 4^2} = \sqrt{20}$$
$$= 2\sqrt{5}$$

따라서 선분 CD의 길이는

$2\overline{CM} = 2 \times 2\sqrt{5} = 4\sqrt{5}$

27

| Step1 | 원의 중심에서 같은 거리에 있는 두 현의 길이가 같음을 이해하기

점 O에서 두 선분 AB, AC까지의 거리가 같으므로

$\overline{AC} = \overline{AB} = 12$

| Step2 | 이등변삼각형임을 이용하여 ∠B의 크기 구하기

△ABC가 이등변삼각형이므로

$2 \times \angle B = 180° - 40° = 140°$

$\angle B = 70°$

28

| Step1 | 점 O에서 선분 AB에 내린 수선의 발 구하기

오른쪽 그림과 같이 직선 AB가 원 O_1과 접하는 점을 H라 하자.

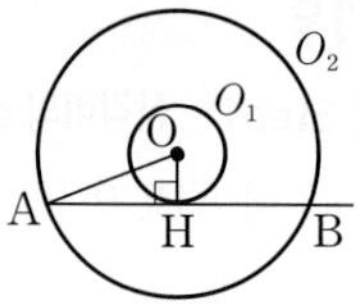

| Step2 | 선분 AH의 길이 구하기

직각삼각형 OAH에서

$$\overline{AH} = \sqrt{\overline{OA}^2 - \overline{OH}^2}$$
$$= \sqrt{3^2 - 1^2} = \sqrt{8}$$
$$= 2\sqrt{2}$$

| Step3 | 현의 수직이등분선의 성질을 이용하여 선분 AB의 길이 구하기

원의 중심 O에서 현 AB에 내린 수선은 그 현을 수직이등분하므로 점 H는 현 AB의 중점이다.

따라서 $\overline{AB} = 2\overline{AH} = 2 \times 2\sqrt{2} = 4\sqrt{2}$

29

| Step1 | 접선의 성질을 이용하여 직각 찾기

직선 PT가 접선이고 점 T가 접점이므로

$\overline{OT} \perp \overline{PT}$

| Step2 | 합동인 삼각형 찾기

두 직각삼각형 PTO, PT'O에서

$\overline{PT} = \overline{PT'}$, $\overline{OT} = \overline{OT'}$이므로

$\triangle PTO \equiv \triangle PT'O$ (RHS 합동)

| Step3 | □PT'OT의 넓이 구하기

따라서 $\square PT'OT = 2 \times \triangle PTO = 2 \times \left(\frac{1}{2} \times 5 \times 3 \right) = 15$

30

| Step1 | 접선의 성질을 이용하여 정삼각형 찾기

$\overline{PA} = \overline{PB}$이고, $\angle APB = 60°$이므로 △PAB는 정삼각형이다.

| Step2 | △PAB의 넓이 구하기

따라서 △PAB의 넓이는

$$\frac{\sqrt{3}}{4}\times 6^2=9\sqrt{3}$$

31

|Step1| 접선의 성질을 이용하여 선분의 길이를 x로 표현하기

$\overline{AD}=\overline{AF}=x$라 하면

$\overline{BE}=\overline{BD}=16-x$

$\overline{CE}=\overline{CF}=14-x$

|Step2| x의 값 구하기

$\overline{BC}=\overline{BE}+\overline{EC}$이므로

$18=(16-x)+(14-x)$

$2x=12,\ x=6$

따라서 선분 AF의 길이는 6이다.

32

|Step1| 접선의 성질을 이용하여 변의 길이 구하기

$\overline{BE}=\overline{BD}=5,\ \overline{AF}=\overline{AD}=3$

|Step2| $\overline{CF}=\overline{CE}=x$로 놓고 삼각형의 둘레의 길이를 이용하여 x의 값 구하기

$\overline{CF}=\overline{CE}=x$라 하면 △ABC의 둘레의 길이가 30이므로

$30=(5+3)+(3+x)+(5+x)$

$30=16+2x$

$2x=14$

$x=7$

따라서 선분 CF의 길이는 7이다.

33

|Step1| 원에 외접하는 사각형의 성질 이해하기

$\overline{AB}+\overline{CD}=\overline{AD}+\overline{BC}$이므로

$8+7=\overline{AD}+\overline{BC}$

$\overline{AD}+\overline{BC}=15$

|Step2| 두 선분 AD, BD의 길이의 비를 이용하여 선분 AD의 길이 구하기

$\overline{AD}:\overline{BC}=2:3$이므로

$\overline{AD}=2k$라 하면 $\overline{BC}=3k$이다.

$\overline{AD}+\overline{BC}=5k=15,\ k=3$

따라서 선분 AD의 길이는

$2k=2\times3=6$

34

|Step1| 선분 BC의 길이 구하기

원 O의 반지름의 길이가 4이므로

$\overline{BC}=4+8=12$

|Step2| 원에 외접하는 사각형의 성질을 이용하여 선분 AD의 길이 구하기

$\overline{AB}+\overline{CD}=\overline{AD}+\overline{BC}$이므로

$8+10=\overline{AD}+12$

$\overline{AD}=8$

따라서 선분 AD의 길이는 6이다.

35

|Step1| 중심각과 원주각 사이의 관계를 이용하여 ∠BOC의 크기 구하기

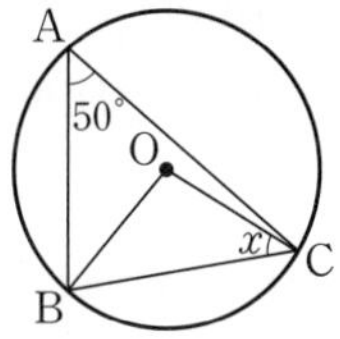

호 BC에 대한 중심각의 크기는 원주각의 크기의 2배이므로

$\angle BOC=2\times\angle A$

$\qquad\ =2\times50°=100°$

|Step2| $\angle x$의 크기 구하기

△OBC는 이등변삼각형이므로

$\angle OCB=\dfrac{1}{2}\times(180°-100°)=40°$

따라서 $\angle x=40°$

36

|Step1| 중심과 접점을 잇는 보조선 그리기

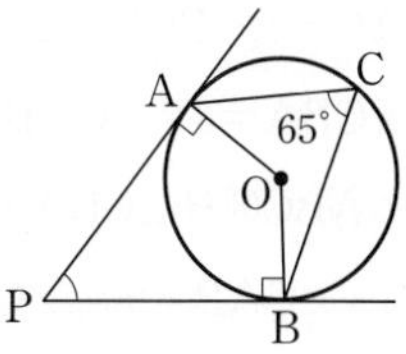

오른쪽 그림과 같이 원의 중심을 O라 하면

$\angle PAO=\angle PBO=90°$

|Step2| 중심각과 원주각 사이의 관계를 이용하여 ∠AOB의 크기 구하기

호 AB에 대한 중심각의 크기는 원주각의 크기의 2배이므로

$\angle AOB = 2 \times \angle ACB = 2 \times 65° = 130°$

| Step3 | ∠BPA의 크기 구하기

□APBO의 내각의 크기의 합은 360°이므로

$\angle BPA + \angle PAO + \angle AOB + \angle PBO = 360°$

$\angle BPA + 90° + 130° + 90° = 360°$

$\angle BPA + 310° = 360°$

따라서 $\angle BPA = 50°$

37

| Step1 | 원주각의 크기와 호의 길이 사이의 관계를 이용하여 원주각의 크기 구하기

$\overarc{AB} : \overarc{CD} = 5 : 2$이므로

$\angle ADB : \angle CBD = 5 : 2$

$70° : \angle CBD = 5 : 2$

$5\angle CBD = 140°$

$\angle CBD = 28°$

| Step2 | $\angle x$의 크기 구하기

△DBP에서

$\angle ADB = \angle DPB + \angle DBP$이므로

$70° = \angle x + 28°$

따라서 $\angle x = 42°$

38

| Step1 | 중심각과 원주각 사이의 관계를 이용하여 원주각의 크기 구하기

선분 AB가 지름이므로 $\angle ACB = 90°$

| Step2 | 원주각의 크기와 호의 길이 사이의 관계를 이용하여 $\angle x$의 크기 구하기

$\overarc{AC} = 4 \times \overarc{BC}$이므로

$\angle CBA = 4 \times \angle CAB$

△ABC에서 $\angle CBA + \angle CAB = 90°$

$5 \times \angle CAB = 90°, \ \angle CAB = 18°$

따라서 $\angle x = \angle CBA = 4 \times 18° = 72°$

39

| Step1 | 중심각의 크기와 호의 길이 사이의 관계를 이용하여 중심각의 크기 구하기

호의 길이는 중심각의 크기에 비례하므로

호 AB에 대한 중심각의 크기는

$360° \times \dfrac{1}{5} = 72°$

| Step2 | 중심각과 원주각 사이의 관계를 이용하여 원주각의 크기 구하기

호에 대한 원주각의 크기는 중심각의 크기의 $\dfrac{1}{2}$이므로

호 AB에 대한 원주각의 크기는

$72° \times \dfrac{1}{2} = 36°$

40

| Step1 | 네 점이 한 원 위에 있을 조건을 이용하여 각의 크기 구하기

네 점 A, B, C, D가 한 원 위에 있으려면

$\angle BAC = \angle BDC = 48°$

$\angle ACB = \angle ADB = \angle x$

| Step2 | $\angle x$의 크기 구하기

$\angle ADC = \angle ADB + \angle BDC$에서

$102° = \angle x + 48°$

따라서 $\angle x = 54°$

41

| Step1 | 네 점이 한 원 위에 있을 조건을 이용하여 $\angle x$의 크기 구하기

네 점 A, B, C, D가 한 원 위에 있으려면

$\angle ACB = \angle ADB$

따라서 $\angle x = 23°$

| Step2 | $\angle y$의 크기 구하기

△PDB에서 $\angle DBC = \angle PDB + \angle DPB$

$\angle y = \angle x + 50° = 23° + 50° = 73°$

| Step3 | $\angle x + \angle y$의 값 구하기

따라서 $\angle x + \angle y = 23° + 73° = 96°$

42

| Step1 | 사각형이 원에 내접하기 위한 조건을 이용하여 $\angle x$의 크기 구하기

(1) □ABCD가 원에 내접하기 위해서는

$$\angle A + \angle C = 180°$$

$$\angle x + 97° = 180°$$

따라서 $\angle x = 83°$

(2) □ABCD가 원에 내접하기 위해서는

$$\angle B + \angle D = 180°$$

$$100° + (180° - \angle x) = 180°$$

따라서 $\angle x = 100°$

43

| Step1 | $\angle D$의 크기 구하기

□ABCD가 원에 내접하기 위해서는

$$\angle B + \angle D = 180°$$

$$(180° - \angle x) + \angle D = 180°, \ \angle x = \angle D$$

| Step2 | $\angle B$, $\angle C$ 사이의 관계 구하기

$\angle B : \angle C = 4 : 3$에서

$$\angle C = \frac{3}{4}\angle B$$

| Step3 | $\angle x$의 크기 구하기

$\angle D - \angle C = 40°$에서

$$\angle x - \frac{3}{4}\angle B = 40°$$

$$\angle x - \frac{3}{4}(180° - \angle x) = 40°$$

$$\frac{7}{4}\angle x - 135° = 40°$$

$$\frac{7}{4}\angle x = 175°$$

따라서 $\angle x = 100°$

44

| Step1 | $\angle CBT$의 크기 구하기

접선과 현이 이루는 각의 크기는 그 각의 내부에 있는 호에 대한 원주각의 크기와 같으므로

$$\angle CBT = \angle CAB = \angle x$$

| Step2 | 이등변삼각형 CTB에서 $\angle x$의 크기 구하기

△CBT가 이등변삼각형이므로

$$\angle CTB = \angle CBT = \angle x$$

△CBT에서 $70° = 2 \times \angle x$

따라서 $\angle x = 35°$

45

| Step1 | 원주각의 크기와 호의 길이 사이의 관계 이해하기

$\overset{\frown}{AB} : \overset{\frown}{BC} : \overset{\frown}{CA} = 3 : 2 : 3$이므로

△ABC에서

$$\angle C : \angle A : \angle B = 3 : 2 : 3$$

| Step2 | $\angle BCT$의 크기 구하기

접선과 현이 이루는 각의 크기는 그 각의 내부에 있는 호에 대한 원주각의 크기와 같으므로

$$\angle BCT = \angle A = 180° \times \frac{2}{3+2+3}$$

$$= 180° \times \frac{1}{4}$$

$$= 45°$$

01 ③	02 7	03 ⑤	04 ④	05 6
06 ③	07 ①	08 ③	09 ⑤	10 16

01

| 출제의도 | 특수한 각의 삼각비의 값을 계산한다.

$$\tan 30° \times \tan 60° = \frac{1}{\sqrt{3}} \times \sqrt{3}$$
$$= 1$$

02

| 출제의도 | 삼각비를 이용하여 선분의 길이를 계산한다.

$$\sin A = \frac{\overline{BC}}{10} = \frac{7}{10}$$
$$\overline{BC} = 7$$

따라서 선분 BC의 길이는 7이다.

03

| 출제의도 | 원에 외접하는 삼각형의 성질을 이해하고, 문제를 해결한다.

$\overline{BE} = \overline{BD} = 4$이고

$\overline{CE} = \overline{CF} = 8$이다.

따라서 $\overline{BC} = \overline{BE} + \overline{EC} = 4 + 8 = 12$

04

| 출제의도 | 원주각과 중심각 사이의 관계를 이해하고, 각의 크기를 구한다.

호 BC에 대한 중심각의 크기는 원주각의 크기의 2배이므로

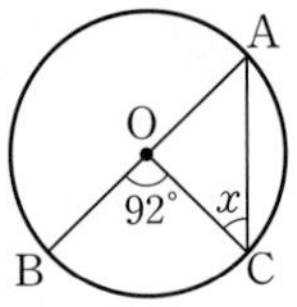

$$2\angle OAC = \angle BOC = 92°$$

$$\angle OAC = 46°$$

이때 △OAC는 이등변삼각형이므로

$$\angle x = \angle OAC$$

따라서 $\angle x = 46°$

05

| 출제의도 | 현의 수직이등분선의 성질을 이용하여 도형 문제를 해결한다.

오른쪽 그림과 같이 원의 중심 O에서 선분 CD에 내린 수선의 발을 M이라 하면

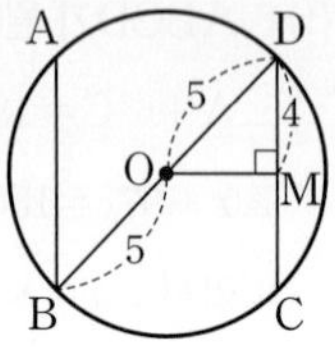

$$\overline{DM} = \frac{1}{2}\overline{CD} = 4$$

$\overline{OD} = 5$이므로 △OMD에서

$$\overline{OM} = \sqrt{5^2 - 4^2} = 3$$

$\overline{AB} = \overline{CD}$이므로 두 변 AB, CD는 원의 중심에서 같은 거리에 있다.

따라서 두 현 사이의 거리는

$$2\overline{OM} = 2 \times 3 = 6$$

06

| 출제의도 | 특수한 각의 삼각비를 이용하여 도형 문제를 해결한다.

△ABC에서

$$\tan 60° = \frac{\overline{BC}}{3} = \sqrt{3}, \ \overline{BC} = 3\sqrt{3}$$

△BCD에서

$$\sin 45° = \frac{3\sqrt{3}}{\overline{BD}} = \frac{1}{\sqrt{2}}$$

따라서 $\overline{BD} = 3\sqrt{6}$

07

| 출제의도 | 원과 접선 사이의 관계를 이용하여 도형 문제를 해결한다.

오른쪽 그림에서 $\angle PTO = 90°$이므로

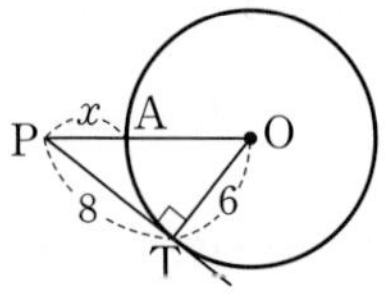

$\overline{PA} = x$라 하면 △POT에서

$$(x+6)^2 = 6^2 + 8^2, \ (x+6)^2 = 10^2$$

$$x + 6 = 10 \ \text{또는} \ x + 6 = -10$$

$$x = 4 \ \text{또는} \ x = -16$$

$x > 0$이므로 $x = 4$

따라서 $\overline{PA} = 4$

08

| 출제의도 | 두 변과 삼각비를 이용하여 사각형의 넓이를 구한다.

$\triangle$AOD에서

$\angle$AOD$=180°-(65°+25°)=90°$

따라서 $\square$ABCD$=\dfrac{1}{2}\times\overline{AC}\times\overline{BD}\times\sin 90°$

$$=\dfrac{1}{2}\times 3\times 6\times 1$$

$$=9$$

09

| 출제의도 | 접선과 현이 이루는 각의 성질을 이용하여 도형 문제를 해결한다.

오른쪽 그림에서

$\angle$CAB$=\angle x$, $\angle$ABC$=\angle y$라 하면

$\angle$PCB$=\angle$CAB$=\angle x$

$\triangle$ABC는 $\overline{AB}=\overline{AC}$인 이등변삼각형이므로

$\angle$ACB$=\angle y$

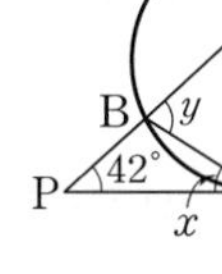

$\triangle$ABC에서

$\angle x+2\angle y=180°$ $\qquad$ ……㉠

$\triangle$APC에서

$\angle x+(\angle x+\angle y)+42°=180°$

$2\angle x+\angle y=138°$ $\qquad$ ……㉡

㉡$\times 2-$㉠을 하면

$3\angle x=96°$, $\angle x=32°$

따라서 $\angle$CAB$=32°$

10

| 출제의도 | 네 점이 한 원 위에 있을 조건을 이용하여 도형 문제를 해결한다.

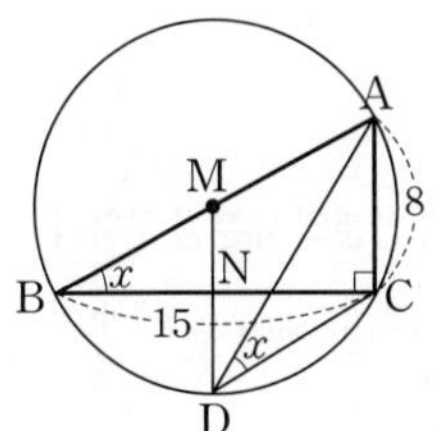

직각삼각형 ABC는 선분 AB를 지름으로 하고 중심이 M인 원에 내접한다.

$\overline{MD}=\overline{MB}=\overline{MA}$이므로 점 D는 원 위의 점이다.

네 점 A, B, C, D가 한 원 위에 있으므로

$\angle$ABC$=\angle$ADC$=\angle x$

따라서 $\tan x=\tan(\angle$ABC$)=\dfrac{8}{15}$이므로

$30\times\tan x=30\times\dfrac{8}{15}=16$

THEME 10 도형의 방정식

01 ①	**02** ②	**03** 4	**04** ⑤	**05** 4
06 ③	**07** ①	**08** ②	**09** 9	**10** ②
11 ④	**12** ③	**13** $(2, 3)$	**14** ⑤	**15** ①
16 7	**17** 20	**18** ①	**19** ④	**20** ①
21 ①	**22** ③	**23** ①	**24** $(1, 4)$	
25 풀이 참조		**26** ⑤	**27** -5	
28 (1) 평행 (2) 수직 (3) 평행 (4) 수직				**29** ④
30 ③	**31** $2\sqrt{2}$	**32** ④	**33** ②	**34** 10
35 ⑤	**36** ⑤	**37** ①	**38** 25	**39** -4
40 ⑤	**41** ③	**42** 1	**43** ③	**44** 4
45 ④	**46** $\dfrac{9}{5}$	**47** 15	**48** ④	**49** ②
50 $y=-2x+5$		**51** ⑤	**52** 49	**53** ②
54 $\dfrac{13}{3}$	**55** ②	**56** ④	**57** ⑤	
58 $y=\pm\sqrt{2}x-3$		**59** 3	**60** 18	**61** ④
62 ①	**63** ③	**64** ⑤	**65** ②	**66** ③
67 24				

01

| Step1 | 두 점 사이의 거리 이해하기

$\overline{AP}=\overline{BP}$에서 $\overline{AP}^2=\overline{BP}^2$이다.

| Step2 | a의 값 구하기

$(a+1)^2+(0-2)^2=(a-3)^2+(0-1)^2$

$a^2+2a+5=a^2-6a+10, 8a=5$

따라서 $a=\dfrac{5}{8}$

02

| Step1 | 두 점 사이의 거리 이해하기

$\overline{AB}=\sqrt{26}$이므로

$\sqrt{(a-2)^2+(-3-2)^2}=\sqrt{26}$

| Step2 | a의 값 구하기

양변을 제곱하면 $(a-2)^2+25=26$

$a^2-4a+3=0, (a-1)(a-3)=0$

$a=1$ 또는 $a=3$

| Step3 | 모든 a의 값의 합 구하기

따라서 모든 실수 a의 값의 합은

$1+3=4$

03

| Step1 | 두 점 사이의 거리 이해하기

$\overline{AB}=\sqrt{2}\times\overline{CD}$에서

$\overline{AB}^2=2\overline{CD}^2$

| Step2 | a의 값 구하기

$(a-1)^2+(2+1)^2=2(3^2+0^2)$

$a^2-2a-8=0, (a+2)(a-4)=0$

$a=-2$ 또는 $a=4$

따라서 양수 a의 값은 4이다.

04

| Step1 | 두 점 사이의 거리 구하기

$\overline{OA}=\sqrt{(5-0)^2+(-5-0)^2}=\sqrt{50}$

$\overline{OB}=\sqrt{(1-0)^2+(a-0)^2}=\sqrt{1+a^2}$

| Step2 | a의 값 구하기

$\overline{OA}=\overline{OB}$이므로 $\sqrt{50}=\sqrt{1+a^2}$

$50=1+a^2, a^2=49$

a는 양수이므로 $a=7$

05

| Step1 | 수직선 위의 선분의 내분점 구하기

선분 AB의 중점을 M이라 하면 $\mathrm{M}\left(\dfrac{1+x}{2}\right)$이고,

선분 AC를 $1:3$으로 내분하는 점을 P라 하면

$\mathrm{P}\left(\dfrac{1\times7+3\times1}{1+3}\right)$, 즉 $\mathrm{P}\left(\dfrac{5}{2}\right)$

| Step2 | x의 값 구하기

두 점 M과 P가 일치하므로 $\dfrac{1+x}{2}=\dfrac{5}{2}$

$2(1+x)=10,\ 2x=8$

따라서 $x=4$

06

| Step1 | 수직선 위의 선분의 내분점을 이용하여 x의 값 구하기

수직선 위의 두 점 $\mathrm{A}(x),\ \mathrm{B}(12)$에 대하여

선분 AB를 $1:2$로 내분하는 점의 좌표는

$\dfrac{1\times 12+2\times x}{1+2}=4$

$\dfrac{2x+12}{3}=4,\ 2x+12=12,\ 2x=0$

따라서 $x=0$

07

| Step1 | 점 P의 좌표 구하기

수직선 위의 두 점 $\mathrm{A}(-2),\ \mathrm{B}(6)$에 대하여

선분 AB를 $1:3$으로 내분하는 점은

$\dfrac{1\times 6+3\times(-2)}{1+3}=0$이므로 $\mathrm{P}(0)$

| Step2 | 점 Q의 좌표 구하기

선분 AB를 $3:1$로 내분하는 점은

$\dfrac{3\times 6+1\times(-2)}{3+1}=\dfrac{16}{4}=4$이므로 $\mathrm{Q}(4)$

| Step3 | 선분 PQ의 길이 구하기

따라서 선분 PQ의 길이는 4이다.

08

| Step1 | 수직선 위의 선분의 내분점을 이용하여 a의 값 구하기

수직선 위의 두 점 $\mathrm{A}(-3),\ \mathrm{B}(11)$에 대하여

선분 AB를 $a:5$로 내분하는 점의 좌표는

$\dfrac{a\times 11+5\times(-3)}{a+5}=1$

$\dfrac{11a-15}{a+5}=1,\ 11a-15=a+5,\ 10a=20$

따라서 $a=2$

09

| Step1 | 좌표평면 위의 선분의 내분점 구하기

선분 AB의 중점을 M이라 하면

$\mathrm{M}\!\left(\dfrac{3-3}{2},\dfrac{7+3}{2}\right)=\mathrm{M}(0,5)$

선분 AC를 $1:3$으로 내분하는 점을 P라 하면

$\mathrm{P}\!\left(\dfrac{1\times x+3\times 3}{1+3},\dfrac{1\times y+3\times 7}{1+3}\right)=\mathrm{P}\!\left(\dfrac{x+9}{4},\dfrac{y+21}{4}\right)$

| Step2 | $x,\ y$의 값 구하기

두 점 M과 P가 일치하므로

$\dfrac{x+9}{4}=0,\ \dfrac{y+21}{4}=5$

$x=-9,\ y=-1$

| Step3 | xy의 값 구하기

따라서 $xy=(-9)\times(-1)=9$

10

| Step1 | 좌표평면 위의 선분의 내분점 구하기

$\overline{\mathrm{AB}}$를 $3:a$로 내분하는 점의 좌표는

$\left(\dfrac{3\times 10+a\times(-5)}{3+a},\dfrac{3\times(-7)+a\times 8}{3+a}\right)$이다.

| Step2 | a의 값 구하기

즉, $\dfrac{3\times 10+a\times(-5)}{3+a}=4,\ \dfrac{3\times(-7)+a\times 8}{3+a}=-1$에서

$30-5a=12+4a,\ -21+8a=-3-a$

$9a=18,\ 9a=18$

따라서 $a=2$

11

| Step1 | 좌표평면 위의 선분의 내분점 구하기

두 점 $\mathrm{P}(2,-6),\ \mathrm{Q}(-5,1)$에 대하여

선분 PQ를 $2:5$로 내분하는 점의 좌표는

$\left(\dfrac{2\times(-5)+5\times 2}{2+5},\dfrac{2\times 1+5\times(-6)}{2+5}\right)$

즉, $(0,-4)$

| Step2 | k의 값 구하기

점 $(0,-4)$가 $x+y+k=0$ 위에 있으므로

$x=0,\ y=-4$를 대입하면

10

도형의 방정식

$0-4+k=0$

따라서 $k=4$

12

| Step1 | 좌표평면 위의 선분의 내분점 구하기

두 점 $\mathrm{A}(a, 0)$, $\mathrm{B}(2, -4)$에 대하여

선분 AB를 $3 : 1$로 내분하는 점의 좌표는

$$\left(\frac{3\times 2+1\times a}{3+1}, \frac{3\times(-4)+1\times 0}{3+1}\right)$$

즉, $\left(\frac{6+a}{4}, -3\right)$

| Step2 | a의 값 구하기

이 점이 y축 위에 있으므로

$$\frac{6+a}{4}=0, a=-6$$

| Step3 | 선분 AB의 길이 구하기

따라서 점 A의 좌표는 $(-6, 0)$이므로

$$\overline{\mathrm{AB}}=\sqrt{\{2-(-6)\}^2+(-4-0)^2}$$
$$=\sqrt{80}=4\sqrt{5}$$

13

| Step1 | 삼각형의 무게중심 이해하기

선분 AM을 $2 : 1$로 내분하는 점은 삼각형 ABC의 무게중심이다.

| Step2 | 조건을 만족시키는 점의 좌표 구하기

삼각형 ABC의 무게중심 G의 좌표는 $\mathrm{G}\left(\frac{1+4+1}{3}, \frac{3-2+8}{3}\right)$이

므로 $\mathrm{G}(2, 3)$이다.

따라서 구하는 점의 좌표는 $(2, 3)$이다.

14

| Step1 | 삼각형의 무게중심의 좌표 구하기

무게중심의 좌표는 $\left(\frac{-2-3a+5}{3}, \frac{3+b+6}{3}\right)$이므로

| Step2 | a, b의 값 구하기

$$\frac{-2-3a+5}{3}=-1, \frac{3+b+6}{3}=5$$

$$-3a+3=-3, b+9=15$$

$a=2, b=6$

| Step3 | $a+b$의 값 구하기

따라서 $a+b=2+6=8$

15

| Step1 | 삼각형의 무게중심의 좌표 구하기

무게중심의 좌표는 $\left(\frac{0+x_1+x_2}{3}, \frac{0+y_1+y_2}{3}\right)$이므로

$$\frac{0+x_1+x_2}{3}=\frac{2}{3}, \frac{0+y_1+y_2}{3}=-2$$

$$x_1+x_2=2, y_1+y_2=-6$$

| Step2 | a, b의 값 구하기

$\overline{\mathrm{AB}}$의 중점의 좌표는

$$\left(\frac{x_1+x_2}{2}, \frac{y_1+y_2}{2}\right)=\left(\frac{2}{2}, \frac{-6}{2}\right)$$

즉, $(1, -3)$이므로

$$a=1, b=-3$$

| Step3 | $a+b$의 값 구하기

따라서 $a+b=1+(-3)=-2$

16

| Step1 | 삼각형의 무게중심의 좌표 구하기

삼각형 ABC의 무게중심의 좌표는

$\left(\frac{2+4+8}{3}, \frac{6+1+a}{3}\right)$, 즉 $\left(\frac{14}{3}, \frac{a+7}{3}\right)$이다.

| Step2 | a의 값 구하기

무게중심이 직선 $y=x$ 위에 있으므로 점의 좌표를 대입하면

$$\frac{a+7}{3}=\frac{14}{3}$$

따라서 $a=7$

17

| Step1 | 직선의 방정식 구하기

기울기가 5이고 점 $(-3, 5)$를 지나는 직선의 방정식은

$y-5=5(x+3)$이므로 $y=5x+20$이다.

| Step2 | y절편 구하기

따라서 구하는 직선의 y절편은 20이다.

18

| Step1 | 직선의 방정식 구하기

점 $(2, 9)$를 지나고 기울기가 $\tan 45° = 1$인 직선의 방정식은

$y - 9 = 1 \times (x - 2)$

$x - y + 7 = 0$

| Step2 | $a + b$의 값 구하기

따라서 $a = -1$, $b = 7$이므로

$a + b = -1 + 7 = 6$

19

| Step1 | 직선의 기울기 구하기

$4x - 2y + 3 = 0$에서 $y = 2x + \dfrac{3}{2}$이므로

기울기가 2이다.

| Step2 | 직선의 방정식 구하기

기울기가 2이고 점 $(2, 6)$을 지나는 직선의 방정식은

$y - 6 = 2(x - 2)$

$y = 2x + 2$, $2x - y + 2 = 0$

| Step3 | $a + b$의 값 구하기

따라서 $a = 2$, $b = 2$이므로

$a + b = 2 + 2 = 4$

20

| Step1 | 직선의 기울기 구하기

직선 $3x + 2y - 5 = 0$, 즉 $y = -\dfrac{3}{2}x + \dfrac{5}{2}$의 기울기가 $-\dfrac{3}{2}$이므로

이 직선과 평행한 직선의 기울기는 $-\dfrac{3}{2}$이다.

| Step2 | 직선의 방정식 구하기

기울기가 $-\dfrac{3}{2}$이고 점 $(2, 3)$을 지나는 직선의 방정식은

$y - 3 = -\dfrac{3}{2}(x - 2)$, 즉 $y = -\dfrac{3}{2}x + 6$

| Step3 | 직선의 y절편 구하기

따라서 구하는 y절편은 6이다.

| 다른 풀이 |

직선 $3x + 2y - 5 = 0$과 평행한 직선의 방정식은

$3x + 2y + a = 0$ (단, $a \neq -5$인 상수)로 놓을 수 있다.

이 직선이 점 $(2, 3)$을 지나므로 점 $(2, 3)$의 좌표를 대입하면

$3 \times 2 + 2 \times 3 + a = 0$

$a = -12$

따라서 직선 $3x + 2y - 12 = 0$의 y절편은 6이다.

21

| Step1 | 직선의 방정식 구하기

두 점 $(1, 1)$, $(4, -5)$를 지나는 직선의 방정식은

$y - 1 = \dfrac{-5 - 1}{4 - 1}(x - 1)$

$y = -2x + 3$

| Step2 | x절편 구하기

따라서 구하는 x절편은 $\dfrac{3}{2}$이다.

22

| Step1 | 두 점 A, C를 지나는 직선의 방정식 구하기

두 점 A, C를 지나는 직선의 방정식은

$y = \dfrac{0 - 4}{3 - (-1)}(x - 3)$

$y = -x + 3$ …… ㉠

| Step2 | 두 점 O, B를 지나는 직선의 방정식 구하기

두 점 O, B를 지나는 직선의 방정식은

$y = x$ …… ㉡

| Step3 | a, b의 값 구하기

㉠, ㉡을 연립하여 풀면 $x = \dfrac{3}{2}$, $y = \dfrac{3}{2}$

즉, 사각형 OABC의 두 대각선의 교점의 좌표는 $\left(\dfrac{3}{2}, \dfrac{3}{2}\right)$이므로

$a = \dfrac{3}{2}$, $b = \dfrac{3}{2}$

| Step4 | $a + b$의 값 구하기

따라서 $a + b = \dfrac{3}{2} + \dfrac{3}{2} = 3$

23

| Step1 | 직선의 방정식 구하기

두 점 $A(-1, a)$, $B(1, 1)$을 지나는 직선의 방정식은

$$y-1=\frac{1-a}{1-(-1)}(x-1)$$

$$y=\frac{1-a}{2}x+\frac{1+a}{2} \qquad \cdots\cdots \text{㉠}$$

| Step2 | 한 점을 대입하여 a의 값 구하기

점 $C(a, -7)$이 ㉠ 위의 점이므로

$x=a$, $y=-7$을 ㉠에 대입하면

$$-7=\frac{1-a}{2}\times a+\frac{1+a}{2}$$

$$-14=a-a^2+1+a$$

$$a^2-2a-15=0$$

$$(a-5)(a+3)=0$$

$$a=5 \text{ 또는 } a=-3$$

따라서 $a>0$이므로 $a=5$

24

| Step1 | 일차방정식이 나타내는 그래프 이해하기

두 직선 $-x+3y-11=0$, $3x-3y+9=0$이 만나는 점의 좌표

는 연립방정식 $\begin{cases} -x+3y-11=0 & \cdots\cdots \text{㉠} \\ 3x-3y+9=0 & \cdots\cdots \text{㉡} \end{cases}$ 의 해이다.

| Step2 | 교점의 좌표 구하기

㉠+㉡을 하면 $2x-2=0$, $x=1$

$x=1$을 ㉠에 대입하면

$-1+3y-11=0$, $y=4$

따라서 구하는 점의 좌표는 $(1, 4)$이다.

25

| Step1 | 일차방정식이 나타내는 그래프 그리기

(1) 일차방정식 $2x-y-2=0$은

$y=2x-2$이므로 x절편이 1, y절편이 -2인 직선이다. 따라서 일차방정식이 나타내는 직선은 오른쪽 그림과 같다.

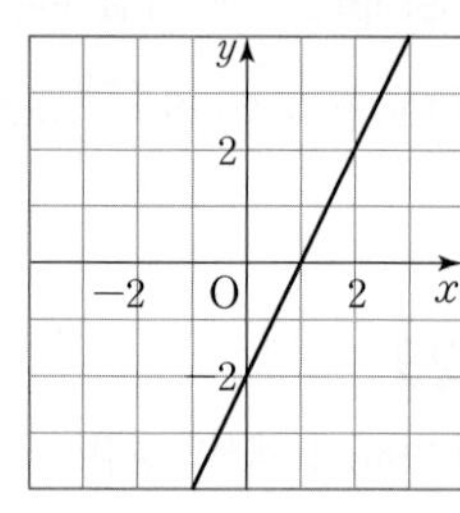

(2) 일차방정식 $x+2=0$은 $x=-2$이므로 점 $(-2, 0)$을 지나고 y축에 평행한 직선이다. 따라서 일차방정식이 나타내는 직선은 오른쪽 그림과 같다.

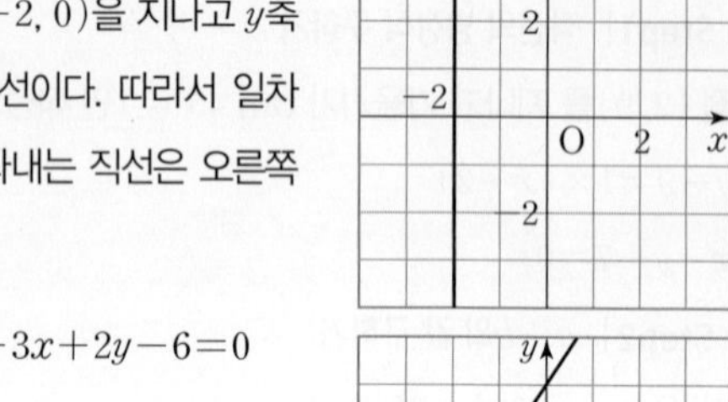

(3) 일차방정식 $-3x+2y-6=0$은 $y=\frac{3}{2}x+3$이므로 x절편이 -2, y절편이 3인 직선이다. 따라서 일차방정식이 나타내는 직선은 오른쪽 그림과 같다.

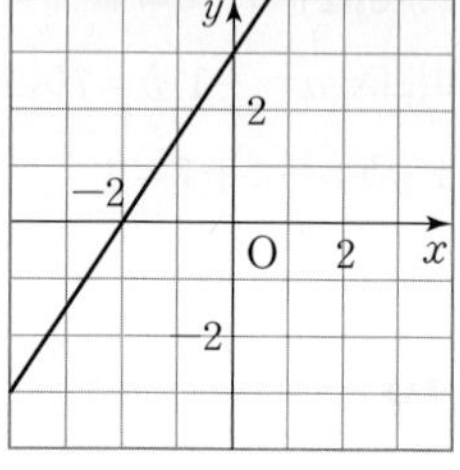

(4) 일차방정식 $2y+4=0$은 $y=-2$이므로 점 $(0, -2)$를 지나고 x축에 평행한 직선이다. 따라서 일차방정식이 나타내는 직선은 오른쪽 그림과 같다.

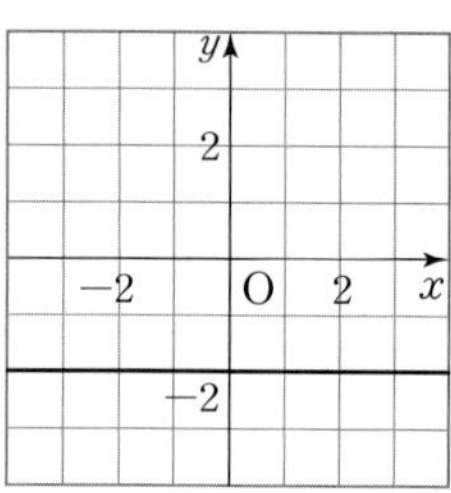

26

| Step1 | 두 직선의 교점의 좌표 구하기

연립방정식 $\begin{cases} 3x+2y-5=0 & \cdots\cdots \text{㉠} \\ 3x+y-1=0 & \cdots\cdots \text{㉡} \end{cases}$ 에서

㉡은 $y=-3x+1$

이를 ㉠에 대입하면

$$3x+2(-3x+1)-5=0$$

$$-3x-3=0, \ x=-1$$

$x=-1$을 ㉡에 대입하면

$$3\times(-1)+y-1=0, \ y=4$$

따라서 $x=-1$, $y=4$이므로

두 직선 $3x+2y-5=0$, $3x+y-1=0$의 교점의 좌표는 $(-1, 4)$이다.

| Step2 | 직선의 방정식 구하기

직선 $2x-y+4=0$은 $y=2x+4$이므로 기울기는 2이다.

즉, 이 직선과 평행한 직선의 기울기도 2이므로 구하는 직선의 방정식은 $y-4=2(x+1)$, $y=2x+6$

| Step3 | 직선의 y절편 구하기

따라서 구하는 직선의 y절편은 6이다.

27

| Step1 | 두 점을 지나는 직선의 기울기 구하기

두 점 $(1, -5)$, $(2, -4)$를 지나는 직선의 기울기는 $\dfrac{-4+5}{2-1}=1$

이고, 직선의 방정식 $ax+y+b=0$이 나타내는 직선의 기울기는 $-a$이다.

| Step2 | 두 직선이 수직일 조건 이용하여 a의 값 구하기

두 직선이 수직이려면 기울기의 곱이 -1이어야 하므로

$1 \times (-a) = -1$, $a = 1$

| Step3 | 직선의 방정식 구하기

즉, 기울기가 -1이고 y절편이 6인 직선은

$y = -x + 6$, $x + y - 6 = 0$이므로

$b = -6$

| Step4 | $a+b$의 값 구하기

따라서 $a + b = 1 + (-6) = -5$

28

| Step1 | 기울기를 비교하여 두 직선의 위치 관계 이해하기

⑴ $-2x + y - 4 = 0$은 $y = 2x + 4$

$2x - y + 3 = 0$은 $y = 2x + 3$

두 직선의 기울기가 2로 같고 y절편이 다르므로 두 직선은 서로 평행하다.

⑵ $x - 3y + 7 = 0$은 $y = \dfrac{1}{3}x + \dfrac{7}{3}$

두 직선의 기울기의 곱이 $\dfrac{1}{3} \times (-3) = -1$이므로

두 직선은 서로 수직이다.

⑶ $3x - 5y - 1 = 0$은 $y = \dfrac{3}{5}x - \dfrac{1}{5}$

두 직선의 기울기가 $\dfrac{3}{5}$으로 같고 y절편이 다르므로 두 직선은 서로 평행하다.

⑷ $4x - 3y = 0$은 $y = \dfrac{4}{3}x$

$-3x - 4y + 1 = 0$은 $y = -\dfrac{3}{4}x + \dfrac{1}{4}$

두 직선의 기울기의 곱이 $\dfrac{4}{3} \times \left(-\dfrac{3}{4}\right) = -1$이므로

두 직선은 서로 수직이다.

29

| Step1 | 두 직선이 수직일 조건 이용하여 a의 값 구하기

두 직선 $y = ax + b$, $y = \dfrac{1}{3}x - \dfrac{5}{2}$가 서로 수직이므로

기울기의 곱이 -1이다.

즉, $a \times \dfrac{1}{3} = -1$에서 $a = -3$

| Step2 | 직선 위의 한 점의 좌표를 대입하여 b의 값 구하기

직선 $y = -3x + b$가 점 $(-1, 4)$를 지나므로

$x = -1$, $y = 4$를 대입하면

$4 = 3 + b$, $b = 1$

| Step3 | $a+b$의 값 구하기

따라서 $a + b = -3 + 1 = -2$

30

| Step1 | 수직인 직선의 기울기 구하기

직선 $3x + 2y - 1 = 0$은 $y = -\dfrac{3}{2}x + \dfrac{1}{2}$이므로 기울기는 $-\dfrac{3}{2}$이다.

이 직선과 수직인 직선의 기울기를 m이라 하면

$-\dfrac{3}{2} \times m = -1$에서 $m = \dfrac{2}{3}$

| Step2 | 기울기와 한 점을 지나는 직선의 방정식 구하기

점 $(6, a)$를 지나고 기울기가 $\dfrac{2}{3}$인 직선의 방정식은

$y = \dfrac{2}{3}(x - 6) + a$이다.

| Step3 | 직선 위의 한 점의 좌표를 대입하여 a의 값 구하기

이 직선이 원점을 지나므로

$x = 0$, $y = 0$을 대입하면

$0 = \dfrac{2}{3} \times (0 - 6) + a$, $0 = -4 + a$

따라서 $a = 4$

31

| Step1 | 점과 직선 사이의 거리 구하기

점 $(3, -4)$와 직선 $x + y - 3 = 0$ 사이의 거리를 d라 하면

$d = \dfrac{|3 - 4 - 3|}{\sqrt{1^2 + 1^2}} = \dfrac{4}{\sqrt{2}} = 2\sqrt{2}$

따라서 점 $(3, -4)$와 직선 사이의 거리는 $2\sqrt{2}$이다.

32

| Step1 | 점과 직선 사이의 거리 구하기

점 $(-1, -1)$과 직선 $ax-3y+1=0$ 사이의 거리를 d라 하면

$$d=\frac{|a\times(-1)-3\times(-1)+1|}{\sqrt{a^2+(-3)^2}}=1$$

$$\frac{|-a+4|}{\sqrt{a^2+9}}=1$$

$$|a-4|=\sqrt{a^2+9}$$

| Step2 | a의 값 구하기

양변을 제곱하여 정리하면

$$a^2-8a+16=a^2+9$$

$$-8a=-7$$

따라서 $a=\dfrac{7}{8}$

33

| Step1 | 두 직선 사이의 거리 이해하기

두 직선 $x-y=0$, $x-y+5=0$ 사이의 거리는 직선 $x-y=0$ 위의 점 $(1, 1)$과 직선 $x-y+5=0$ 사이의 거리와 같다.

| Step2 | 점과 직선 사이의 거리 구하기

점 $(1, 1)$과 직선 $x-y+5=0$ 사이의 거리를 d라 하면

$$d=\frac{|1-1+5|}{\sqrt{1^2+(-1)^2}}=\frac{5}{\sqrt{2}}=\frac{5\sqrt{2}}{2}$$

따라서 두 직선 사이의 거리는 $\dfrac{5\sqrt{2}}{2}$이다.

34

| Step1 | 직선의 방정식 구하기

두 점 $O(0, 0)$, $A(8, 6)$을 지나는 직선 l의 방정식은

$$y=\frac{3}{4}x,\ \text{즉}\ 3x-4y=0$$

| Step2 | 점과 직선 사이의 거리 구하기

점 $B(a, 0)$과 직선 $3x-4y=0$ 사이의 거리를 d라 하면

$$d=\frac{|3\times a-4\times 0|}{\sqrt{3^2+(-4)^2}}=6$$

$$\frac{3a}{5}=6,\ 3a=30$$

따라서 $a=10$

35

| Step1 | 원의 중심과 반지름의 길이 구하기

$x^2+y^2-6x+10y=0$에서

$$x^2-6x+9+y^2+10y+25=34$$

$$(x-3)^2+(y+5)^2=(\sqrt{34})^2$$

즉, 원 $x^2+y^2-6x+10y=0$은 중심의 좌표가 $(3, -5)$이고 반지름의 길이가 $\sqrt{34}$이다.

| Step2 | 원의 넓이 구하기

따라서 원의 넓이는 $\pi\times(\sqrt{34})^2=34\pi$

36

| Step1 | 원의 정의 이해하기

선분 AB가 지름이므로 선분 AB의 중점이 원의 중심이고 선분 AB의 길이가 지름의 길이이다.

| Step2 | 원의 중심과 반지름의 길이 구하기

따라서 원의 중심의 좌표는

$$\left(\frac{-3+1}{2},\ \frac{1+(-2)}{2}\right)=\left(-1, -\frac{1}{2}\right)\text{이고}$$

반지름의 길이는

$$\frac{1}{2}\sqrt{\{1-(-3)\}^2+(-2-1)^2}=\frac{5}{2}$$

37

| Step1 | 원의 방정식 구하기

중심의 좌표가 $(3, -2)$이고 반지름의 길이가 r인 원의 방정식은

$$(x-3)^2+(y+2)^2=r^2\text{이다.}$$

| Step2 | 원의 반지름의 길이 구하기

점 $(5, 1)$을 지나므로 $x=5$, $y=1$을 대입하면

$$(5-3)^2+(1+2)^2=r^2,\ r^2=13$$

$$r>0\text{이므로}\ r=\sqrt{13}$$

따라서 원의 반지름의 길이는 $\sqrt{13}$이다.

38

| Step1 | 원의 중심과 반지름의 길이 구하기

$x^2+y^2-8x+6y=0$에서

$$x^2-8x+16+y^2+6y+9=25$$

$(x-4)^2+(y+3)^2=5^2$

즉, 원 $x^2+y^2-8x+6y=0$은 중심의 좌표가 $(4,-3)$이고

반지름의 길이가 5이다.

| Step2 | 원의 넓이 구하기

따라서 원의 넓이는 $\pi\times5^2=25\pi$이므로

$k=25$

39

| Step1 | x축과 y축에 동시에 접하는 원의 방정식 이해하기

원의 중심이 제1사분면에 있고 원이 x축과 y축에 동시에 접하므로

원의 반지름의 길이를 r이라 하면 중심의 좌표는 (r,r)이다.

이때 원의 넓이가 4π이므로 $r=2$이다.

| Step2 | 원의 방정식 구하기

즉, 중심이 $(2,2)$이고 반지름의 길이가 2인 원의 방정식은

$(x-2)^2+(y-2)^2=2^2$

$x^2+y^2-4x-4y+4=0$

| Step3 | $a+b+c$의 값 구하기

따라서 $a=-4,b=-4,c=4$이므로

$a+b+c=(-4)+(-4)+4=-4$

40

| Step1 | 원의 중심과 반지름의 길이 구하기

$x^2+y^2+4x-6y+k=0$에서

$x^2+4x+4+y^2-6y+9=13-k$

$(x+2)^2+(y-3)^2=13-k$

이므로 원의 중심의 좌표가 $(-2,3)$이고 반지름의 길이는

$\sqrt{13-k}$이다.

| Step2 | k의 값 구하기

이 원이 y축에 접하므로

$\sqrt{13-k}=|-2|$, $13-k=4$

따라서 $k=9$

41

| Step1 | 원의 반지름의 길이 구하기

원의 반지름의 길이를 r이라 하면 원의 넓이가 9π이므로

$\pi r^2=9\pi$

$r>0$이므로 $r=3$

| Step2 | 원의 중심의 y좌표 구하기

이 원이 점 $(2,0)$에서 x축에 접하고, 원의 중심이 제1사분면 위에

있으므로 원의 중심의 좌표는 $(2,3)$이다.

따라서 원의 중심의 y좌표는 3이다.

42

| Step1 | x축과 y축에 동시에 접하는 원의 방정식 이해하기

원의 중심이 제2사분면에 있고 원이 x축과 y축에 동시에 접하므

로 원의 반지름의 길이를 $r(r>0)$이라 하면 원의 중심의 좌표는

$(-r,r)$이다.

점 $(-r,r)$이 곡선 $y=x^2$ 위에 있으므로

$r=(-r)^2$

$r>0$이므로 $r=1$

| Step2 | 원의 방정식 구하기

즉, 중심이 $(-1,1)$이고 반지름의 길이가 1인 원의 방정식은

$(x+1)^2+(y-1)^2=1$

$x^2+y^2+2x-2y+1=0$

| Step3 | $a+b+c$의 값 구하기

따라서 $a=2,b=-2,c=1$이므로

$a+b+c=2+(-2)+1=1$

43

| Step1 | 이차방정식과 도형의 관계 구하기

$a^2-3a+2=0$이 되는 모든 실수 a의 값에 대하여 방정식

$(x+3)^2+(y-2)^2=a^2-3a+2$가 나타내는 도형은 한 점

$(-3,2)$가 된다.

| Step2 | 모든 실수 a의 값의 합 구하기

즉, $a^2-3a+2=0$에서

$(a-2)(a-1)=0$, $a=1$ 또는 $a=2$

따라서 모든 실수 a의 값의 합은 $1+2=3$

44

| Step1 | 이차방정식과 도형의 관계 구하기

$x^2+2x+y^2-4y+k=0$에서

$(x+1)^2+(y-2)^2=5-k$이므로

$5-k>0$이면 방정식 $x^2+2x+y^2-4y+k=0$이 나타내는 도형
이 원이 된다.

| **Step2** | 자연수 k의 개수 구하기

$5-k>0$, $k<5$

따라서 이를 만족시키는 자연수 k의 개수는 4이다.

45

| **Step1** | 원의 중심과 반지름의 길이 구하기

$x^2+y^2-2x-ay-2=0$에서

$(x-1)^2+\left(y-\dfrac{a}{2}\right)^2=\dfrac{a^2}{4}+3$이므로

원의 중심의 좌표는 $\left(1, \dfrac{a}{2}\right)$

반지름의 길이는 $r=\sqrt{\dfrac{a^2}{4}+3}$

| **Step2** | a, r의 값 구하기

원의 중심 $\left(1, \dfrac{a}{2}\right)$가 직선 $y=2x-1$ 위에 있으므로

$x=1$, $y=\dfrac{a}{2}$를 대입하면

$\dfrac{a}{2}=2\times1-1$, $a=2$

원의 반지름의 길이는

$r=\sqrt{\dfrac{2^2}{4}+3}=2$

| **Step3** | $a+r$의 값 구하기

따라서 $a+r=2+2=4$

46

| **Step1** | 원과 직선이 접하는 조건 이해하기

원 $x^2+y^2=r^2$과 직선 $3x-4y+9=0$이 접하려면 원의 반지름의
길이가 원의 중심과 직선 사이의 거리와 같아야 한다.

| **Step2** | r의 값 구하기

원의 중심과 직선 $3x-4y+9=0$ 사이의 거리를 d라 하면

$d=\dfrac{|9|}{\sqrt{3^2+4^2}}=r$

따라서 $r=\dfrac{9}{5}$

47

| **Step1** | 원과 직선이 한 점에서 만나는 조건 이해하기

원 $x^2+(y-5)^2=25$와 직선 $y=\sqrt{3}x+k$가 한 점에서 만나려면
원의 반지름의 길이가 원의 중심과 직선 사이의 거리와 같아야 한다.

| **Step2** | 양수 k의 값 구하기

원의 중심의 좌표가 $(0, 5)$이므로

원의 중심과 직선 $\sqrt{3}x-y+k=0$ 사이의 거리를 d라 하면

$d=\dfrac{|\sqrt{3}\times0-5+k|}{\sqrt{(\sqrt{3})^2+(-1)^2}}=5$

$|k-5|=10$

$k-5=10$ 또는 $k-5=-10$

$k=15$ 또는 $k=-5$

따라서 $k>0$이므로 $k=15$

48

| **Step1** | 원과 직선이 만나지 않는 조건 이해하기

원 $(x+2)^2+(y-1)^2=49$와 직선 $3x+4y+k=0$이 만나지 않
으려면 원의 반지름의 길이가 원의 중심과 직선 사이의 거리보다
작아야 한다.

| **Step2** | 자연수 k의 최솟값 구하기

원의 중심의 좌표가 $(-2, 1)$이므로

원의 중심과 직선 $3x+4y+k=0$ 사이의 거리를 d라 하면

$d=\dfrac{|3\times(-2)+4\times1+k|}{\sqrt{3^2+4^2}}>7$

$\dfrac{|k-2|}{5}>7$

$|k-2|>35$

$k-2<-35$ 또는 $k-2>35$

$k<-33$ 또는 $k>37$

따라서 자연수 k의 최솟값은 38이다.

49

| **Step1** | 원과 직선이 한 점에서 접하는 조건 이해하기

직선 $x+2y+5=0$이 원 $(x-1)^2+y^2=r^2$에 접하므로 원의 반
지름의 길이가 원의 중심과 직선 사이의 거리와 같다.

| **Step2** | 양수 r의 값 구하기

원의 중심의 좌표는 $(1, 0)$이므로

원의 중심과 직선 $x+2y+5=0$ 사이의 거리를 d라 하면

$$d=\frac{|1\times 1+2\times 0+5|}{\sqrt{1^2+2^2}}=r$$

따라서 $r=\dfrac{6\sqrt{5}}{5}$

50

| Step1 | **기울기가 주어진 원의 접선의 방정식 구하기**

원 $x^2+y^2=5$에 접하고, 기울기가 -2인 직선의 방정식은

$y=-2x\pm\sqrt{5}\times\sqrt{(-2)^2+1}$, 즉 $y=-2x\pm5$이다.

| Step2 | **y절편이 양수인 직선의 방정식의 구하기**

따라서 y절편이 양수인 직선의 방정식은 $y=-2x+5$

51

| Step1 | **기울기가 주어진 원의 접선의 방정식 구하기**

원 $x^2+y^2=9$에 접하고, 기울기가 3인 직선의 방정식은

$y=3x\pm3\times\sqrt{3^2+1}$

$y=3x\pm3\sqrt{10}$

| Step2 | **y절편의 곱 구하기**

이때 두 직선의 y절편은 각각 $3\sqrt{10}$, $-3\sqrt{10}$이므로

두 직선의 y절편의 곱은

$3\sqrt{10}\times(-3\sqrt{10})=-90$

52

| Step1 | **기울기가 주어진 원의 접선의 방정식 구하기**

직선 $x+3y=0$, 즉 $y=-\dfrac{1}{3}x$에 수직인 직선의 기울기는 3이고,

원 $x^2+y^2=4$의 반지름의 길이는 2이므로 구하는 접선의 방정식은

$y=3x\pm2\times\sqrt{3^2+1}$

$y=3x\pm2\sqrt{10}$

$3x-y\pm2\sqrt{10}=0$

| Step2 | **a^2+b^2의 값 구하기**

따라서 $a=3$, $b=\pm2\sqrt{10}$이므로

$a^2+b^2=9+40=49$

53

| Step1 | **기울기가 주어진 원의 접선의 방정식 구하기**

원 $x^2+y^2=1$에 접하고, 기울기가 $m\,(m>0)$인 직선의 방정식은

$y=mx\pm\sqrt{m^2+1}$

y절편이 양수이므로

$y=mx+\sqrt{m^2+1}$

| Step2 | **양수 m의 값 구하기**

점 $(0, 3)$을 지나므로 $x=0$, $y=3$을 대입하면

$3=\sqrt{m^2+1}$, $m^2=8$

따라서 $m>0$이므로 $m=2\sqrt{2}$

54

| Step1 | **r의 값 구하기**

점 $(-2, 3)$의 좌표를 원 $x^2+y^2=r^2$에 대입하면

$(-2)^2+3^2=r^2$, $r^2=13$

| Step2 | **원 위의 점에서의 접선의 방정식 구하기**

원 $x^2+y^2=13$ 위의 점 $(-2, 3)$에서의 접선의 방정식은

$-2x+3y=13$이다.

| Step3 | **y절편 구하기**

따라서 구하는 y절편은 $\dfrac{13}{3}$이다.

55

| Step1 | **a의 값 구하기**

점 $(3, a)$가 원 $x^2+y^2=10$ 위의 점이므로

$3^2+a^2=10$

$a^2=1$

$a>0$이므로 $a=1$

| Step2 | **원 위의 점에서의 접선의 방정식 구하기**

원 $x^2+y^2=10$ 위의 점 $(3, 1)$에서의 접선의 방정식은

$3x+y=10$이다.

| Step3 | **b의 값 구하기**

점 $(b, 7)$이 직선 $3x+y=10$ 위의 점이므로

$x=b$, $y=7$을 대입하면

$3b+7=10$, $b=1$

| Step4 | **$a+b$의 값 구하기**

따라서 $a+b=1+1=2$

56

| **Step1** | 원 위의 점에서의 접선의 방정식 구하기

원 $x^2+y^2=10$ 위의 점 중 제1사분면에 있는 점 (a, b)에서의 접선의 방정식은 $ax+by=10$이다.

| **Step2** | a, b 사이의 관계식 구하기

$ax+by=10$에서 $y=-\dfrac{a}{b}x+\dfrac{10}{b}$

이 직선의 기울기가 -3이므로

$$-\dfrac{a}{b}=-3, \ a=3b \qquad \cdots\cdots \ \textcircled{\small ㉠}$$

한편, 점 (a, b)가 원 $x^2+y^2=10$ 위의 점이므로

$$a^2+b^2=10 \qquad \cdots\cdots \ \textcircled{\small ㉡}$$

| **Step3** | a, b의 값 구하기

㉠을 ㉡에 대입하면

$(3b)^2+b^2=10$

$10b^2=10$

$b^2=1$

$b>0$이므로 $b=1$

$b=1$을 ㉠에 대입하면

$a=3$

| **Step4** | $a+b$의 값 구하기

따라서 $a+b=3+1=4$

57

| **Step1** | 원 위의 점에서의 접선의 방정식 구하기

원 $x^2+y^2=10$ 위의 점 $(1, 3)$에서의 접선의 방정식은

$x+3y=10$이다.

| **Step2** | x절편 구하기

따라서 구하는 x절편은 10이다.

58

| **Step1** | 기울기가 m인 직선의 방정식 구하기

기울기가 m이고 한 점 $(0, -3)$을 지나는 직선의 방정식은

$y=mx-3$, 즉 $mx-y-3=0$이다.

| **Step2** | 원의 중심과 직선 사이의 거리를 이용하여 실수 m의 값 구하기

이 직선이 원과 접하려면 원의 중심과 이 직선 사이의 거리가 반지름의 길이와 같아야 하므로

$$\sqrt{3}=\dfrac{|-3|}{\sqrt{m^2+(-1)^2}}$$

$$\sqrt{3}\times\sqrt{m^2+1}=3$$

양변을 제곱하면

$3m^2+3=9$

$m=\pm\sqrt{2}$

| **Step3** | 접선의 방정식 구하기

따라서 접선의 방정식은 $y=\pm\sqrt{2}x-3$

| **다른 풀이** |

| **Step1** | 원 위의 점에서의 접선의 방정식 구하기

원 위의 접점을 (x_1, y_1)이라 하면 접선의 방정식은

$x_1x+y_1y=3$이다.

접선이 점 $(0, -3)$을 지나므로

$x_1\times0+y_1\times(-3)=3, \ y_1=-1$

또한, 점 (x_1, y_1)이 원 위의 점이므로

$x_1^2+(-1)^2=3, \ x_1^2=2, \ x_1=\pm\sqrt{2}$

| **Step2** | 접선의 방정식 구하기

따라서 접선의 방정식은

$\sqrt{2}x-y=3, \ -\sqrt{2}x-y=3$

즉, $y=\pm\sqrt{2}x-3$

59

| **Step1** | 기울기가 m인 직선의 방정식 구하기

기울기가 m이고 한 점 $(3, 1)$을 지나는 직선의 방정식은

$y=m(x-3)+1$, 즉 $mx-y-3m+1=0$이다.

| **Step2** | 원의 중심과 직선 사이의 거리를 이용하여 실수 m의 값 구하기

이 직선이 원과 접하려면 원의 중심과 이 직선 사이의 거리가 반지름의 길이와 같아야 하므로

$$1=\dfrac{|m-1-3m+1|}{\sqrt{m^2+(-1)^2}}$$

$$1=\dfrac{|-2m|}{\sqrt{m^2+1}}$$

$|-2m|=\sqrt{m^2+1}$

양변을 제곱하면

$4m^2=m^2+1$

$m=\pm\dfrac{1}{\sqrt{3}}$

|Step3| $27k^2$의 값 구하기

따라서 $k=\dfrac{1}{\sqrt{3}}\times\left(-\dfrac{1}{\sqrt{3}}\right)=-\dfrac{1}{3}$이므로

$27k^2=27\times\left(-\dfrac{1}{3}\right)^2=3$

60

|Step1| 원 위의 점에서의 접선의 방정식 구하기

원 위의 접점을 $(x_1,\ y_1)$이라 하면 접선의 방정식은 $x_1x+y_1y=1$
이다.

접선이 점 $(0,\ 3)$을 지나므로

$x=0,\ y=3$을 대입하면

$x_1\times0+y_1\times3=1,\ y_1=\dfrac{1}{3}$

점 $(x_1,\ y_1)$이 원 위의 점이므로

$x_1^2+y_1^2=1$

$x_1^2+\left(\dfrac{1}{3}\right)^2=1$

$x_1^2=\dfrac{8}{9}$

$x_1=\pm\dfrac{2\sqrt{2}}{3}$

따라서 접선의 방정식은

$\dfrac{2\sqrt{2}}{3}x+\dfrac{1}{3}y=1,\ -\dfrac{2\sqrt{2}}{3}x+\dfrac{1}{3}y=1$

|Step2| $16k^2$의 값 구하기

따라서 x축과 만나는 점의 x좌표 k는

$k=\dfrac{3}{2\sqrt{2}}$ 또는 $k=-\dfrac{3}{2\sqrt{2}}$이므로

$16k^2=16\times\left(\pm\dfrac{3}{2\sqrt{2}}\right)^2=16\times\dfrac{9}{8}=18$

61

|Step1| 평행이동한 직선의 방정식 구하기

직선 $x+ay+a+1=0$을 x축의 방향으로 b만큼, y축의 방향으로

-5만큼 평행이동한 직선의 방정식은

$(x-b)+a(y+5)+a+1=0$

$x+ay+6a-b+1=0$

|Step2| $a,\ b$의 값 구하기

이 직선이 직선 $x+3y-6=0$과 일치하므로

$a=3$

$6a-b+1=-6,\ b=25$

|Step3| $a+b$의 값 구하기

따라서 $a+b=3+25=28$

62

|Step1| 평행이동 이해하기

점 $(-3,\ -1)$을 x축의 방향으로 a만큼, y축의 방향으로 b만큼 평
행이동한 점의 좌표가 $(2,\ 4)$이므로

$-3+a=2,\ -1+b=4$

$a=5,\ b=5$

|Step2| 평행이동한 점의 좌표 구하기

따라서 점 $(1,\ 3)$을 x축의 방향으로 5만큼, y축의 방향으로 5만큼
평행이동한 점의 좌표는

$(1+5,\ 3+5)$, 즉 $(6,\ 8)$

|Step3| $p+q$의 값 구하기

따라서 $p=6,\ q=8$이므로

$p+q=6+8=14$

63

|Step1| 평행이동한 직선의 방정식 구하기

직선 $x-2y+1=0$을 x축의 방향으로 a만큼, y축의 방향으로 a만
큼 평행이동한 직선의 방정식은

$x-a-2(y-a)+1=0$

$x-2y+a+1=0$

|Step2| 원의 중심을 지나도록 하는 실수 a의 값 구하기

이 직선이 원 $(x-2)^2+(y-3)^2=36$의 넓이를 이등분하려면 직
선이 원의 중심 $(2,\ 3)$을 지나야 하므로

$x=2,\ y=3$을 직선 $x-2y+a+1=0$에 대입하면

$2-6+a+1=0$

도형의 방정식

$-3+a=0$

따라서 $a=3$

64

| Step1 | 평행이동한 도형의 방정식 구하기

원 $x^2+(y+4)^2=10$을 x축의 방향으로 -4만큼, y축의 방향으로 2만큼 평행이동하면

$(x+4)^2+\{(y-2)+4\}^2=10$

$(x+4)^2+(y+2)^2=10$

$x^2+8x+16+y^2+4y+4=10$

$x^2+y^2+8x+4y+10=0$

| Step2 | $a+b+c$의 값 구하기

따라서 $a=8$, $b=4$, $c=10$이므로

$a+b+c=8+4+10=22$

65

| Step1 | 원의 방정식 구하기

중심의 좌표가 $(-1,\,1)$이고 반지름의 길이가 r인 원의 방정식은

$(x+1)^2+(y-1)^2=r^2$

| Step2 | 원점에 대하여 대칭이동한 원의 방정식 구하기

이 원을 원점에 대하여 대칭이동한 원의 방정식은

$(-x+1)^2+(-y-1)^2=r^2$

$(x-1)^2+(y+1)^2=r^2$

| Step3 | r의 값 구하기

이 원이 원점을 지나므로 $x=0$, $y=0$을 대입하면

$(0-1)^2+(0+1)^2=r^2$

$2=r^2$

따라서 $r>0$이므로 $r=\sqrt{2}$

66

| Step1 | y축에 대하여 대칭이동한 도형의 방정식 구하기

포물선 $y=x^2-2x+a$를 y축에 대하여 대칭이동한 포물선의 방정식은

$y=(-x)^2-2\times(-x)+a$

$\quad=x^2+2x+a$

$\quad=(x+1)^2+a-1$

| Step2 | 상수 a의 값 구하기

이 포물선의 꼭짓점 $(-1,\,a-1)$이 직선 $y=2x+1$ 위에 있으므로 $x=-1$, $y=a-1$을 대입하면

$a-1=-2+1$

따라서 $a=0$

67

| Step1 | 직선 $y=x$에 대하여 대칭이동한 점의 좌표 구하기

점 $(5,\,4)$를 직선 $y=x$에 대하여 대칭이동한 점의 좌표는 $(4,\,5)$이다.

| Step2 | 평행이동한 점의 좌표 구하기

점 $(4,\,5)$를 y축의 방향으로 1만큼 평행이동한 점의 좌표는 $(4,\,6)$이다.

| Step3 | ab의 값 구하기

따라서 $a=4$, $b=6$이므로

$ab=4\times6=24$

| 01 ② | 02 5 | 03 ④ | 04 ② | 05 7 |
| 06 ④ | 07 ③ | 08 ① | 09 ③ | 10 75 |

01

| 출제의도 | 직선의 기울기를 구한다.

일차방정식 $4x-2y+5=0$이 나타내는 직선의 방정식은

$y=2x+\dfrac{5}{2}$이다.

따라서 구하는 직선의 기울기는 2이다.

02

| 출제의도 | 원의 정의를 이용하여 원의 반지름의 길이를 구한다.

원의 반지름의 길이는 선분 AB의 길이의 $\dfrac{1}{2}$과 같으므로

$\dfrac{1}{2}\sqrt{\{2-(-4)\}^2+(-3-5)^2}$

$=\dfrac{1}{2}\sqrt{36+64}$

$=\dfrac{1}{2}\sqrt{100}=\dfrac{1}{2}\times10=5$

따라서 원의 반지름의 길이는 5이다.

03

| 출제의도 | 두 직선의 수직 관계를 이용하여 $a+b$의 값을 구한다.

직선 $3x+2y-4=0$은 $y=-\dfrac{3}{2}x+2$이므로 기울기는 $-\dfrac{3}{2}$이다.

즉, 이 직선과 수직인 직선의 기울기는 $\dfrac{2}{3}$이고, 점 $(2,5)$를 지나므로 구하는 직선의 방정식은

$y=\dfrac{2}{3}(x-2)+5$, $2x-3y+11=0$

따라서 $a=-3$, $b=11$이므로

$a+b=-3+11=8$

04

| 출제의도 | 두 점 사이의 거리를 이용하여 문제를 해결한다.

점 P는 직선 $y=-x$ 위의 점이므로 점 P의 좌표를 $(a,-a)$라 하자.

$\overline{AP}=\overline{BP}$에서 $\overline{AP}^2=\overline{BP}^2$이므로

$(a-2)^2+(-a-4)^2=(a-5)^2+(-a-1)^2$

$2a^2+4a+20=2a^2-8a+26$

$12a=6$에서 $a=\dfrac{1}{2}$

따라서 점 P의 좌표는 $\left(\dfrac{1}{2},-\dfrac{1}{2}\right)$이므로

$\overline{OP}=\sqrt{\left(\dfrac{1}{2}\right)^2+\left(-\dfrac{1}{2}\right)^2}=\dfrac{\sqrt{2}}{2}$

05

| 출제의도 | 점과 직선 사이의 거리를 이용하여 a의 값을 구한다.

점 $(a,0)$에서 두 직선 $x-3y-15=0$, $2x-\sqrt{6}y-6=0$에 이르는 거리가 같으므로

$\dfrac{|a-15|}{\sqrt{1^2+(-3)^2}}=\dfrac{|2a-6|}{\sqrt{2^2+(-\sqrt{6})^2}}$

$|a-15|=|2a-6|$

$a-15=\pm(2a-6)$

$a-15=2a-6$ 또는 $a-15=-2a+6$

$a=-9$ 또는 $a=7$

따라서 양수 a의 값은 7이다.

06

| 출제의도 | 원과 직선의 위치 관계를 이용하여 a의 값을 구한다.

직선 $x-2y+a=0$이 원 $(x-3)^2+(y-1)^2=5$에 접하므로 원의 중심 $(3,1)$과 직선 사이의 거리는 원의 반지름의 길이와 같다.

$\dfrac{|3-2\times1+a|}{\sqrt{1^2+(-2)^2}}=\sqrt{5}$

$|a+1|=5$

$a+1=\pm5$

$a=4$ 또는 $a=-6$

따라서 양수 a의 값은 4이다.

07

| 출제의도 | 선분의 내분점의 좌표를 이용하여 a의 값을 구한다.

두 점 $A(3, -4)$, $B(0, a)$에 대하여 선분 AB를 $2 : 3$으로 내분하는 점의 좌표는

$$\left(\frac{2 \times 0 + 3 \times 3}{2+3}, \frac{2 \times a + 3 \times (-4)}{2+3}\right), \ \text{즉} \ \left(\frac{9}{5}, \frac{2a-12}{5}\right)$$

이 점이 x축 위에 있으므로

$$\frac{2a-12}{5}=0 \text{에서} \ a=6$$

08

| 출제의도 | 원 위의 한 점에서의 접선의 방정식을 이용하여 문제를 해결한다.

원 $x^2+y^2=8$ 위의 점 중 제1사분면의 점 (a, b)에서의 접선의 방정식은

$$ax+by=8, \ y=-\frac{a}{b}x+\frac{8}{b}$$

기울기가 -1이므로

$$-\frac{a}{b}=-1, \ a=b \qquad \cdots\cdots \ \text{㉠}$$

점 (a, b)는 원 $x^2+y^2=8$ 위에 있으므로

$$a^2+b^2=8 \qquad \cdots\cdots \ \text{㉡}$$

㉠, ㉡을 연립하여 풀면

$a>0$, $b>0$이므로 $a=2$, $b=2$

따라서 $a+b=2+2=4$

09

| 출제의도 | 이차방정식의 근과 계수의 관계를 이용하여 삼각형의 무게중심 문제를 해결한다.

곡선 $y=x^2-8x+1$과 직선 $y=2x+6$의 두 교점 A, B의 좌표를 각각 $(\alpha, 2\alpha+6)$, $(\beta, 2\beta+6)$이라 하면 α, β는 이차방정식

$x^2-8x+1=2x+6$, 즉 $x^2-10x-5=0$의 서로 다른 두 실근이다.

근과 계수의 관계에 의하여

$$\alpha+\beta=10$$

점 (a, b)가 삼각형 OAB의 무게중심이므로

$$\left(\frac{\alpha+\beta+0}{3}, \frac{(2\alpha+6)+(2\beta+6)+0}{3}\right)$$

$$=\left(\frac{\alpha+\beta}{3}, \frac{2(\alpha+\beta)+12}{3}\right)$$

$$=\left(\frac{10}{3}, \frac{32}{3}\right)$$

따라서 $a=\dfrac{10}{3}$, $b=\dfrac{32}{3}$이므로

$$a+b=\frac{10}{3}+\frac{32}{3}=14$$

10

| 출제의도 | 대칭이동과 직선의 위치 관계를 이용하여 도형 문제를 해결한다.

㈎에서 직선 OA의 기울기는 $\dfrac{3-0}{1-0}=3$

직선 OB의 기울기를 m이라 하면 두 직선 OA, OB가 서로 수직이므로 두 직선의 기울기의 곱이 -1이어야 한다.

즉, $3m=-1$에서 $m=-\dfrac{1}{3}$

따라서 $a \neq 0$이고 직선 OB의 기울기는

$$\frac{5-0}{a-0}=-\frac{1}{3}, \ \frac{5}{a}=-\frac{1}{3}, \ a=-15$$

이므로 점 B의 좌표는 $(-15, 5)$이다.

㈏에서 두 점 B, C가 직선 $y=x$에 대하여 서로 대칭이므로

$$b=5, \ c=-15$$

즉, $A(1, 3)$, $C(5, -15)$이므로 직선 AC의 방정식은

$$y-3=\frac{-15-3}{5-1}(x-1), \ y=-\frac{9}{2}x+\frac{15}{2}$$

이므로 직선 AC의 y절편은 $\dfrac{15}{2}$이다.

따라서 $k=\dfrac{15}{2}$이므로

$$10k=10 \times \frac{15}{2}=75$$

내신 중점 ★ 고1~2 권장

구분	고교 입문		기초		기본 + 연습		특화
국어	고등 예비 과정	내 등급은?	윤혜정의 개념의 나비효과 입문 편 + 워크북 어휘가 독해다! 수능 국어 어휘				국어의 원리
영어			정승익의 수능 개념 잡는 대박구문 주혜연의 해석공식 논리 구조편	기본서 올림포스 유형서 올림포스 유형편	올림포스 전국연합 학력평가 기출문제집		Grammar POWER Reading POWER Listening POWER Voca POWER 고급 올림포스 고급영어독해
수학			기초 50일 수학 + 기출 워크북 매쓰 디렉터의 고1 수학 개념 끝장내기				고급 올림포스 고난도 수학의 왕도
한국사 사회		★		기본서 개념완성 개념완성 문항편	개념완성 전국연합 학력평가 기출문제집		고등학생을 위한 多담은 한국사 연표
과학			50일 통합과학				인공지능 수학과 함께하는 고교 AI 입문 수학과 함께하는 AI 기초

과목	시리즈명	특징	난이도	권장 학년
전 과목	고등예비과정	예비 고등학생을 위한 과목별 단기 완성		예비 고1
국/영/수	내 등급은?	고1 첫 학력평가 + 반 배치고사 대비 모의고사		예비 고1
	올림포스	내신과 수능 대비 EBS 대표 국어·수학·영어 기본서		고1~2
	올림포스 전국연합학력평가 기출문제집	전국연합학력평가 문제 + 개념 기본서		고1~2
한/사/과	개념완성&개념완성 문항편	개념 한 권 + 문항 한 권으로 끝내는 한국사·탐구 기본서		고1~2
	개념완성 전국연합학력평가 기출문제집	전국연합학력평가 문제 + 개념 기본서		고1~2
국어	윤혜정의 개념의 나비효과 입문 편 + 워크북	윤혜정 선생님과 함께 시작하는 국어 공부의 첫걸음		예비 고1~고2
	어휘가 독해다! 수능 국어 어휘	학평·모평·수능 출제 필수 어휘 학습		예비 고1~고2
	국어의 원리	원리로 이해하는 내신과 수능 대비 국어 특화서		고1~2
영어	정승익의 수능 개념 잡는 대박구문	정승익 선생님과 CODE로 이해하는 영어 구문		예비 고1~고2
	주혜연의 해석공식 논리 구조편	주혜연 선생님과 함께하는 유형별 지문 독해		예비 고1~고2
	Grammar POWER	구문 분석 트리로 이해하는 영어 문법 특화서		고1~2
	Reading POWER	수준과 학습 목적에 따라 선택하는 영어 독해 특화서		고1~2
	Listening POWER	유형 연습과 모의고사·수행평가 대비 올인원 듣기 특화서		고1~2
	Voca POWER	영어 교육과정 필수 어휘와 어원별 어휘 학습		고1~2
	올림포스 고급영어독해	영어 독해력을 높이는 영미 문학/비문학 읽기		고2~3
수학	50일 수학 + 기출 워크북	50일 만에 완성하는 초·중·고 수학의 맥		예비 고1~고2
	매쓰 디렉터의 고1 수학 개념 끝장내기	스타강사 강의, 손글씨 풀이와 함께 고1 수학 개념 정복		예비 고1~고1
	올림포스 유형편	유형별 반복 학습을 통해 실력 잡는 수학 유형서		고1~2
	올림포스 고난도	1등급을 위한 고난도 유형 집중 연습		고1~2
	수학의 왕도	직관적 개념 설명과 세분화된 문항 수록 수학 특화서		고1~2
한국사	고등학생을 위한 多담은 한국사 연표	연표로 흐름을 잡는 한국사 학습		예비 고1~고2
과학	50일 통합과학	50일 만에 통합과학의 핵심 개념 완벽 이해		예비 고1~고1
기타	수학과 함께하는 고교 AI 입문/AI 기초	파이선 프로그래밍, AI 알고리즘에 필요한 수학 개념 학습		예비 고1~고2